U0623481

储热技术及
应用前沿丛书 ｜丛书主编：王志峰　吴玉庭　赵长颖｜

储热技术及其
热管理应用

饶中浩　李孟涵　刘新健　等 编著

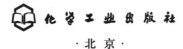

化学工业出版社

·北京·

内容简介

本书主要围绕储热技术及其热管理应用这一主题，详细介绍储热技术和热管理的概念、机理、需求和挑战，并基于此引入储热技术的热管理应用，全面阐述储热技术在热管理场景(包括电池、电子器件、建筑、人体控温、空调、冷链运输等)中的研究现状、机理和发展趋势，并结合人工智能等新兴手段进一步拓展储热技术的热管理应用的发展方向。本书主要包括绪论、面向热管理的储热技术、储热技术在电池热管理中的应用、储热技术在电子器件热管理中的应用、储热技术在热舒适性调控中的应用、储冷技术在运输冷藏中的应用、基于人工智能辅助的热管理系统设计等 7章，覆盖多种热管理场景，深入挖掘储热技术在各类场景中的科学技术和市场潜力，为学生和相关从业人员提供丰富的基础知识和深入独到的见解。

本书可作为储能科学与工程、能源与动力工程等相关专业本科生和研究生的教材或参考书，也可供电力、汽车、建筑、化工、材料等领域从事储热及热管理技术相关的研究人员和工程技术人员阅读和参考。

图书在版编目（CIP）数据

储热技术及其热管理应用 / 饶中浩等编著. -- 北京：
化学工业出版社，2025. 7. -- （"储热技术及应用前沿"
丛书）. -- ISBN 978-7-122-47967-9

I. TK116

中国国家版本馆 CIP 数据核字第 2025Y2Q063 号

责任编辑：于 水 仇志刚 郗向丽　　　　　文字编辑：陈 雨
责任校对：宋 玮　　　　　　　　　　　　装帧设计：韩 飞

出版发行：化学工业出版社
　　　　　（北京市东城区青年湖南街 13 号　邮政编码 100011）
印　　装：北京建宏印刷有限公司
710mm×1000mm　1/16　印张 15½　字数 281 千字
2025 年 7 月北京第 1 版第 1 次印刷

购书咨询：010-64518888　　　　　　　　售后服务：010-64518899
网　　址：http://www.cip.com.cn
凡购买本书，如有缺损质量问题，本社销售中心负责调换。

定　　价：98.00 元　　　　　　　　　　　　版权所有　违者必究

"储热技术及应用前沿"
丛书编委会

《储热技术及其热管理应用》
编写人员名单

主　　编：饶中浩　李孟涵　刘新健

副 主 编：李宏阳　聂昌达　刘臣臻

其他编写人员：（排名不分先后）：

陶军普（中材节能股份有限公司）

孙海亮［中汽研汽车检验中心（天津）有限公司］

张占辉（天津市滨海新区环境创新研究院）

张光通（河北工业大学）

王志洁（国家电投集团河北电力有限公司）

李根岩（国家电投集团山西可再生能源有限公司）

杨　颋［东方绿色能源（河北）有限公司内蒙古分公司］

周寿斌（江苏华富储能新技术股份有限公司）

王科锋（郑州正方科技有限公司）

严军华（上海上乘新能源科技有限公司）

张荣达（国家电投集团河北电力有限公司）

焦　波（国家电投集团河北电力有限公司）

于亦龙（中建宏达建筑有限公司）

孙　涛（上海市安装工程集团有限公司）

白　帆（上海市安装工程集团有限公司）

总　序

　　受作者诸君及化工出版社枉顾，委以作序之重任。余闻命之际，既惭己才疏学浅，又幸获此良机，得研习储热之术，且能向学界彰显一众中青年才俊之鸿篇巨制。学术交流之途，此诚为一大幸事也。

　　方今之时，全球能源格局变革之势如汹涌江河，转型浪潮浩浩汤汤。远古已有之术现蓬勃发展，储热仿若中流砥柱，于能源高效利用及可持续发展之径，功绩卓著。其以精妙之法，弭合可再生能源间歇性、波动性之弊，平衡供需之天平，筑牢能源体系清洁、低碳、稳固之根基。正如《论语》所言"士不可以不弘毅，任重而道远"。今欲推进"双碳"宏伟愿景，维系能源安全稳定，皆倚赖储热技术之精进。每一次突破，皆为能源变革注入新的活力。然机遇与挑战并存，欲突破陈规、开拓新境，尚需学界同仁齐心协力，笃行不辍。

　　道家有云："有无相生。"科技发展亦循此道。自旧石器人类用火以来就有储热技术，现至蓬勃，恰是顺应能源发展之需求，并生出无限可能。翻阅此套丛书，作者诸君治学之热忱、著述之严谨，跃然纸上。执笔者除我等老朽之外，大多为学界青年才俊，具"后生可畏"之锐气，怀厚积薄发之学养。于实验室中，他们焚膏继晷，以"格物致知"之精神，探寻储热材料与技术创新之蹊径；于杏坛之上，他们春风化雨，将前沿学术成果，化作启迪后学之津梁，培育能源领域栋梁之才无数。集多年科研教学生产实践经验与独到见解，精进文字，历时两载，终成此体大思精、学用兼备之佳作。诚如"知之者不如好之者，好之者不如乐之者"，诸君对储热事业之热忱，由此可见一斑。循佛教因果循环之观点，诸君之努力与付出，正是种下了知识传承与技术发展之"因"，此丛书便是结出的累累硕果。

　　回溯创作历程，诸君勤勉严谨之态，令人钦佩。他们遍览中外典籍，广纳博采；于反复研讨修订中，将理论与实践熔于一炉。书中数据精准、推导严密、案例详实，皆凝聚着他们的心血，尽显"执事敬"之态度，以及对储热事业的拳拳赤忱。

　　是套丛书之可贵，在于其内容宏富、体系完备，于海内外同类著作中，罕有其匹。从储热基础理论，到前沿技术动态；从关键材料研发，到核心设备创制；

从工程实践应用，到未来发展趋向，皆条分缕析，深入阐发。既梳理经典学说、传统技艺，又追踪金属相变储热、冰浆蓄冷、糊状区物性测量等前沿之变，更以前瞻之姿，探究储热与氢能、地热能融合之道。于应用层面，上承工业余热回收、区域跨季节储热供热之传统，下启电动汽车温控、航空航天用能之新篇，构建起完备的知识和应用体系。且辅以详实论证、确凿数据、丰富实例，熔学术性与实用性于一炉，诚为科研与工程实践之圭臬，亦是"温故而知新，可以为师矣"之生动践行。

展望未来，储热技术之发展，必呈万千气象。微观层面，随着纳米、量子等新技术之不断进步，学者可于原子、分子之微，精准调控储热材料性能，创制高效新材料，此乃"天下大事，必作于细"的体现。宏观视角下，储热将深度融入电力现货市场、全球能源网络，与诸般能源技术协同合作，共建以可再生能源为主的低碳智慧能源体系，提升能源利用效率，降低能源成本。储热技术应用范畴极为广泛，从大地到苍穹，皆有用武之地：于尘世之间，可优化建筑、园区能源系统，助力碳中和目标达成；于农事方面，借智能温控之法，护佑作物生长、牲畜繁衍，推动农业绿色转型；于太空探索领域，可为航天器抵御极端温差，保障设备稳定运行。加之人工智能、大数据等新技术的赋能，储热系统智能化未来可期，能源管理更上层楼。当此全球共同应对气候变迁之时，各国政策减碳力度日益加大，国际协作愈发紧密，储热技术的革新与推广必将一日千里。此套丛书，恰如从月球上看地球，为学界诸君给予储热技术之五彩斑斓之全貌、正所谓"如切如磋，如琢如磨"，助力学术不断精进。这也恰似佛教中"缘起性空"的理念，储热技术的发展由诸多因素相互作用而"缘起"，其未来发展充满无限可能，又似"性空"般有待学界去不断探索、充实。

余再度以能撰写此序为幸。无论高校学子，抑或储热领域研工之士，展读此套由老中青年才俊精心结撰之丛书，必能开卷有益，增长学识。冀望学界同仁，共襄储热盛举，携手奋进，秉持"博学而笃志，切问而近思"之精神，为我国能源之未来，绘就壮美新篇。正如老子所说："上善若水，水善利万物而不争。"愿学界业界诸君能如水一般，在储热领域奋力耕耘，为新时代"双碳"事业发展贡献力量。

王志峰

2025 年 6 月

前　言

随着全球气候变化的严峻挑战和可持续发展的迫切需求，储热技术及其在热管理领域的应用变得愈发重要。本书不仅全面系统地介绍了储热技术的原理和方法，还深入探讨了其在电池、电子器件、建筑、人体、冷链运输等多个领域的应用。这些应用是实现社会经济发展和"双碳"目标的关键环节。电池和电子设备的热管理对于提高能效、延长设备使用寿命、增加设备安全性至关重要；建筑和人体热管理则直接关系到能源的合理利用和碳排放的减少；冷链运输可以保障食品、药品等处于理想的低温状态，从而实现安全输运。此外，书中特别强调了人工智能在热管理系统设计中的应用，这为行业的数字化转型提供了新的思路。人工智能技术的应用，使得热管理系统能够实现更加精准的控制和自动优化，进一步提升能源利用效率。这一点对于推动相关行业的绿色低碳发展具有深远意义，有助于实现节能减排和环境保护的双重目标。

本书共分 7 章。第 1 章主要介绍能源发展形势、储热技术分类和基本特点，并对热管理的发展需求以及储热技术在热管理中的应用概况进行介绍。第 2 章主要介绍不同类型的储热技术的工作原理以及储热材料的分类与特点，并对各类型储热材料进行介绍。第 3 章主要介绍储热技术在电池热管理领域的应用，包括电池热管理的背景及重要性，电池热管理技术分类及特点以及高导热性、定形、柔性及阻燃相变材料及其耦合水冷、液冷、热管七种储热技术的电池热管理特性。第 4 章主要介绍储热技术在电子器件热管理领域的应用，包括电子器件热管理的背景及重要性，电子器件产热特性等。第 5 章主要介绍储热技术在建筑与人体热舒适性调控中的应用，重点介绍建筑热调控的方法及影响因素；在人体热管理方面，主要包括人体加热与热敷，人体制冷与冷敷、制热织物、制冷织物，人体产热模型等。第 6 章主要介绍储能材料在冷链运输和食品保鲜方面的应用，具体包括储冷材料与性质、运输冷藏的重要环节、储冷技术在运输冷藏中的应用案例等。第 7 章主要介绍基于人工智能辅助的储热式热管理系统设计，主要包括多层感知机、自适应模糊神经网络、卷积神经网络、非线性自回归外生网络、循环神经网络、混合深度学习等方法的原理及人工智能方法在储热材料特性预测和储热式热管理系统中的应用等。

本书主要基于团队多年来的研究成果，同时也注重归纳总结和引用国内外同行的先进成果，在此表示真诚的感谢。具体编写中，饶中浩负责总体框架与内容梳理以及全书统稿，并参与各章编写与审校。参加本书编写工作的还有：刘臣臻（第1章部分）、刘新健（第2章部分、第5章部分）、聂昌达（第3章部分、第4章部分）、李宏阳（第5章部分、第6章部分）、李孟涵（第7章部分）。编委陶军普（中材节能股份有限公司）、孙海亮［中汽研汽车检验中心（天津）有限公司］、张占辉（天津市滨海新区环境创新研究院）、张光通（河北工业大学）、王志洁（国家电投河北公司）、李根岩（国家电投集团山西可再生能源有限公司）、杨颋［东方绿色能源（河北）有限公司内蒙古分公司］、周寿斌（江苏华富储能新技术股份有限公司）、王科锋（郑州正方科技有限公司）、严军华（上海上乘新能源科技有限公司）、张荣达（国家电投河北公司）、焦波（国家电投河北公司）、于亦龙（中建宏达建筑有限公司）、孙涛（上海市安装工程集团有限公司）、白帆（上海市安装工程集团有限公司）为本书提供了宝贵素材。此外，研究生安振华、齐凯、任珂、李保环、李超然、陈晨、黄坤、杨鹏、张振国、王谦……参与了部分文字校核、图表制作等工作。在此，一并表示感谢。

本书的完成得到了国家重点研发计划"高端功能与智能材料"重点专项课题（2022YFB3806503），国家自然科学基金面上项目（52176092），河北省杰出青年基金（E2024202056）以及天津市杰出青年基金（22JCJQJC00010）的资助。在此一并致以诚挚的感谢！

限于编著者水平，本书难免存在不足之处，恳请读者批评指正。

饶中浩

2025 年 3 月

目　录

第 6 章　储冷技术在运输冷藏中的应用　177

第1章

绪　论

1. 1　"双碳"目标与节能

（1）能源现状与"双碳"目标

近年来我国能源消费总量呈逐渐递增的趋势，2023 年的能源消费总量较 2013 年增长了 37.17%（图 1-1）。在能源消费需求的推动下，我国的主要能源生产总量也呈现出逐年增长的趋势，如 2023 年的发电量较 2013 年提高了 74.01%[1]。当前形势下，我国的能源消耗仍以煤炭、石油、天然气等传统化石能源为主，同时能源利用技术和管理水平发展相对滞后，造成了能源高消耗低产出的现象，进一步加剧了能源需求与能源短缺，以及高的碳排放与环境污染之间的矛盾。

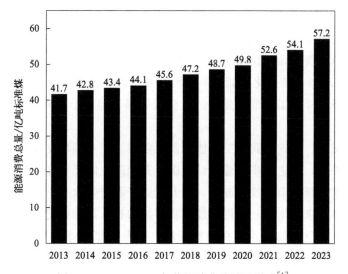

图 1-1　2013—2023 年能源消费总量及增速[1]

为缓解能源短缺以及环境污染问题,《2015 联合国气候变化会议巴黎协定》提出:"各方将加强对气候变化威胁的全球应对,在本世纪末把全球平均气温较工业化前水平升高控制在 2℃之内,并为把升温控制在 1.5℃之内而努力。全球将尽快实现温室气体排放达峰,本世纪下半叶实现温室气体净零排放。"为此,世界各国先后提出了各自的碳中和目标,并陆续制定了控制碳排放的相关法律和政策性文件。2020 年 9 月,国家主席习近平在第七十五届联合国大会一般性辩论上宣布:"中国将提高国家自主贡献力度,采取更加有力的政策和措施,二氧化碳排放力争于 2030 年前达到峰值,努力争取 2060 年前实现碳中和。""碳达峰,碳中和"(以下简称"双碳")目标的提出,彰显了我国主动承担应对全球气候变化责任的大国担当。为实现这一目标,在国家层面先后出台了《关于完整准确全面贯彻新发展理念做好碳达峰碳中和工作的意见》《2030 年前碳达峰行动方案》《工业领域碳达峰实施方案》《财政支持做好碳达峰碳中和工作的意见》《城乡建设领域碳达峰实施方案》《农业农村减排固碳实施方案》《科技支撑碳达峰碳中和实施方案(2022—2030 年)》《加强碳达峰碳中和高等教育人才培养体系建设工作方案》等文件,从人才培养、科技发展、财政支持等不同角度开展节能降碳,推动"双碳"目标的达成。

(2)节能降碳

节能是我国能源可持续发展的长远战略。节能是指节约煤炭、石油、天然气、电力等原材料和能源的消耗,以提高能源利用效率。从节约化石能源的角度来讲,节能和降低碳排放息息相关。为持续推动我国节能降碳举措,国务院印发的《2030 年前碳达峰行动方案》中提出节能降碳增效行动,落实节约优先方针,完善能源消费强度和总量双控制度,严格控制能耗强度,合理控制能源消费总量,推动能源消费革命,建设能源节约型社会。在"十四五"前三年,全国能耗累计降低约 7.3%,节约化石能源消耗约 3.4 亿吨标准煤、少排放二氧化碳约 9 亿吨,我国节能降碳工作成效显著。但全国和部分地区节能降碳形势依旧严峻,任务仍然艰巨。

工业、交通、建筑是我国三大能源消费领域。工业领域是我国能源消费和碳排放的主要源头,需进一步构建清洁低碳、安全高效的工业能源消费体系,不断推动产品工艺升级与节能技术改造,提升工业产品能效水平。在交通领域,随着物流、出行等需求的增加,交通用能还将持续增长,需加强交通运输节能降碳技术创新,发展绿色运输方式。在建筑领域,随着城镇化率和居民生活质量的提高,我国建筑能耗仍将保持增长,推广先进建筑节能技术和绿色建筑的节能改造是建筑领域节能降碳的重要方向。

热能是能源生产的重要来源之一，在日常生活中无处不在，其应用领域广泛，如工业领域中的加热、熔融、锻造等，交通领域中的冷链运输制冷、驱动发动机，建筑领域中的供暖与制冷、生活热水等。热能生产所消耗的能源巨大，如建筑采暖和空调控温所产生的能耗约占建筑总能耗的 50%～70%，在工业领域生产蒸汽占企业总能耗的 30% 以上，在冷链物流领域中的制冷占全球电力消耗的 15% 左右，在数据中心中用于设备制冷散热的能耗高达 40%。因此，在热能利用方面的节能降碳潜力巨大。

高效的热管理是提高热能利用效率、降低能耗的关键技术之一。热管理是指通过各种技术手段来控制热量的传递和分配，以提高能源利用效率、降低能耗和保护环境。在动力电池及电子器件的控温、建筑物的温度调控、人体控温以及制冷和冷链运输过程中均需要热管理技术。传统的热管理技术主要通过加热器、热泵、制冷机等方式来制热和制冷，实现温度的控制。但该类热管理技术能耗较大，特别是在热负荷较大的建筑控温中，对能源的需求量巨大，从而导致控温成本较高。因此，开发高效热管理技术对于节能降碳具有重要意义。

1.2 热管理技术的发展

随着经济水平的不断提高，人们对生活的舒适性要求越来越高，如对建筑室内的温度调控，服装的温度调节，高密度电子器件、高功率动力电池、冷链运输等领域的控温需求等均提出更高要求，而温度的控制主要通过热管理来实现。为此，必须从各行业的现实需求出发，针对各领域对热量控制和调节能力要求的不同，开发高效的热管理技术。

热管理（thermal energy management）是根据控温目标的不同需求，通过加热或冷却等手段对热量进行控制和调节，以确保控温目标在安全温度范围内工作，达到延长寿命、提高性能与效率、降低安全风险等目标。例如，在开发针对电池的热管理技术时，必须考虑电池的应用场景，然后再根据电池具体的热特性与热模型制定合理的热管理方案。在进行电子器件热管理时，需分析电子器件的产热特性，研究相关热设计，在保证不影响性能的情况下确定热管理方案。建筑领域的热管理须在保证建筑结构与材料的防火性、强度和稳定性、可持续性的基础上，从建筑物围护结构、家居用品等方面综合设计热管理方案。人体热管理是通过直接皮肤控温或智能织物调温的方法保障人体处于热舒适状态。空调与制冷方面的热管理发展历史悠久，从可持续发展的角度考虑，需要针对家居、厂区、会场、冷链和冷藏等场景进行改进。

1.2.1 电池热管理

（1）新能源汽车热管理

交通行业是能源消耗及碳排放大户，现阶段汽车动力主要来源仍以石油为主。在碳中和背景下，交通行业的绿色转型，即由传统的燃油汽车逐渐向新能源汽车转变是大势所趋。新能源汽车主要有纯电动汽车、混合动力汽车、增程式电动汽车、燃料电池汽车等类型，其中纯电动汽车在国家政策的推动下，得到了快速的发展及应用。纯电动汽车的动力来源来自电池中储存的电力，直接将电能转换为机械能，能量转换效率更高，在行驶时没有尾气排放、不产生温室气体，可以显著减少空气污染。近年来新能源汽车制造业和锂电池制造业取得了巨大的突破，根据中国汽车工业协会发布的数据显示，2023 年我国新能源汽车销量为949.5 万辆，2024 年 1~7 月达到 593.4 万辆，新能源汽车产业发展突飞猛进。

近年来，新能源汽车安全事故频发，发生的事故大多由汽车电池燃烧所引起。据不完全统计，2014—2021 年间全国共发生新能源汽车燃烧事故 717 起（图 1-2），电池的热安全问题已成为阻碍新能源汽车大力发展的痛点，严重威胁人民群众的生命财产安全。新能源汽车发生火灾事故绝大部分是由于电池在大功率充放电过程中产生大量热量，造成电池温度急剧升高所引起，极端条件下甚至导致电池热失控并发生爆炸事故。此外，在低温环境下，电池的电解质溶液的离子电导率减小、离子的固态扩散率受限，严重削弱新能源汽车的续航和使用寿命。因此，通过有效的热管理对电池进行控温，对于增强电池安全性能、延长电池使用寿命是十分必要的。

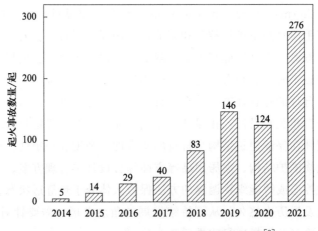

图 1-2 2014—2021 年新能源汽车燃烧事故[2]

（2）储能电站热管理

在"双碳"目标推动下，我国能源结构加速转型，风力发电、光伏发电等清洁能源装机规模不断提升，在能源结构中占比逐年扩大。但新能源发电容易受到自然环境的影响，在时间上呈现波动性和间歇性、在空间上存在不匹配性，在我国部分地区新能源发电规模大幅提高，远超消纳能力，出现弃风弃电现象，造成资源的极大浪费。储能技术可以有效解决大规模不稳定电力接入对电网稳定运行带来的挑战，通过平抑新能源并网带来的波动性，实现电能"削峰填谷"，减少能源浪费，达成与新能源互补良性发展目标，成为世界各国优先发展的关键技术。以电化学储能为代表的储能电站相较于其他储能形式存在更高的能量密度、更快的充放电效率、良好的可拓展性、灵活性和可移动性等优势，目前正处于快速发展阶段（图 1-3）。截至 2023 年底，全国电力安委会 19 家企业成员单位总计报送各类电化学储能电站 1375 座、总功率 45.43GW、总能量 92.61GWh，其中累计投运电站 958 座、总功率 25.00GW、总能量 50.86GWh。2023 年新增投运电化学储能电站 486 座、总功率 18.11GW、总能量 36.81GWh，超过此前历年累计装机规模总和，近 10 倍于"十三五"末装机规模。储能电站作为能源系统的重要组成部分，将在未来发挥越来越重要的作用，具有巨大的市场需求。

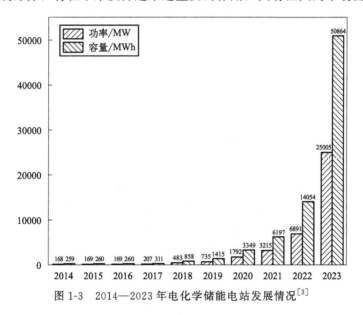

图 1-3　2014—2023 年电化学储能电站发展情况[3]

在储能电站行业蓬勃发展下，储能电站火灾事故频发，不仅对人民群众的生命财产安全产生了巨大的威胁，造成了环境的污染，而且严重影响了相关行业的发展。统计资料显示，截至 2023 年全球共发生 67 起储能电站起火爆炸事故，储能电站发生火灾的原因主要是由储能电池热失控引发的火灾。在储能电站项目中，采用锂离子电池的电站高达 48%，远高于其他类型的电池。但锂离子电池对温度变化比较敏感，电池在充放电时产生的热量易堆积，堆积的热量轻则影响电池的充放电性能和实际寿命，极端情况下还能引起电池热失控进而导致储能电站发生火灾事故。因此，非常有必要对储能电站设计相应的热管理系统，将电站中的电池组工作温度控制在正常区间，从源头上避免储能电站火灾事故的出现。

1.2.2 电子器件热管理

20 世纪 70 年代，英特尔公司推出了世界上第一款微处理器芯片，标志人类进入微电子学时代，进一步推动了电子器件的高集成度和高性能化，微电子技术成为现代社会不可缺少的关键技术，深刻影响交通通信、工作娱乐、军工安防、航空航天等各个领域。近年来，伴随着纳米技术、新材料和新能源技术的兴起，数字化、智能化、绿色化等为核心特征的智能制造的强力推动，电子器件迎来了空前的发展，主要呈现两大趋势，一是社会需求要求电子器件有更复杂全面的功能、更强大更高的运算速率，二是往小型化、多功能化、集成化和绿色化方向发展。但与此同时，其发热功率日趋增大，散热面积却大大减小，这就导致电子器件的功率密度急剧增加。一款性能优异的高功率芯片所产生的热通量已经超过 $100W/cm^2$，根据摩尔定律估算未来芯片的热通量可突破 $1000W/cm^2$，电子器件的散热问题已成为制约电子工业发展的瓶颈。

根据电子学理论，温度过高引起电子流动而导致的金属原子迁移是导致芯片功能受损的主要原因。金属原子在脱离金属导体表面迁移时，会使其变得凹凸不平，造成不可逆的伤害，当这种破坏积聚到一定程度时便会造成芯片烧毁。因此，电子器件的功率密度如果持续增大，同时又缺乏有效的散热措施，其工作温度会持续升高，进而降低电子器件的可靠性和使用寿命。研究表明，电子器件运行温度每升高 10℃，其运行的可靠性便会减小 50%。预测显示，55% 的电子器件损坏是由温度超过安全工作范围造成的。因此，开发出针对不同层级电子器件的热管理技术成为了日趋紧迫的课题之一。

近半个世纪以来，电子器件热管理技术在日益增长的热管理需求推动下取得了长足发展，热管理技术历经了几次巨大的改变。20 世纪 60~70 年代的真空管时期，电子器件的体积比较大，热量积聚问题不太显著。随后问世的晶体管，虽然体积大大减小，但因其散热功率急剧减小，导致电子器件的热流密度较低，因此运用传统的空气对流热管理方案便能解决散热问题。自 20 世纪 90 年代开始，由于以芯片为代表的微电子技术迅猛发展，电子器件在单位面积上的产热急剧增长，传统的电子器件热管理面临严峻挑战，亟须发展出具有突破性的电子器件热管理技术。

1.2.3 建筑热管理

进入 21 世纪以来，中国经济蓬勃发展，城镇化的脚步加快，各类建筑拔地而起，与此同时人们对室内生活环境有着更高追求，这些所带来的建筑能耗巨大。在 2005—2020 年间，我国建筑能耗呈现出逐渐增长趋势，由 9.3 亿吨标准煤上升至 22.333 亿吨标准煤，其中建筑运行的能耗占到一半左右（图 1-4）。为降低建筑能耗，我国先后出台了一系列有关建筑节能设计标准的文件，如《夏热冬冷地区居住建筑节能设计标准》（JGJ 134—2010）等。此外，全国各地有很多城市，如北京、上海、重庆等地都根据地方的实际情况分别制定了相关节能设计标准。为进一步提高"十四五"时期建筑节能水平，推动绿色建筑高质量发展，2022 年 3 月 1 日住房和城乡建设部印发的《"十四五"建筑节能与绿色建筑发展规划》，围绕落实我国"双碳"目标，立足城乡建设绿色发展，提高建筑绿色低碳发展质量，降低建筑能源资源消耗，转变城乡建设发展方式，为 2030 年实现城乡建设领域碳达峰奠定坚实基础。

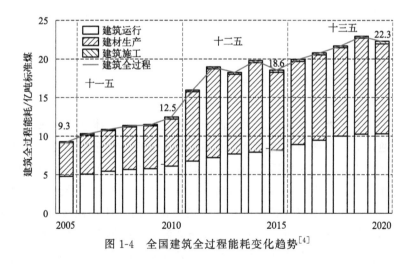

图 1-4　全国建筑全过程能耗变化趋势[4]

碳排放量与建筑能耗密切相关，随着建筑运行能耗的提升，碳排放量也随之提升（图 1-5）。因此，对室内建筑进行热调控，使室内建筑用热得到更加高效合理的利用，进而减少建筑耗能和碳排放具有重要意义。新型墙体材料、建筑外墙隔热技术以及新型节能设备和系统的使用，可以有效降低建筑能耗、提高能源利用率。

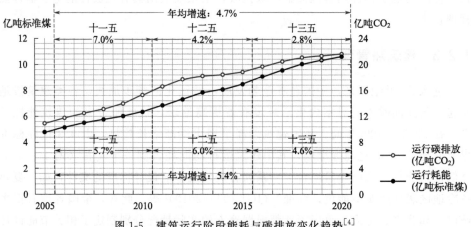

图 1-5　建筑运行阶段能耗与碳排放变化趋势[4]

1.2.4　人体热管理

热舒适是指大多数人对客观热环境从生理与心理方面都达到满意的状态，过高或过低的温度都有可能影响人体的健康状态，并且容易造成生产效率低下，因此，对人体温度进行调控的人体热管理方式十分必要。高效的人体热管理既能满足人体对舒适性的需求，也能够降低建筑能耗、减少能源浪费。人体热管理的方式包括人体加热与热疗、人体制冷与冷敷，主要通过皮肤进行热管理。由于皮肤与外界环境之间的热交换主要包括热传导、热对流、热辐射和蒸发，因此人体热管理需要针对以上换热方式进行换热调控，从而实现加热或制冷目的。

一般来说，当外界环境温度明显低于人体温度导致人体感受到寒冷的不舒适时，可以通过减慢人体与环境的换热速率、向人体额外补充热源的方式缓解寒冷的体感，保持人体体温在舒适范围内。此时，添加衣物、关窗、贴加热贴等方法能够保持体温。当外界环境温度明显高于人体温度导致人体感受到炎热的不舒适时，可以通过加快人体与外界环境之间的热交换、向人体提供冷源的方式降温。此时，减少衣物、开窗通风、扇扇子、冰袋降温等都能够有效降低人体温度。总的来说，人体热管理的方法和手段丰富，工具多样，技术方法正随着人们对美好生活的需求提升而逐渐受到广泛关注。

1.2.5　运输冷藏热管理

冷链物流是以冷冻工艺为基础，将冷藏冷冻类物品在生产、储存、运输、销售、配送等过程中维持在低温环境的物流过程。冷链物流对象涵盖了生鲜食品、医药品、化学品等，对人们的日常生活及工业生产至关重要。据中国物流与采购联合会统计数据，2023 年 1～5 月我国冷链物流市场规模达 2395 亿元，同比增长 3.6%，冷链物流市场规模增长迅速。冷链行业的巨大市场规模也造成了行业的高能耗与高碳排放，成为制约冷链物流发展的重要因素。根据中国制冷学会统计，冷链物流所产生的碳排放量占全世界碳排放量的 2.5%，因此冷链行业的节能降碳势在必行。

为加快冷链运输行业的低碳转型，我国在《"十四五"冷链物流发展规划》中指出冷链物流仓储、运输等环节能耗水平较高，在"双碳"目标背景下，面临规模扩张和碳排放控制的突出矛盾，迫切需要优化用能结构，加强绿色节能设施设备、技术工艺研发和推广应用，推动包装减量化和循环使用，提高运行组织效率和集约化发展水平，加快减排降耗和低碳转型步伐，推进冷链物流运输结构调整，实现健康可持续发展。

冷链物流中冷藏车的制冷及运行维护过程是能源消耗及碳排放的主要来源，而该过程的能耗受到制冷剂、制冷设备、环境变化等因素的影响。当制冷剂和制冷设备固定时，环境的变化对制冷和维护过程的能耗起到重要的影响。此外，由于峰谷电价政策，用电高峰期还会增加其运行成本，降低冷链物流的经济性。一般在低温环境下和用电低谷期进行制冷和维护具有较高的能源利用效率及经济性。这就需要在夜间低温环境下采用低谷电进行制冷，并通过储冷技术将冷量进行储存，在需要时进行冷量的释放，从而降低系统的能源消耗，提高能源利用效率，降低碳排放。

1.3 储热技术在热管理中的应用

储热技术按照储热原理可分为物理储热技术和化学储热技术。物理储热技术主要包括显热储热和相变储热；化学储热技术主要包括化学反应、吸附、吸收等形式的热化学储热。显热储热主要利用温度的变化来吸收热量，储热密度较低，但原理简单、成本低、技术成熟。相变储热利用物质相态的变化过程吸收大量的热量来进行储热，储热密度较高，一般介于显热储热和热化学储热之间。化学储热是利用可逆的化学反应过程吸热和放热来实现热量的储存和释放，储热密度一般是相变储热的 2 倍以上。目前，常见的储热技术在热管理领域中的应用主要有电池热管理、电子器件热管理、建筑节能、调温服装、储冷等。

（1）在电池热管理中的应用

电池在新能源汽车与储能电站中应用广泛。以使用最多的锂离子电池为例，其具有较长的使用寿命、较高的能量密度、较低的自放电率，但其对环境温度要求较高，出现较大的温度差、温度过高或过低都会对电池的性能造成较大的影响，从而使电池电容量降低、电池性能下降以及使用寿命缩短，甚至会造成电池的热失控。为了避免以上问题，发展针对于电池及电池组的热管理系统变得尤为重要。

电池热管理是针对电池在充电、放电、存储和工作过程中产生的热量进行控制和调节的技术。目前常见的热管理手段包括风冷系统、液冷系统、相变材料散热系统等（表 1-1），其中液冷具有冷却速度快、比容大、换热系数高的特点，是动力电池冷却的主流技术，但存在系统复杂、能耗高等问题。风冷散热方式结构简单，但存在散热性能差的问题。

表 1-1　不同热管理手段[5-7]

指标	风冷散热	液冷散热	相变材料散热
成本	低	高	较高
复杂程度	简单	复杂	简单
安全性能	高	高	一般
散热效果	一般	好	较好
缺点	对流换热系数小； 加热、冷却反应迟缓； 不防尘	液体黏度大，消耗额外功率； 要求密封好	相变潜热较小； 存在退化问题； 传热系数小

储热技术在电池热管理中可以发挥重要作用。储热技术能够将电池产生的热量转移并存储在特定的热媒介中，然后在需要时再释放热量，从而实现对电池温度的控制和调节。这一技术在目前常规的新能源汽车上应用较多，可以实现新能源汽车在冷热极端环境中正常运行工作，如高温环境下利用储热介质将电池组内较高的热量吸收并存储起来，低温环境下将存储在储热介质中的热量释放出来从而保证电池组在电池正常工作温度区间运行，提高电池续航和充放电效率。

（2）在电子器件热管理中的应用

电子器件的热管理就是在采取良好的热设计和散热方法后，将电子设备的工作温度控制在一定范围内，以确保相关设备运行时的可靠性和安全性。根据传热学的基本理论知识，热量可以通过导热、对流、辐射三种方式进行传递扩散，大部分的热管理方案通常是上述两种或三种方式组合运用。目前，应用于电子器件的热管理方式主要有主动热管理、被动热管理以及主动和被动相结合的热管理。热管理方式的选择应视实际应用场景而定。一般而言，当热流密度低于 $1W/cm^2$ 时，采用结构紧凑、系统简单的强制空气对流热管理方案即可。而在高性能超级计算机等热流密度较大的场合，液体冷却热管理方案优势明显。热管因具有结构简单、散热能力强、温度场均匀等优点，广泛应用于大功率电子管、CPU 等电子器件的热管理中。此外，相变材料热管理技术由于能缓冲热量、防止电子器件过热，被认为是一种有广阔应用前景的电子器件热管理方式。

（3）在建筑节能中的应用

建筑热调控的发展趋势包括智能化、能源高效化、绿色建筑、室内舒适度提升、数据分析和优化，以及群体式能源管理等方向，旨在提供更节能、舒适、健康和可持续的建筑热调控的解决方案。为了减小建筑能耗，通过储热技术手段实现建筑节能逐步成为研究重点。

储热技术可应用于建筑节能，与建筑物耦合从而形成新型复合储热系统。夏季温度较高，利用储热系统从建筑物中带走大量热量并将其存储在地下。冬季温度较低，储热系统将存储在地下的热量运输至建筑物中从而达到加热保温的目的。类似的跨季节储热也是在夏季收集富余的太阳能热能并存储在特定的容器装置或者土壤中，寒冷的冬季再将这些存储的热量释放供给使用。

短期储热系统一般存储容量较小，并且存储的热量也仅能保持几小时到几天的有效利用时长。这种系统一般是在白天储存太阳能热能，夜晚将存储的热能释放以起到保温的效果。将其与建筑物的电加热/冷却系统进行耦合可以借助储热系统来调节能量峰值，从而有效降低电力成本。

相变材料在建筑热调控上有着不错的应用价值，将相变墙体在白天吸收的太阳能储存起来，夜间再将储存的潜热释放到室内。传统的建筑墙体结构一般分为三层，墙体的内壁面和外壁面一般为普通的水泥砂浆层，中间为普通多孔砖垒砌而成。而最为常见的相变储能墙体分别是外砌相变墙体（相变材料层铺设在外围护结构的外壁面，铺设在靠室外侧或室内侧）和夹心相变墙体（相变材料层铺设在墙体中的某个位置）。相变墙体这种自动调温功能可以有效缓解能源供求在时间和空间上的不匹配，起到热能"削峰填谷"的作用。

（4）在人体热管理中的应用

人体热管理是为了调控体温以维持在舒适范围内，通常包括直接皮肤热管理和智能织物热管理。其中，皮肤热管理是将热管理材料或系统直接作用于人体皮肤，通过直接导热、对流、辐射和蒸发方式与人体换热，从而保持体温；织物热管理则是通过在人体与环境之间搭建换热媒介，通过织物提供的额外冷能或热能调控人体温度。

皮肤热管理的发展：人体与外界环境的换热主要经由皮肤进行，直接对皮肤进行保温/加热或降温/制冷能够快速有效地实现体温调控，从而保障人体处于热舒适环境中。例如常用的冰袋制冷就是将冰作为冷源，与皮肤直接接触，以快速降低局部体温，从而达到冷敷目的。而加热贴则是通过化学反应对皮肤进行局部加热，从而实现热敷目的。皮肤热管理的优点是直接接触皮肤、响应速率快，在医学领域备受重视，但其缺点是安全性差、材料选择范围小。正因如此，皮肤热管理的实际应用仍局限于常用的安全材料和方法，具有高安全性、高热管理效率的新材料、新技术仍有待开发。利用相变材料制作的退热贴等在人体热管理领域也有着广泛的应用。相变材料优异的调温能力，可以根据周围环境温度的变化自动吸收或释放热量，从而实现调温的效果。

制冷服饰的发展：随着全球变暖的趋势明显，制冷服饰的研究成为了一大研究热点。制冷服饰有着极大的应用空间，例如在医学领域，可用于特殊病患者的体温控制、神经外科手术中患者的体温保持等；在工业领域，可用于特殊环境（地下、玻璃/钢熔炉）各类操作人员的体温保持；在体育领域，可用于调节赛车手的体温和各种体育医学研究；在军事领域，它不仅可以帮助调节士兵的体温，满足各种战场环境的需要，还可以用于各种军用车辆的高温环境或寒冷的深海潜水。当前制冷服饰主要包括风式制冷和液体式制冷，风式制冷主要依靠风机或鼓风机来吹入空气，增强汗液蒸发和诱导强迫空气对流来摄取热量，风式制冷衣的效果与风机的功率大小和风机摆放位置有着很大的关系[8]。液体式制冷衣与风式制冷衣相似，将对流的工质由空气转变为水和乙二醇等液体，通过循环管中的冷却液体来吸收人体的热量。无论是风式制冷还是液体式制冷，衣物需要配备风扇或散热器等部件，结构相对较复杂，并且需要额外的能耗。相较于上述两种较为传统的制冷衣，采用相变材料的制冷衣具有更优良的制冷效果以及更为舒适的穿着体验，同时也不需要额外的能源来进行降温，以减少热应力和提高人体在热环境中的热舒适性，被认为是冷却能源和节省成本最有前途的技术之一。如图 1-6 展示了一种个人热调节纺织品，采用 3D 打印的方式制造氮化硼/聚乙烯醇复合相变材料纤维来改善个人纺织品的冷却性能。

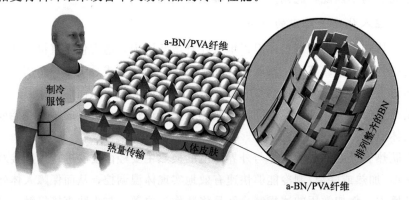

图 1-6　氮化硼/聚乙烯醇服饰[9]

　　制热服饰的发展：过去，人们在冬季通过加厚衣物来驱寒保暖，采用紧密的织物结构来减少热对流，这种传统保暖方式热管理的能力非常有限。为得到一个更好的保暖效果，制热服饰逐步走进人们视野。制热服饰分为电加热服装和化学加热服装，电加热服装主要是借助电能加热电热丝或碳纤维等热电材料进而传递热量，让人体在寒冷的环境中感受到舒适。化学加热服装不需要额外的电源供电，结构相对简单，但也有局限性，如加热温度存在一定的不可控性，以及存在泄漏的风险。因此，要在化学加热服装制备过程中严格控制加入化学物质的数量。

　　相变材料在制热服饰中有着广泛的应用。在制热服饰中，相变材料被嵌入服装中，通过调节相变材料的状态来实现加热和保温功能（图 1-7，图 1-8）。当环境温度高于相变材料的熔点时，相变材料开始转变为液态，并吸收周围的热量。而当环境温度降低到相变材料的熔点以下时，相变材料开始释放之前吸收的热量，从而实现温度调节和保温效果。相变材料通常被嵌入服装的特定部位，如背部、胸部、手部等。也可通过电池或外部电源供电，利用控制器来控制相变材料的加热和保温温度，相变材料制热服饰具有响应速度快、持续稳定的加热效果以及较低的耗电量等优点。相变材料制热服饰适用于户外活动、冬季运动、工作或长时间待在寒冷环境中的人群。它们提供可调节的舒适温度，让人们在寒冷环境中保持温暖和舒适。同时，相变材料制热服饰也具备较高的安全性和可靠性，为用户提供了一种先进的保暖选择。

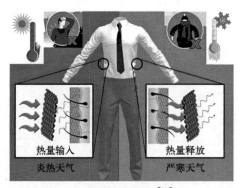

热量输入　　　　　　　热量释放

炎热天气　　　　　　　严寒天气

图 1-7　相变服饰[10]

　　相变服饰在人体调温方面发挥着重要的作用，可以帮助人体在冷环境下保持温暖，并在温暖环境中提供适当的散热。相较于传统的制冷或者加热服饰，相变服饰可以快速响应环境温度的变化，快速实现加热或散热，使得人体能够在短时间内适应环境变化，提供立即的温度调节效果。相变服饰具有较低的能源消耗，使用电池或外部电源来供电。相较于传统的加热设备，相变服饰更加节能环保，降低了对能源资源的依赖。

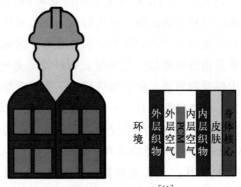

图 1-8 相变背心[11]

(5) 在制冷及储冷中的应用

在中国历史上很早就有用冰块储冷的先例，近年来相变储冷的技术日趋成熟，并在储冷空调、冷链运输等行业被广泛应用。储冷板式冷藏车是一种常见的冷藏车型，具有可靠的冷藏性能和广泛的应用范围（图 1-9）。它采用了储冷板技术，利用冷却好的储冷板来保持车厢内的低温环境，从而实现食品和其他货物的冷藏和运输。储冷板内的相变材料在充冷时由液态变为固态，储存冷量；放冷时，相变材料吸收热量，由固态变为液态，达到给夜间降温的目的。储冷板还可以在夜间利用谷价电进行充冷，避免在用电高峰期用电，达到"削峰填谷"的目的，大幅度降低成本，节省用电费用。

图 1-9 相变冷藏车内部结构简图[12]

相变储冷冷链运输相比传统运输方法具有明显的优势。它能够提供高效的保鲜效果，延长货物的保质期；同时具备节能环保的特点，减少碳排放和能源消耗；并且能够稳定地维持低温环境，避免温度波动对货物的不良影响。相变储冷冷链运输还具有灵活适应性，可以满足不同货物的冷藏需求，并可以降低运输成本，提高运输效率。综合而言，相变储冷冷链运输为冷链物流带来了更可靠、高效和环保的解决方案。

食品冷链运输：食品冷链运输是指将食品从生产地运输到销售地的过程中，通过科学的冷藏和保鲜技术来保持食品在适宜的温度条件下的运输过程。它是食品供应链中不可或缺的环节，确保食品的质量和安全。将相变材料应用到食品冷链运输领域如包装、冷藏柜、冷藏车、储冷保温箱、冷藏集装箱等是近年来的热点。按照能源供应方式，食品冷链运输可分为有源型和无源型低温配送制冷，其划分依据是看冷藏装置是否自带制冷装置。有源型低温配送系统自带制冷装置，如机械式冷藏车。无源型低温配送系统则是采用相变储冷材料的相变过程来维持低温环境[13]。

医用冷链运输：医用冷链运输是指将医疗产品、药品和生物样本等从生产地点或供应商处运输到医疗机构、实验室或病人处的过程。它是医疗行业中至关重要的一环，保证了医疗物品的质量、有效性和安全性。将相变储冷材料应用于医用冷链运输是一种创新且高效的方法。相变储冷材料可以在相变温度范围内吸收和释放大量热量。在医用冷链运输中，它能够提供持久而稳定的低温环境，确保医疗物品的质量和安全。大多数疫苗运输温度要求为 $2 \sim 8 °C$，有研究者通过将研发的新型相变储冷材料配合保温箱维持 $8 °C$ 以内的时间达 80h，满足疫苗运输需求[14]。针对以上问题，通过研制新型疫苗储冷保温箱，在内部放置高效相变储冷材料，可使内部保持在目标温度的时间为 44h，同时添加温度监控设备，方便用户在手机上实时监控内部温度，该保温箱在小批量的灭活疫苗运输上具有一定优势。因此，将相变储冷材料应用于医用冷链运输是一种高效、可靠且环保的解决方案。

相变储冷技术在冷藏业务中拥有广阔的潜力和前景。因其能够提供持久稳定的温度、节能环保和灵活便利的特点，相变储冷技术为冷藏业务带来了新的机遇和改进。相变储冷技术在冷藏业务中的不断发展和应用，为食品和医疗等领域带来更高效、可靠和可持续的冷链解决方案。冷藏应用中，相变材料被用作储存和调节热能的媒介。当被暴露在低温环境时，相变材料吸收周围环境的热量并迅速从固态转变为液态，这个过程被称为吸热相变。相反，当环境升温时，相变材料释放其内部储存的热能，并从液态转变为固态，这个过程被称为放热相变。相变材料的独特特性使得其成为冷藏中的理想选择。首先，相变材料不需要额外的能源供应，它能够根据环境的温度变化自行调节，并保持持续的低温环境，即使在断电或环境温度不稳定的情况下也能保持稳定温度。其次，相变材料具有较高的储能密度，可以在相对较小的体积和重量下储存大量的热能，提高冷藏效果。此外，相变材料还具有循环使用的特性，不需频繁更换，降低了运营和维护成本。

常见的相变材料包括石蜡类和盐类化合物。石蜡类相变材料通常用于中低温范围（−2~8℃），而盐类化合物相变材料适用于较高温度范围（30℃以上）。这些相变材料在不同温度范围内实现了不同阶段的相变，可以根据需求选择合适的材料。相变材料独特的吸热和放热特性使之成为高效、可持续的冷藏解决方案。

思考与讨论

1-1 太阳能、风能等新能源利用过程中主要存在哪些问题？有哪些解决的方法？

1-2 储热技术有哪几种形式？各自有什么特点？

1-3 简述在生活和工业生产过程中哪些场景有热管理的需求。

1-4 简述储热技术在热管理领域应用的特点。

1-5 储热技术在建筑领域中的热管理方式有哪些？

参考文献

[1] 中能传媒研究院. 中国能源大数据报告（2024）[R]. 2024.

[2] 朱培培，李新波，王焰孟，等. 基于安全监管下的新能源汽车热安全发展分析 [J]. 汽车文摘，2023（10）：38-44.

[3] 中国电力企业联合会. 2023年度电化学储能电站安全信息统计数据 [R]. 2023.

[4] 中国建筑节能协会建筑能耗与碳排放数据专委会. 2022中国建筑能耗与碳排放研究报告 [R]. 2022.

[5] 贺元骅，余兴科，樊榕，等. 动力锂离子电池热管理技术研究进展 [J]. 电池，2022，52（03）：337-341.

[6] 王毅军，周舟，李军. 锂离子电池热管理技术 [J]. 新能源进展，2023，11（01）：54-62.

[7] 李嘉鑫，李鹏钊，王苗，等. 锂离子电池热管理技术研究进展 [J]. 过程工程学报，2023，23（08）：1102-1117.

[8] Zhao M, Gao C, Wang F, et al. A study on local cooling of garments with ventilation fans and openings placed at different torso sites [J]. International Journal of Industrial Ergonomics, 2013, 43 (3): 232-237.

[9] Gao T, Yang Z, Chen C, et al. Three-dimensional printed thermal regulation textiles [J]. ACS Nano, 2017, 11 (11): 11513-11520.

[10] Peng L, Su B, Yu A, et al. Review of clothing for thermal management with advanced materials [J]. Cellulose, 2019, 26 (11): 6415-6448.

[11] Itani M, Ghaddar N, Ouahrani D, et al. An optimal two-bout strategy with phase change material cooling vests to improve comfort in hot environment [J]. Journal of Thermal Biology, 2018, 72: 10-25.

［12］　Tong S，Nie B，Li Z，et al. A phase change material（PCM）based passively cooled container for integrated road-rail cold chain transportation——An experimental study ［J］. Applied Thermal Engineering，2021，195：117204.

［13］　李晓燕，张晓雅，邱雪君，等 . 相变蓄冷技术在食品冷链运输中的研究进展 ［J］. 包装工程，2019，40（15）：150-157.

［14］　洪乔荻，邹同华，宋晓燕，等 . 疫苗运输用蓄冷材料性能研究 ［J］. 低温与超导，2013，41（08）：59-62.

第2章

面向热管理的储热技术

2.1 概述

　　电池热管理、电子器件热管理、热舒适性以及蓄冷技术的核心在于有效控制热能或温度。这些技术在当今高科技时代愈发重要，因其不仅影响设备的性能及使用寿命，同时也与用户的舒适体验紧密相关。尤其在电动汽车、智能手机及各类高性能电子设备广泛应用的背景下，热管理技术所需的标准和要求不断提升。储热式热管理作为热管理领域的一个重要分支，通过高效的热量储存与释放机制，实现了热能的有效传递与转移，从而有效应对热管理中的核心需求。其基本原理是利用不同的储热材料在一定工况下吸收和释放热量，以实现温度的稳定及能效的提高。因此，储热材料的选择与应用将直接影响热管理技术的成效和可靠性。本章首先对储热技术进行分类，并探讨各种储热材料的特性及其性能表现。在此基础上，依据热管理的实际需求，对热管理领域中常用的储热材料进行详细介绍。同时，总结了热管理储热材料常用的制备与表征技术，并分析了其在未来发展中的趋势。

2.2 储热技术简介

2.2.1 储热技术分类

　　根据储热方式的不同，储热技术可以分为三类：显热储热技术、潜热储热技术以及热化学储热技术，其中显热储热技术与潜热储热技术为物理方法，热化学储热技术为化学方法，储热技术分类如图2-1所示。

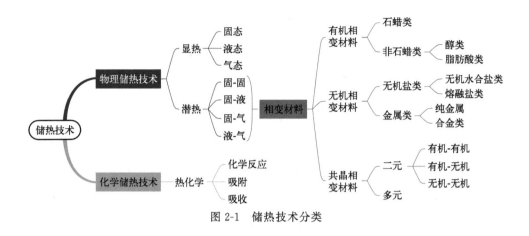

图 2-1　储热技术分类

（1）显热储热技术

显热储热技术利用物质因温度变化而吸收或释放热量的性质来实现热能储存的目的，整个储热过程中不涉及化学反应以及物质的物态变化，仅依靠物质自身的比热容随着温度的变化对热量进行储存和释放。显热储热技术储热量可由式(2-1)进行计算（当 C_p 为恒定值时）：

$$Q = m \int_{T_{\mathrm{L}}}^{T_{\mathrm{H}}} C_p \, \mathrm{d}T = m C_p (T_{\mathrm{H}} - T_{\mathrm{L}}) \tag{2-1}$$

式中，m 为储存物料的质量；C_p 为材料的恒压比热容；T_{L} 和 T_{H} 为储热过程中材料历经的低温和高温。

在各种储热方式中，显热储热技术原理最简单、材料来源最丰富、成本较低、技术最成熟。显热储热技术已广泛应用于多个领域，在建筑领域，利用显热储热技术可以实现夏季电负荷调峰和冬季供暖，提高能源利用效率；在太阳能领域，显热储热技术可以帮助太阳能光伏发电设备实现长时间储热和稳定输出；在新能源汽车领域，显热储热技术可以提高电动汽车的续航里程和使用寿命；在工业领域，利用显热储热技术可以实现生产过程中的余热回收和再利用，提高能源效率。

（2）潜热储热技术

潜热储热技术又称相变储热技术，是利用物质在相变过程中吸收或释放热量的特性。在这一储热过程中，仅涉及物质的物态变化（如固固、固液、固气等），而不涉及任何化学反应。与显热储热方式相比，相变储热具有更高的储热密度，并且在相变过程中温度几乎保持不变，从而能够在特定温度下实现热量的有效储存。潜热储热技术储热量可由式(2-2)进行计算：

$$Q = m \int_{T_\mathrm{L}}^{T_\mathrm{m}} C_{p\mathrm{s}} \mathrm{d}T + m \Delta H_\mathrm{m} + \int_{T_\mathrm{m}}^{T_\mathrm{H}} C_{p\mathrm{l}} \mathrm{d}T \qquad (2\text{-}2)$$

式中，T_m 为潜热储热材料的熔点；$C_{p\mathrm{s}}$ 和 $C_{p\mathrm{l}}$ 分别为相变前后材料的比热容；ΔH_m 为相变焓。如果 $C_{p\mathrm{s}}$ 和 $C_{p\mathrm{l}}$ 不是温度的函数，则储热量可以通过式(2-3) 来计算：

$$Q = m \left[C_{p\mathrm{s}} (T_\mathrm{m} - T_\mathrm{L}) + \Delta H_\mathrm{m} + C_{p\mathrm{l}} (T_\mathrm{H} - T_\mathrm{m}) \right] \qquad (2\text{-}3)$$

潜热储热技术的应用范围十分广泛，涵盖了工业生产、建筑供暖、能源供应、冷热电联供等多个领域。在工业生产中，潜热储热通常用于存储废热，进而将其转化为可利用的能源，以提高能源的利用效率；在建筑供暖领域，潜热储热则主要利用太阳能或地热等可再生能源进行供热，从而实现节能与减排的目标；在能源供应方面，潜热储热常被用于电力系统的调峰和填谷，以平衡电网负荷，提升电网的稳定性。

（3）热化学储热技术

热化学储热技术是依靠可逆的热化学反应来实现热能的存储与释放，一般用反应式 C+ΔH ══A+B 来表示，在热量储存阶段物质 C 吸收 ΔH 的热量发生化学反应生成 A 和 B 两种物质，并在此过程中将热量存储起来；在热量释放阶段，材料 A 和材料 B 接触反应生成 C 并释放热量。储存的热量与储存物料的质量（m）、反应热（ΔH_r）和转化率（α）成正比，可由式(2-4) 进行计算：

$$Q = m \alpha \Delta H_\mathrm{r} (\alpha \leqslant 1) \qquad (2\text{-}4)$$

热化学储热技术具有较高的储热密度和储热效率，同时，由于化学反应的可逆性，热化学储热系统可以长时间储存能量而几乎没有损失，具有显著的长时间储存优势。此外，热化学储热过程可通过调节反应条件精确控制储热和放热，具备良好的可控性，适用于需要稳定热源的应用。

（4）三种储热技术对比

显热储热技术相对简单且成熟，但在能量释放过程中无法维持稳定的温度，且存在较高的热损失，导致难以长期储存热量，其蓄热能力也较低，不能满足现代工业对高蓄热量的需求。相较而言，潜热储热技术通过相变过程实现了较高的储热密度，弥补了显热储热在长期热量保存方面的不足，但其材料状态的变化可能引发泄漏问题。热化学储热技术则利用可逆的吸热/放热反应来储存和释放热量，展示出良好的储热能力和较小的热损失。然而，其应用也面临储热材料对设备有腐蚀性、传热与传质能力不足等挑战，同时材料开发的难度也限制了其实际应用。

2.2.2　储热材料及其热特性

储热材料是一种可以吸收、储存和释放热能的材料，是整个储热过程的核心，在实际应用中常常根据应用的温度区间、材料的性质以及应用的场景对材料进行选择，其性能与要求可以从以下几个方面来考虑：

① 储热能力　包括储热材料的热容量（单位质量或体积所能储存的热量）和热稳定性（储热材料在长期使用环境下的热性能变化情况）等。

② 导热能力　储热材料在储存和释放热能的过程中，需要具备较好的热传导性能，以便有效地进行热量的传递和输送。较高的热传导率可以提高储热系统的热效率。

③ 稳定性和可靠性　储热材料在长期使用过程中需要具备较好的稳定性和可靠性，以保证其性能不会随着时间的推移发生明显的退化。这包括抗老化性能、抗腐蚀性能、循环使用寿命等。

④ 成本与可持续性　储热材料的成本和可持续性也是需要考虑的重要因素。成本的降低可以促进储热技术的商业化和推广应用。此外，可持续性要求储热材料在生产、使用和回收再利用等环节都能够减少对环境的负面影响。

下面将按照储热原理的不同对显热储热材料、潜热储热材料、热化学储热材料三种不同类型的储热材料进行介绍。

（1）显热储热材料

显热储存意味着可以通过改变储热材料的温度来储存能量。储存的热量与储热材料的密度、比热容、体积和温度变化成正比。比热容、密度和热导率是显热储热材料的主要热性能。一些常用显热储热材料相应的密度以及比热容如表 2-1 所示。图 2.2 对比了固态和液态显热储热材料的热性能。

表 2-1　常见显热储热材料及其热物性

材料	比热容/[J/(kg·K)]	热导率/[W/(m·K)]	密度/(kg/m³)
岩石	850	1.0	2600
水	4180	0.6	1000
砖	840	0.7	1800
混凝土	920	1.5	2300
硝酸盐	1550	0.5	1870
硅油	1465	0.1	970

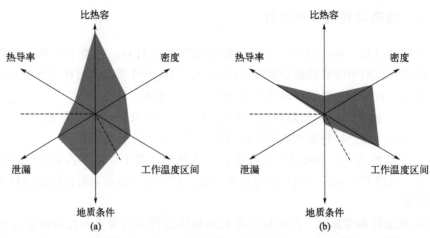

图 2-2 液态显热储热材料 (a) 与固态显热储热材料 (b) 性能对比[1]

① 固态显热储热材料 对于一些固态显热储热材料，如岩石、金属、混凝土、沙子和砖等，其工作温度可超过 100℃，且具有良好的导热性能。与液态储热材料相比，这类固体材料的密度普遍较高，通常在 1500～3000kg/m³ 范围内，但其比热容相对较小，因此储热密度也较低。然而，固态显热储热材料具备耐高温和无泄漏等天然优势。

常见的固体显热储热材料主要包括岩石和土壤，其中岩石和砂石的成分主要为 Al_2O_3 和 SiO_2 等氧化物。这些材料不仅具有良好的热稳定性，还具备高机械强度，能够在 600℃ 的高温下保持稳定，不发生分解。以岩石为储热介质的一个典型应用是岩石床储热器，它利用松散堆积的岩石或卵石进行热量储存。通常，将温度较高的热空气泵送至盛装岩石的固定容器中，以实现热量的积累，并在需要时释放热量。相较于岩石储热，利用土壤进行储热一般不需对储热材料进行特殊处理。目前，已有部分地区实现了利用土壤进行跨季节储热，即在非供暖季节，通过太阳能集热器等装置收集过剩的太阳能，并将其储存至深层土壤中，在供暖季节再将热量提取用于供热。土壤储热的优势在于不受地域限制，不需封闭容器。但需注意的是，在土壤中埋设管道等设备可能导致土质松动，甚至引发地质灾害。因此，在实施土壤储热时，应充分考虑潜在的环境影响。

② 液态显热储热材料 水是一种典型的液态显热储热材料，与其他介质相比，水具有较高的比热容，即其单位质量的储热量相对较大；水作为显热储热介质时，其适用温度范围为 0～100℃，因此被认为是一种理想的住宅储热材料。以水为储热介质的系统主要包括水箱和含水层蓄水系统两种形式。在水箱系统中，由于水的密度随着温度降低而增加，水会自然分层：热水上升至顶部，而冷

水则留在底部，中间区域形成温跃层。典型的应用例子是太阳能热水箱，集热器将热量通过水传输到水箱中，不需要中间换热器。含水层则指地下水的地质构造，水体有时与砾石或沙子混合。含水层具有长时间储存热量或冷量的优点，特别是在储存量较大的情况下。通过从井中提取地下水，利用可用热源加热这些水后再将其注入其他井中的含水层，可以实现有效的储热。与传统储水罐相比，含水层蓄热系统在投资和运行成本方面具有显著优势。但在设计和运行时，需要考虑允许的温度变化、自然流动以及潜在的环境影响。

除了水之外，熔融盐也是一种常见的液态显热储热材料，利用熔化后的盐作为传热介质。熔融盐的应用温度通常在其熔点以上，工作温度一般在 $100 \sim 600\,℃$ 范围内，密度集中在 $1500 \sim 2000\,\mathrm{kg/m^3}$，热导率约为 $0.5\,\mathrm{W/(m \cdot K)}$。熔融盐目前多用于聚光光伏发电站中，例如甘肃敦煌 100MW 熔融盐塔式光热电站和绍兴绿电熔融盐储能示范项目均采用熔融盐作为储热材料。使用最广泛的熔融盐是二元盐（60%硝酸钠＋40%硝酸钾）组成的混合物。在光热电站中，通常会采用冷/热熔融盐双储罐来存放熔融盐（图 2-3）。冷熔融盐储罐内的熔融盐通过熔融盐泵输送至太阳能集热器中，吸收热能后进入热熔融盐储罐，随后高温熔融盐流入熔融盐蒸汽发生器，产生过热蒸汽以驱动蒸汽涡轮机发电，熔融盐温度降低后再流回冷熔融盐储罐。然而，由于熔融盐具有较高的黏度和强腐蚀性，因此在泵功和管道防腐维护方面需要增加成本。

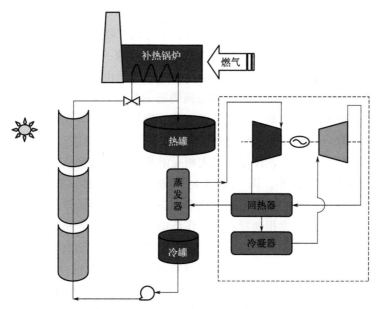

图 2-3 熔融盐太阳能集热电站示意图

在中温段，常用显热储热材料除熔融盐外还有硅油、矿物油以及合成油等导热油，其主要成分为烷烃、芳香烃以及酯类等有机物。其工作温度区间为 100～400℃，相比于熔融盐其具有黏度小、无腐蚀等优点，目前已经有较多的商业化产品，但导热油热导率低、比热容小，从而导致了其传热性能与储热性能相对较差。在高温段，显热储热材料一般以液态金属为主，主要利用一些中低熔点的金属进行储热，其黏度较高、密度大，运行的最高温度可以达到上千摄氏度，同时具有良好的导热性能，一般可以达到 10～100W/(m·K)，可高出熔融盐两个数量级，但大部分液态金属比热容较小，储热密度偏低，同时由于金属对流动管道具有腐蚀性，价格相对昂贵，因此大规模进行应用所需的成本也相对偏高。

③ 气态显热储热材料　气态材料由于其低密度和高热容比的特性，能够在大体积下储存大量的热量。这类材料的热储存能力与其比热容和密度直接相关，常见的气态显热储热材料包括空气、氮气、二氧化碳、氦气和水蒸气等。温度适用范围涵盖零下到零上几百摄氏度，密度较小，一般在 2kg/m^3 以下。其中，高温蒸汽储热利用蒸汽的高温和高储热能力的特点能够在相对小的体积内存储大量的热量，广泛地应用于需要稳定热源和能量平衡的工业和能源领域。其通常适用的温度范围为 200～600℃ 的环境，其储热密度较高，具体的储热密度取决于蒸汽的温度和压力。典型的高温蒸汽储热系统包括储热介质、热交换器和隔热容器等关键组件，在应用的过程中由于涉及高温高压，需采取严格的安全措施。

（2）潜热储热材料

潜热储热材料即相变储热材料，按其相变方式可将其划分为四大类，分别是固-固相变材料、固-液相变材料、固-气相变材料及液-气相变材料。固-固相变材料在发生相变前后，物质状态没有发生变化，主要是由于固体的晶格结构发生改变而吸收或释放热量，这是一种从固态到固态的相变过程，几乎没有体积变化。这种相变材料具有过冷度低、无毒、无腐蚀、使用寿命长等优点，但相变温度较高且不容易获取，因此应用受到限制。固-液相变材料在温度接近其相变温度时，物质会从固态转变为液态，伴随着较大相变潜热的吸收和释放，整个过程的温度相对稳定，体积变化较小。固-气相变材料和液-气相变材料具有较高的储热密度，但相变为气体后体积急剧增加，这对设备和容器材料的承压能力和体积提出了较高的要求，因此这类相变材料对工作环境的要求非常严格。

按相变材料的组成成分可以分为有机、无机、共晶相变材料。共晶相变材料一般是具有相似或一致熔点和凝固点的材料组合，包括无机-无机、有机-有机或者无机-有机相变材料的二元或多元共晶体系，通过混合多种相变材料不仅可以克服单一相变材料的缺点、融合不同组分的优点，还可以调节相变温度范围并能有效地控制相变潜热，使其更好地应用于实际情况。

① 有机相变材料　有机相变材料可以在不发生相分离的情况下多次熔化和凝固，且在结晶的时候有很小或者没有过冷度，通常不具有腐蚀性，一般分为石蜡类（烷烃类及其混合物）和非石蜡类（脂肪酸、醇类等及其衍生物）。其中石蜡是直链烷烃的混合物，其分子通式为 $C_n H_{2n+2}$。石蜡的相变温度和相变潜热取决于烷烃混合物的类型。短链烷烃为主的混合物的相变温度较低，随着碳原子数的增加，相变温度也随之提高。因此，可以通过调整烷烃混合物中不同烷烃材料的比例得到具有合适相变温度和相变潜热的石蜡相变材料，部分烷烃储热材料性能如表 2-2 所示。在实际应用中，考虑到成本因素，工业石蜡通常被广泛用作相变材料。作为提炼石油的副产品，工业石蜡来源丰富且无毒、无腐蚀性。其主要成分为多种烷烃的混合物，因此并没有固定的熔点，而是呈现为一个相变温度范围。但石蜡的热导率仅为 $0.15W/(m \cdot K)$ 左右，导热性能较差，为此常需要搭配强化传热的技术或器件才能进行更好的应用，同时，石蜡在发生相变时体积会发生一定幅度的变化，因此在使用过程中常需要对盛装石蜡的器件进行特殊设计。

表 2-2　部分烷烃的相变温度与相变潜热[2]

烷烃类型	相变温度/℃	相变潜热/(J/g)
$C_{17}H_{36}$	21.7	213
$C_{18}H_{38}$	28	244
$C_{19}H_{40}$	32	222
$C_{20}H_{42}$	36.7	246
$C_{21}H_{44}$	40.2	200
$C_{22}H_{46}$	44	249
$C_{23}H_{48}$	47.5	232
$C_{24}H_{50}$	50.6	255
$C_{25}H_{52}$	49.4	238
$C_{26}H_{54}$	56.3	256
$C_{27}H_{56}$	58.8	236
$C_{28}H_{58}$	61.6	253
$C_{29}H_{60}$	63.4	240
$C_{30}H_{62}$	65.4	251
$C_{31}H_{64}$	68	242
$C_{32}H_{66}$	69.5	170
$C_{33}H_{68}$	73.9	268
$C_{34}H_{70}$	75.9	269

脂肪酸是指一端含有一个羧基的长脂肪族碳氢链，直链饱和脂肪酸的通式是 $C_nH_{2n}O_2$。脂肪酸根据碳氢链饱和与不饱和可分为饱和脂肪酸、单不饱和脂肪酸、多不饱和脂肪酸；根据碳链长度可分为短链脂肪酸、中链脂肪酸、长链脂肪酸。短链脂肪酸是指碳链上的碳原子数小于 6 的脂肪酸，中链脂肪酸是指碳链上碳原子数为 6～12 的脂肪酸，长链脂肪酸是指碳链上碳原子数大于 12 的脂肪酸。常见的脂肪酸类相变材料有正癸酸、月桂酸、肉豆蔻酸、棕榈酸、硬脂酸、花生酸等。脂肪酸性能类似石蜡，同时具有一定腐蚀性，价格约为石蜡的 2～2.5 倍，部分脂肪酸性质如表 2-3 所示。

表 2-3　部分脂肪酸相变温度与相变潜热

名称	分子式	相变温度/℃	相变潜热/(J/g)
乙酸	$C_2H_4O_2$	16.7	184
癸酸	$C_{10}H_{20}O_2$	31.5	155.5
月桂酸	$C_{12}H_{22}O_2$	44	175.8
十四烷酸	$C_{14}H_{28}O_2$	53.7	187
棕榈酸	$C_{16}H_{32}O_2$	65	186
十八烷酸	$C_{18}H_{36}O_2$	69.6	222.2

有机糖醇通式为 $HOCH_2(CHOH)_nCH_2OH$，每一个糖醇分子的碳原子上都连接一个羟基（—OH）。糖醇因碳原子数目不同而具有不同长度的碳链，含碳原子数目最少的是化学式为 $C_3H_8O_3$ 的丙三醇，其他绝大部分的糖醇含有 4、5 或 6 个碳原子，部分有机糖醇的相变温度与相变潜热如表 2-4 所示。有机糖醇的相变温度大约在 100～300℃ 之间，同时由于氢键的存在使得有机糖醇在相变时可以释放更多的相变潜热，一般应用于中高温储热系统中。但是有机糖醇在使用过程中存在严重的过冷现象，即糖醇在相变过程中需要低于其凝固温度才可以发生结晶的现象。例如赤藓糖醇的过冷度高达几十度，D-甘露醇的过冷度为 43℃，过冷严重影响相变材料传热以及储放热性能，因此改善有机糖醇相变材料的过冷度成为亟待解决的问题。目前，常用的改善糖醇材料过冷方法有添加成核剂、进行封装、多元共晶以及多孔介质材料吸附等方法。

表 2-4　部分糖醇相变材料相变温度以及相变潜热[3]

名称	分子式	相变温度/℃	相变潜热/(J/g)
丙三醇	$C_3H_8O_3$	18.8	159.6
赤藓糖醇	$C_4H_{10}O_4$	118.7	345.3
木糖醇	$C_5H_{12}O_5$	94.9	247.8
D-甘露醇	$C_6H_{14}O_6$	167	296.3

续表

名称	分子式	相变温度/℃	相变潜热/(J/g)
山梨糖醇	$C_6H_{14}O_6$	97	170.7
肌醇	$C_7H_{16}O_7$	225.5	351.6

② 无机相变材料　无机相变材料主要被应用于低温和高温环境中,包括结晶水合盐类、熔融盐类(硝酸盐、碳酸盐、卤化物等)、金属类。无机水合盐相变材料通过在加热过程中脱去全部或者部分结晶水、冷却过程中重新与水结合形成水合盐的过程实现热量的储存与释放,其相变原理可用式(2-5)及式(2-6)表示:

$$AB \cdot xH_2O \xrightleftharpoons[\text{冷却}(T<T_m)]{\text{加热}(T>T_m)} AB + xH_2O - \Delta H_p \tag{2-5}$$

$$AB \cdot xH_2O \xrightleftharpoons[\text{冷却}(T<T_m)]{\text{加热}(T>T_m)} AB \cdot yH_2O + (x-y)H_2O - \Delta H_p \tag{2-6}$$

式(2-5)与式(2-6)中,T_m 为相变材料的相变温度,ΔH_p 为相变潜热。式(2-5)为水合盐达到相变温度后全部脱出结晶水的反应式;式(2-6)为水合盐达到相变温度后脱出部分结晶水的反应式。无机水合盐一般是硫酸盐、硝酸盐、醋酸盐、磷酸盐和卤化盐等盐类的水合物。表 2-5 为部分无机水合盐相变材料的相变温度和相变潜热,表 2-6 为部分共晶无机水合盐相变材料的相变温度和相变潜热,水合盐相变材料相比于有机相变材料和无机水合盐相变潜热较高,而且导热能力略高于有机相变材料,一般大于 $0.6W/(m \cdot K)$。目前,无机水合盐相变已经引起了广泛关注,拥有相对较好的应用前景。

表 2-5　部分无机水合盐相变材料的相变温度与相变潜热[4,5]

相变材料	相变温度/℃	相变潜热/(J/g)
$LiClO_3 \cdot 3H_2O$	8/8.1	253
$KF \cdot 4H_2O$	18.5~19	231
$FeBr_3 \cdot 6H_2O$	21	105
$Mn(NO_3)_2 \cdot 6H_2O$	25.3/25.8	125.9
$CaCl_2 \cdot 6H_2O$	28~30	171~192
$LiNO_3 \cdot 2H_2O$	30	296
$LiNO_3 \cdot 3H_2O$	30	189/256
$Na_2SO_4 \cdot 10H_2O$	32/32.4	238~254
$Na_2CO_3 \cdot 10H_2O$	32~36	247/267
$CaBr_2 \cdot 6H_2O$	34	115.5/138

相变材料	相变温度/℃	相变潜热/(J/g)
$LiBr_2 \cdot 2H_2O$	34	124
$Na_2HPO_4 \cdot 12H_2O$	35～36	265～280
$Zn(NO_3)_2 \cdot 6H_2O$	36/36.4	147/146.9
$FeCl_3 \cdot 6H_2O$	37	223
$Mn(NO_3)_2 \cdot 4H_2O$	37.1	115
$KF \cdot 2H_2O$	42	167
$K_2HPO_4 \cdot 7H_2O$	45	135
$Ca(NO_3)_2 \cdot 4H_2O$	47	153
$Mg(NO_3)_2 \cdot 4H_2O$	47	142
$Na_2SiO_3 \cdot 4H_2O$	48	168
$Na_2S_2O_3 \cdot 5H_2O$	48/49	201～210
$MgSO_4 \cdot 7H_2O$	48.5	202
$Ca(NO_3)_2 \cdot 3H_2O$	51	104
$Zn(NO_3)_2 \cdot 2H_2O$	55	68
$FeCl_3 \cdot 2H_2O$	56	90
$Ni(NO_3)_2 \cdot 6H_2O$	57	169
$MnCl_2 \cdot 4H_2O$	58	151
$Mg(NO_3)_2 \cdot 6H_2O$	89～90	150～167
$KAl(SO_4)_2 \cdot 12H_2O$	91	184
$KFe(SO_4)_2 \cdot 12H_2O$	95	269
$MgCl_2 \cdot 6H_2O$	115～117	165～169

表 2-6　部分共晶无机水合盐相变材料的相变温度与相变潜热[6,7]

相变材料	相变温度/℃	相变潜热/(J/g)
$0.45CaCl_2 \cdot 6H_2O + 0.55CaBr_2 \cdot 6H_2O$	14.7	140
$0.67CaCl_2 \cdot 6H_2O + 0.33MgCl_2 \cdot 6H_2O$	25	127
$0.5CaCl_2 + 0.5MgCl_2 \cdot 6H_2O$	25	95
$0.4Na_2CO_3 \cdot 10H_2O + 0.6Na_2HPO_4 \cdot 12H_2O$	27.3/27.1	220.2
$0.47Ca(NO_3)_2 \cdot 4H_2O + 0.53Mg(NO_3)_2 \cdot 6H_2O$	30	136
$0.4CH_3COONa \cdot 3H_2O + 0.6NH_2CONH_2$	30	200.5
$0.5Na_2SO_4 \cdot 10H_2O + 0.5Na_2HPO_4 \cdot 12H_2O$	36.67	226.90
$0.5Mg(NO_3)_2 \cdot 6H_2O + 0.5MgCl_2 \cdot 6H_2O$	59.1	144

续表

相变材料	相变温度/℃	相变潜热/(J/g)
$0.53Mg(NO_3)_2 \cdot 6H_2O + 0.47Al(NO_3)_2 \cdot 9H_2O$	61	148
$0.59Mg(NO_3)_2 \cdot 6H_2O + 0.41MgBr_2 \cdot 6H_2O$	66	168
$0.14LiNO_3 + 0.86Mg(NO_3)_2 \cdot 6H_2O$	72	180
$0.62Mg(NO_3)_2 \cdot 6H_2O + 0.38NH_4NO_3$	52	125.5
$0.25LiNO_3 + 0.65NH_4NO_3 + 0.1NaNO_3$	80.5	113
$0.27LiNO_3 + 0.58NH_4NO_3 + 0.15KNO_3$	81.5	116
$0.5NaNO_3 + 0.5KNO_3$	218~228	122.89

但水合盐相变材料在应用过程中仍存在着较多的问题。首先，水合盐往往存在过冷现象，即在重新形成结晶的过程中，需要克服较高的表面能，导致大部分水合盐处于过冷状态。为了缓解这个问题，通常会添加成核剂。成核剂的组成和水合盐相似，但其比例有所不同，从而促进相变的发生。目前，有关成核剂的种类和比例仍是研究的热点。其次，水合盐相变过程中会发生相分离问题，即由于不同组分的密度差异，水合盐在多次循环后会分为三个层次：底部的固态无水颗粒、中间的水合盐晶体和上层的液体。相分离会导致相变材料的储能特性丧失。为了避免相分离，常用的方法是添加增稠剂，增加溶液密度，使固体颗粒均匀分布在溶液中，以防止颗粒沉积。此外，水合盐中的结合水在加热过程中容易蒸发，导致水的流失，从而改变水合盐的化学组成，影响其储热特性。为了提高水合盐的循环稳定性，常常采用封装和吸附的方式来防止自由水的蒸发。

熔融盐常用于小功率电站、太阳能发电、工业余热回收和航天领域。这种相变材料由碱金属的氟化物、氯化物、硝酸盐、碳酸盐等组成，可以是单一组分、双组分或多组分的混合物。它们主要应用于中高温范围，约 120~1000℃ 及以上。其密度通常在 2000kg/m³，其热导率基本在 0.5~5W/(m·K)。然而，熔融盐的价格较高，并且存在过冷和腐蚀问题，这限制了其应用范围，部分无机熔融盐相变材料的相变温度及相变潜热如表 2-7 所示。目前，此类材料的研究重点仍在于开发高性能的新体系，优化现有体系。

表 2-7　部分无机熔融盐相变材料的相变温度与相变潜热[8]

相变材料	相变温度/℃	相变潜热/(J/g)
$AlCl_3$	192	280
$LiNO_3$	250	370
$NaNO_3$	307	172

相变材料	相变温度/℃	相变潜热/(J/g)
Na_2O_2	360	314
KNO_3	333	266
KOH	380	150
$KClO_4$	527	1253
$MgCl_2$	714	452
$NaCl$	800	492
Na_2CO_3	854	276
KF	857	452
LiF	868	932
K_2CO_3	897	235
NaF	993	750
LiH	699	2678

金属类相变材料通常为单一金属或多种金属形成的二元、三元或四元合金。其相变温度一般在 300℃ 以上，近几年还出现 10～300℃ 的相变合金，相变焓可达 700J/g 以上，热导率为十几 W/(m·K) 甚至更高。含有 Al、Cu、Mg、Si、Zn 等元素的二元和多元合金系列储热材料相变温度在 507～577℃，富含 Al、Si 元素的合金储热密度最高，相变潜热在 500kJ/kg 左右，同时具有较高的热导率，部分金属及合金相变材料的相变温度以及相变潜热如表 2-8 所示。硅铝共晶、铜基、铅基、锡基、锌基合金储热材料广泛应用于高温工业余热回收利用和太阳能热利用领域。例如，硅铝共晶合金的潜热值随着热循环次数的增加和保温时间的延长而提高。合金的固态比热容随着硅含量的增加而降低，但相变潜热随着硅含量的增加而提高。在中高温的相变储热应用中，金属材料相对于无机盐和有机材料具有明显的优势，如相变稳定性好、性价比高、使用寿命长。低熔点合金也称液态金属，以其作为相变材料相比于传统相变材料具有更高的传热能力[9]。其可以用于 USB 闪存或智能手机等移动电子产品的热管理，与此同时，液态金属被认为是下一代工业热交换器的潜在相变材料候选者。在无毒金属或金属合金的可用熔点中，镓和镓基合金的熔点为 8～30℃，铋基金属合金为 40～100℃。在液态金属的应用过程中，存在一定的腐蚀性，因此选择合适的盛装容器成为了关键，同时液态金属具有一定的过冷度，可以加入成核剂进行改善，如加入二氧化硅成核剂，更重要的一点，一些无毒金属价格昂贵，限制了其大规模应用[10]。

表 2-8　部分金属及合金相变材料的相变温度与相变潜热[11]

相变材料	相变温度/℃	相变潜热/(J/g)
Pb	328	23
Al	660	397
Cu	1083	194.4
Mg	650	364
Au	961	105
Na	97.8	113.2
K	63.2	56.6
Sn	232	57.5
Hg	−38.87	11.4
Ga	29.8	80.12
Rb	38.85	25.74
Cs	28.7	16.4
Bi	271.4	53.3
49%Mg-47%Zn-4%Al	340	132
49.4%Mg-46.2%Zn-4.4%Al	341	157
52.2%Zn-47.7%Mg-0.1%Al	343	153
93.9%Zn-3.7%Al-2.4%Mg	344	132
93.86%Zn-3.7%Al-2.44%Mg	344	104
55%Mg-28%Ca-17%Zn	400	146
46%Mg-25%Al-15%Zn-14%Cu	408	205
63.2%Mg-32.5%Al-4.3%Cu	428	282
59%Al-35%Mg-6%Zn	443	310
65.35%Al-34.65%Mg	497	285
67.9%Al-32.1%Cu	555~562	315.9~317.1
51.7%Cu-48.3%Al	589~612	286.7~295.5
64.3%Al-34%Cu-1.7%Sb	545	331
64%Mg-36%Bi	548	138
58%Bi-41%Sn-1%Pb	134.4	45.9
54%Bi-30%In-16%Sn	80.9	38
86%Sn-9%Zn-5%Bi	184.8	55.3
88%Sn-9%Zn-3%Cu	208.1	54.3
86%Sn-9%Zn-5%Cu	210.2	48.9

续表

相变材料	相变温度/℃	相变潜热/(J/g)
96.5%Bi-3.5%Zn	251.4	50.3
67%Ga-20.5%In-12.5%Sn	10.7	67.2
82%Ga-12%Sn-6%Zn	18.8	86.5
74%Ga-22%Sn-4%Cd	20.2	75.2

③ 共晶相变材料　共晶相变材料是将两种或多种不同的相变材料按特定比例混合，使其在比各自熔点更低的温度下熔化，并形成均匀的混合物。这些相互混合的物质可以是多种有机材料、多种无机材料或有机无机材料的混合。近年来，研究重点主要集中在有机-有机共晶相变储热材料上，这些材料通常是醇-醇、醇-酸和酸-酸体系，其具有较高的相变焓、良好的长期稳定性、高表面张力和良好的化学相容性等优点。无机-无机共晶相变储热材料一般包括金属合金相变材料、结晶水合盐和熔融盐的共熔混合物，其具有较高的相变潜热、良好的导热性能、较大的储热密度和较低的价格等优点，被广泛应用于中高温相变储能领域。与无机相变材料相同，共晶相变材料仍然存在着过冷和腐蚀等问题[12]。有机-无机共晶材料是通过将含有羧基、氨基等可以与结晶水生成氢键的有机物与水合盐共熔而制备得到的。这种材料有望在保持高效储热能力的同时改善盐类相变材料存在的过冷等问题，能够结合有机和无机相变材料的优点，具有较大的应用潜力。目前，有机-无机共晶材料仍处于实验研究阶段，对其储能机理以及储热能力仍需进一步探索。部分共晶相变材料的相变温度与相变潜热如表 2-9 所示。对于简单的二元共晶混合物其相变温度可以通过式(2-7)[13] 计算：

$$T_{pt} = \left(\frac{1}{T_{pt,i}} - \frac{R\ln x_i}{\Delta H_i}\right)^{-1} \tag{2-7}$$

其中，x_i 为物质 i 在温度为 T 时的摩尔分数，R 为理想气体常数 8.314J/(mol·K)，ΔH_i、$T_{pt,i}$ 分别表示物质 i 的摩尔熔化焓和纯物质的熔化温度。已知二元理想共晶相变材料的组成，可利用归纳法通过式(2-8) 计算二元共晶相变材料的相变潜热[13]，表达式为：

$$\Delta H_E = T_E \sum_{i=1}^{n} \left[\frac{x_i \Delta H_i}{T_i} + x_i(C_{pl,i} - C_{ps,i})\ln\frac{T_E}{T_i}\right] \tag{2-8}$$

其中，x_i 为物质 i 在温度为 T 时的摩尔分数，ΔH_i 为物质 i 在温度为 T 时的相变潜热，$C_{pl,i}$ 和 $C_{ps,i}$ 分别是恒压下第 i 种物质在液态和固态时的比热容，T_E 和 T_i 分别是共晶组分和纯物质的熔融温度。

表 2-9　部分共晶相变材料的相变温度与相变潜热[14,15]

共晶类型	相变材料	相变温度/℃	相变潜热/(J/g)
有机-有机	64%癸酸-36%月桂酸	10	124.6
	83%癸酸-17%硬脂酸	24.68	178.64
	73.5%癸酸-26.5%肉豆蔻酸	21.4	162
	77.05%月桂酸-22.95%棕榈酸	33.09	150.6
	58%肉豆蔻酸-42%棕榈酸	42.6	169.7
	86%硬脂酸甲酯-14%棕榈酸甲酯	23.9	220
	91%硬脂酸甲酯-9%棕榈酸十六烷基酯	28.2	189
	64.2%棕榈酸-35.8%硬脂酸	52.3	181.7
无机-无机	$30\%MgCl_2 \cdot 6H_2O\text{-}70\%NH_4Al(SO_4)_2 \cdot 12H_2O$	64	192.1
	$30\%MgCl_2 \cdot 6H_2O\text{-}70\%KAl(SO_4)_2 \cdot 12H_2O$	60	198.1
	$93\%CaCl_2 \cdot 6H_2O\text{-}5\%Ca(NO_3)_2 \cdot 4H_2O\text{-}2\%Mg(NO_3)_2 \cdot 6H_2O$	24	125
	$96\%CaCl_2 \cdot 6H_2O\text{-}2\%KNO_3\text{-}2\%KBr$	23	138
	$96\%CaCl_2 \cdot 6H_2O\text{-}2\%NH_4NO_3\text{-}2\%NH_4Br$	20	141
	$85\%CH_3COONa \cdot 3H_2O\text{-}15\%HCOONa \cdot 3H_2O$	49	170
	$85\%CH_3COONa \cdot 3H_2O\text{-}15\%HCOONa \cdot 3H_2O$	51	175
	$85\%CH_3COONa \cdot 3H_2O\text{-}15\%HCOONa \cdot 3H_2O$	78	152.4
有机-无机	$91\% CH_3COONa \cdot 3H_2O\text{-}9\%$尿素	46.5	252.2
	$60\%Mg(NO_3)_2 \cdot 6H_2O\text{-}40\%$戊二酸	66.7	189

④ 复合相变材料　相变材料存在相分离、导热性能差和泄漏等问题，限制了其进一步应用。为了解决这些问题，国内外学者主要关注制备复合结构的相变储热材料，并对其进行结构优化。复合相变储热材料的制备主要通过胶囊化封装和定形基体吸附来实现。胶囊化封装可以防止相变材料的相分离和泄漏，通过在微囊或纳米胶囊中封装相变材料，能够提高材料的稳定性和循环寿命。定形基体吸附是将相变材料吸附在具有良好导热性和稳定性的基体上，以提高材料的导热性能和稳定性。

相变胶囊化封装技术即利用微小容器对相变材料进行封装，如图 2-4 所示。相变储热胶囊的出现在提升了相变材料的稳定性的同时还方便了相变储热材料的存储和运输。常见的相变材料包括石蜡、有机酸、无机盐类以及一些金属合金。胶囊化的目的是保护相变材料免受外界环境的影响，如氧化或化学腐蚀，同时防止材料在相变过程中泄漏，保持系统的持久性和稳定性。相变胶囊化封装技术的应用非常广泛。在建筑领域，这种技术用于制作具有热调节功能的墙体材料或涂层，以提高建筑物的能源效率。在电子产品中，胶囊化相变材料可以用于散热管理，帮助电子元器件在高温环境下保持稳定工作。此外，该技术还被广泛应用于服装、纺织品、汽车内饰以及医疗保健领域。在智能服装中，使用胶囊化相变材料可以调节体温，提供更舒适的穿着体验。

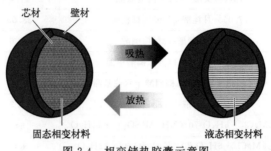

图 2-4　相变储热胶囊示意图

定形相变材料不局限于微胶囊的核壳结构，而是通过相变材料与基体的毛细作用保持复合材料的定形结构。定形相变材料是由相变材料和支撑材料两部分组成的，在相变过程中相变材料不会发生泄漏，且形态基本保持不变[16]。定形相变材料中的支撑材料也称基体材料，一般具有特殊的结构和耐高温性能，在相变材料发生相变时发挥支撑和保护的作用。与传统相变材料相比，定形相变材料不需要专门的封装器具，降低了封装成本和难度[17]，能够避免相变材料的泄漏，提高材料使用的安全性，并且在储放热过程中降低了相变材料与传热介质之间的封装热阻，有利于相变材料与热流体之间的热量交换。常见的支撑材料一般有多孔矿物材料、多孔碳材料（如膨胀石墨）、多孔金属材料（如泡沫金属）、聚合物（如聚乙烯）等[18]。其中，常见的多孔矿物材料有硅藻土、膨胀珍珠岩、高岭土、蛭石、膨胀黏土等，这些材料具有优异的性能，并且制备工艺简单[19]。多孔矿物材料的主要成分是 SiO_2，除此之外还有 Al_2O_3、Fe_2O_3、MgO、CaO、Na_2O、K_2O、TiO_2 等杂质。因多孔矿物材料具有比表面积大、吸附性能强、性质稳定等优点，因此众多学者选用多孔矿物材料作为支撑材料制备矿物基定形相变材料。目前常用的定形基体为硅藻土基以及膨胀珍珠岩基，硅藻土是一种生物成因的硅质沉积岩，主要化学成分为 SiO_2，另外还有 Al_2O_3、Fe_2O_3、MgO、Na_2O 等杂质，主要存在于硅藻土表面及孔隙中。硅藻土具有松散、质轻、多孔且孔道呈规律分布等特性，孔径主要集中于几纳米到数十纳米，化学性质稳定、比表面积和孔体积较大、吸附固定性能好，是一种天然纳米孔结构无定形硅质矿物材料。部分研究中的硅藻土基相变材料物性如表 2-10 所示[20-22]。将珍珠岩原料破碎至一定粒度，在骤然加温 1000～1300℃条件下，体积迅速膨胀 4～30 倍，成为膨胀珍珠岩。膨胀珍珠岩是一种散粒状、轻质和吸声性能好的材料；外观呈白色、微孔结构、散粒状构造；微孔尺寸为 $100nm \sim 10\mu m$，颗粒尺寸为 $0.15 \sim 0.25mm$，常温热导率为 $0.042 \sim 0.076W/(m \cdot K)$[23]。部分研究中的膨胀珍珠岩基定形相变材料物性如表 2-11 所示[24-26]。除了硅藻土和膨胀珍珠岩，石墨（包括膨胀石墨）、高岭土、硅酸钙、二氧化硅、海泡石、凹凸棒石、蛭石（包括膨胀蛭石）、粉煤灰、蛋白石、蒙脱石和沸石等都可以作为定形相变材料的支撑材料[27]。

表 2-10 部分研究中的硅藻土基相变材料物性[20-22]

相变材料	制备方法	相变温度/℃	相变潜热/(J/g)	吸附率/%	应用背景
CA-LA	真空浸渍法	16.74	66.81	57.04	建筑材料等
ETP	直接浸渍法	19.60	110.60	57.00	建筑材料等
XPP	真空浸渍法	20.61	77.43	48.00	建筑材料等
石蜡	熔化吸附法	22.30	63.98	50.00	建筑材料等
$C_{16}H_{34}$	真空浸渍法	23.68	120.10	47.00	建筑材料等
PEG1000	真空浸渍法	27.70	87.09	50.00	建筑材料等
$C_{18}H_{38}$	真空浸渍法	31.29	116.8	47.00	建筑材料等
石蜡	熔化吸附法	33.04	89.54	61.00	热能储存等
XPS	真空浸渍法	34.70	86.81	48.00	建筑材料等
石蜡	直接浸渍法	36.55	53.15	32.00	热能储存等
GHL	真空浸渍法	39.03	63.08	40.02	建筑材料等
LA	直接浸渍法	40.90	57.40	39.00	建筑领域和纺织工业等
GHM	真空浸渍法	45.86	96.21	55.00	热能储存等
石蜡	直接浸渍法	47.81	70.51	47.40	太阳能利用等
SA	直接浸渍法	52.30	57.10	28.85	热能储存等
石蜡	真空浸渍法	54.24	61.96	—	热能储存等
PEG	真空浸渍法	57.92	105.70	58.00	热能储存等
$LiNO_3$	熔融吸附法	250.70	215.60	60.00	太阳能利用等
$NaNO_3$	混合烧结法	305.90	115.40	65.00	太阳能利用等
Na_2SO_4	熔融吸附法	882.00	73.90	65.00	余热利用等

表 2-11 部分研究中的膨胀珍珠岩基定形相变材料物性参数[24-26]

相变材料	制备方法	T_m/℃	ΔH_m/(J/g)	μ/%	应用背景
石蜡	真空浸渍法	21.60	56.30	52.50	建筑材料
CA-MA	真空浸渍法	21.70	85.40	55.00	建筑材料

相变材料	制备方法	$T_m/℃$	$\Delta H_m/(J/g)$	$\mu/\%$	应用背景
TD-LA	真空浸渍法	24.90	78.20	46.35	建筑节能等
石蜡	直接浸渍法	27.56	80.90	60.00	建筑储能
LA-SA	真空浸渍法	31.69	119.00	53.53	建筑材料等
	真空浸渍法	33.00	131.30	43.50	建筑材料等
$C_{20}H_{42}$	真空浸渍法	36.12	161.18	60.00	被动式太阳能储存装置等
石蜡	真空浸渍法	42.27	87.40	55.00	热能储存等
LA	熔化吸附法	43.20	105.58	70.00	能源环境等
PEG	熔化吸附法	58.41	145.14	76.36	建筑节能等

上述相变材料的相变方式多以固-液相变为主,还有部分材料会率先发生固固相变,它们在固态相变中发生的分子和结构重排,目前主要分三大类:有机固固相变材料、无机固固相变材料以及混合固固相变材料。有机固固相变材料主要包括多元醇、聚合物和有机盐基材料,一般来说,有机固固相变材料的相变温度在 25～185℃之间,相变潜热在 15～270J/g 之间。多元醇材料在温度或压力从低到高的作用下,从层状或链状结构转变为部分无序结构,由于其可逆的晶体结构,这些材料通常应用于热能应用,即太阳能热水和家庭供暖。聚合物固固相变材料一般涉及从结晶固相到另一半结晶或非晶相的可逆相变,其中聚乙二醇(polyethylene glycol,PEG)和聚环氧乙烷(polyethylene oxide,PEO)主要作为相变单元通过不同的化学交联聚合方法结合到聚合物骨架中,用于聚合固固相变材料的组装。有机盐/质子离子液体这类固固相变材料通常在 90～208℃的温度范围内工作,主要由有机阳离子和有机/无机阴离子或取代基组成,氢键相互作用为转变过程中晶体填充结构内的主要驱动力。无机固-固相变材料是借助晶体结构转变和磁性转变,通过有序-无序转变可逆地储存和释放热能的相变材料,主要包括金属基和陶瓷基材料,其相变温度在 20～30℃之间,相变焓在 25～70J/g 之间。混合固固相变材料将有机和无机材料进行混合,以克服单一材料的缺点[28]。部分固-固相变材料相变温度与相变潜热见表 2-12。

表 2-12　部分固-固相变材料相变温度与相变潜热[28]

相变材料	相变温度/℃	相变潜热/(J/g)
聚氨酯	65.28	138.7
超支化聚氨酯	55	115
聚乙二醇	54.4	174.5
聚乙二醇-超支化聚氨酯	67	138

相变材料	相变温度/℃	相变潜热/(J/g)
聚乙烯	187	313
戊二醇	81	192
新戊二醇	43	131.1

（3）热化学储热材料

与显热储热和相变储热相比，热化学储热的储能密度可以高出 2～10 倍，可以用于热化学储热的储热材料以及化学反应很多，但应用过程中需要满足一些固定的条件，例如，反应的可逆性好、无附带反应、反应速率高、反应物和生成物无毒无害等，目前研究最多的一般为热分解反应、氧化还原反应以及催化反应。

① 热分解反应　热分解反应的反应物质一般为氨络合物、金属氢化物、氢氧化物以及碳酸盐等。

氨络合物的反应过程中以脱氨/结合氨的过程为主，其化学反应式如式（2-9）和式（2-10）所示：

$$A \cdot x NH_3(固) \Longleftrightarrow A \cdot y NH_3(固) + (x-y) NH_3(气) \tag{2-9}$$

$$A \cdot y NH_3(固) \Longleftrightarrow A + y NH_3(气) \tag{2-10}$$

脱氨/结合氨的过程可以在 -20～350℃ 的范围内发生，因此其可以使用的应用场景范围较广，在应用过程中需要选择合适的化学反应，但由于其在发生化学反应的同时会释放氨气，因此需要反应容器的密闭性较高。同时由于气体的压力较高，对反应罐抗压、抗腐蚀能力等要求较高。

金属氢化物储热的原理是某些具有吸氢能力的金属以及合金在特定的压力以及温度下可以与氢气相结合/分离，同时释放/吸收大量的热量，其化学反应式为：

$$A(固) + x H_2 \Longleftrightarrow AH_{2x}(固) \tag{2-11}$$

目前正在开发的金属氢化物材料主要分为稀土镍基、钛铁基以及镁基三类，稀土镍基储氢合金的应用温度区间为 100℃ 以下，代表性材料为 $LaNi_5$、$MmNi_5$，相比于其他储氢材料，由于合金的晶格结构和微观相互作用的特殊性能使其具有较快的吸放氢速率以及较高的循环稳定性，这种稳定性使得合金具有较长的使用寿命，可以多次使用而不会快速损耗储氢能力。除此之外，稀土镍基储氢合金具有较好的抗干扰性能，这使得稀土镍合金能够在各种复杂环境中有效地储存和释放氢气。稀土镍合金的主要缺点是成本较高，为此可在原合金基础上添加 Al、Mn、Fe 等元素降低成本并改善其储/放氢特性，如 $MmNi_{4.5}Mn_{0.5}$、$LaNi_{4.7}Al_{0.3}$ 等。钛铁基储氢材料的工作温度一般为 200℃，相比于稀土镍基，其价格低廉，最大吸氢量可以达到 2.2%，但由于 Fe 本身性质较活泼，导致其应用过程中容易被氧化且易吸附杂质气体，因此在使用过程中一般会对其进行表面改性，以减小其氧化程度。镁基储氢材料相比于前两种储氢材料，其具有较高的工作温度区间，一般可达到 200～300℃，同时也拥有更高的储氢能力，可达到 3.6%，虽然其价格较低，但其在放氢过程中的动力学性能较差，往往需要附加设备来提高其工作效率。金属氢化物储热密度高达 2800J/kg，且温度分布范围较广，但氢气活泼的化学性质和易燃易爆的特点会带来安全隐患。

金属氢氧化物可以在发生分解反应生成金属氧化物和水的过程中吸收热量，分解温度在 250～800℃之间，具有较好的应用前景，常见的反应物为 $Ca(OH)_2$ 和 $Mg(OH)_2$，其化学反应式如式(2-12)和式(2-13)所示：

$$Ca(OH)_2(固) \xrightleftharpoons{713.15K} CaO(固)+H_2O(液) \tag{2-12}$$

$$Mg(OH)_2(固) \xrightleftharpoons{598.15K} MaO(固)+H_2O(液) \tag{2-13}$$

到目前为止，$CaO/Ca(OH)_2$ 可逆反应平衡已经得到了广泛的研究，其储存/释放的热量可以达到 $1.4×10^3 kJ/kg$；$Ca(OH)_2$ 的分解速率受环境温度、反应气体压力和反应过程的影响，CaO 和水蒸气的合成过程受到水化速率与环境温度、蒸气压和反应过程影响[29]。此外，某些添加剂可以显著改变 $Ca(OH)_2$ 的分解行为，这是因为添加剂引起的晶格缺陷和潜在成核位点的变化，导致了化学反应速率和分解温度的变化[30]。与 $Ca(OH)_2$ 相比，$Mg(OH)_2$ 可以在 573K 以上储存热量，因此可以应用于更低的温度，MgO 与 $Mg(OH)_2$ 的反应平衡与环境温度和蒸气压有关，属于 Brunauer 化学反应平衡中的第二类平衡[31]。加入其他元素形成复合 $Mg(OH)_2$ 材料也可以降低分解温度，其原因是添加剂能降低 $Mg(OH)_2$ 分解的活化能，对水有较强的吸附能力[32]。金属氢氧化物的优势在于其反应产物为液态的水，对储存容器的密闭性要求较低，同时价格相对便宜，储热密度较高，但氢氧化物容易与空气中的二氧化碳发生反应从而降低其储热密度。

碳酸盐化合物在高温下可以分解为二氧化碳以及金属氧化物，其发生分解的温度较高，一般在 600～1000℃，其中最常用的化学反应储热材料为 $CaCO_3$，其化学反应式为：

$$CaCO_3(固) \xrightleftharpoons{1163.15K} CaO(固)+CO_2(气) \tag{2-14}$$

$CaCO_3$ 分解/合成的过程中可以储存/释放的热量达到 1800J/g，目前有实验证明循环中 $CaCO_3$ 的分解过程可 100%完成，但多次循环后 CO_2 和 CaO 的合成明显减少。同时循环过程中的颗粒大小将会影响其储热循环过程中的稳定性[33]。除 $CaCO_3$ 外还有一些碳酸盐热化学储热的应用，如 $PbCO_3$ 和 $SrCO_3$，其化学反应式如式(2-15) 和式(2-16) 所示：

$$PbCO_3(固) \xrightleftharpoons{573.15K} PbO(固)+CO_2(气) \tag{2-15}$$

$$SrCO_3(固) \xrightleftharpoons{1381.15K} SrO(固)+CO_2(气) \tag{2-16}$$

$PbCO_3$ 体系主要用于与 $CaCO_3$ 体系组成化学热泵。其中 $PbCO_3$ 的分解可进一步分为 3 个子过程，分别在 573.15～603K、623.15～703K 和 713.15～723K 完成，而 PbO 在 573K 下与 0.4atm 的 CO_2 反应放出热量[34]。$SrCO_3$ 系统则适用于 1273K 以上的储热应用，储热量可达到 1600J/g。由于碳酸盐系列材料分解一般产生二氧化碳等无毒无害的材料，且价格低廉，因此在价格层面具有一定的优势；但由于其正向反应的反应程度较高，逆向反应可能由于金属氧化物高温烧结而降低其反应程度，因此其循环稳定性较差。

② 氧化还原反应　在氧化还原反应中，氧气可以作为氧化剂参与整个化学反应，这也为空气中的氧气参与化学反应提供了可能，进而可进一步简化系统，使得应用过程更加便捷；但氧化还原反应也存在着循环稳定性低以及储热密度低等问题。目前正处于研究阶段的化学物质为 CoO/Co_3O_4 以及 Mn_3O_4/Mn_2O_3，其化学反应如式(2-17) 和式(2-18) 所示：

$$Co_3O_4(固) \xrightleftharpoons{1178.15K} 3CoO(固)+\frac{1}{2}O_2(气) \tag{2-17}$$

$$Mn_3O_3(固) \xrightleftharpoons{1201.15K} \frac{2}{3}Mn_3O_4(固)+\frac{1}{6}O_2(气) \tag{2-18}$$

其中 CoO/Co_3O_4 体系的储/放热可达 800kJ/kg，其具有良好的动力学性能，可以在 1073K 和 1273K 之间运行，但 CoO 是一种价格相对较高且致癌的物质[35]。相比于 CoO/Co_3O_4 体系，Mn_3O_4/Mn_2O_3 体系反应热小很多，为 200kJ/kg；但其价格相对较低，毒性也小很多，其缺点是在储热过程中存在滞后效应，虽然加入铁可以降低迟滞效应，但分解温度会升高到 1323K，更容易发生烧结[36]。

③ 催化反应　部分催化反应也可以用于储放热，这类反应主要是气-气反应，反应物与生成物均为气体，在无催化剂的条件下二者不会发生催化反应。因此，此类材料更适用于远程和长期储存以及运输场景。目前常用此类方式储热的系统为化学热管，反应物在吸热反应器中在催化剂的作用下发生反应，生成气态的生成物，利用冷凝器将气体冷凝或经压缩后储存起来；利用时可用管道等将其运送到放热反应器，生成的气体物质可以冷凝后再次收集，从而形成循环利用。目前，化学热管已经在德国和以色列成功投入运行。在德国，该技术被用于吸收高温气冷堆释放的高温氦气所携带的热量，为用户提供 400～700℃ 的热源。而在以色列，这项技术则用于远距离输送太阳能产生的热量，专门收集沙漠地区的

太阳能，以供工业使用或用于汽轮机发电。目前，这种化学热管能达到约 500kW 的热能传输能力。

（4）储热材料未来发展趋势

对比三种不同的储热材料，目前显热储热材料已经广泛应用，其拥有较宽的应用温度区间且拥有价格低的巨大优势；相变材料最大的优势为相变过程中温度几乎不发生变化，为此其拥有着广泛的应用前景，目前部分相变储热材料已经应用于各大行业，但也有许多诸如过冷、相分离、泄漏等问题需要解决；热化学储热材料的最大优势为储热能力值较高，但整个过程中由于化学反应的发生使得整个过程不稳定，目前大部分还处于实验室研究阶段。目前对于储热材料的研究以及未来发展趋势主要集中在以下几个方面：

① 提升储热能力　目前，一些常用的储热材料如盐类、水蒸气、金属氢化物等已经具备较高的热储存能力，但仍有进一步提高的空间。提升储热材料的储热能力可以进一步减小储热系统的体积，从而进一步控制储热过程中的成本投入。

② 提升导热能力　较高的热导率可以降低储热材料的温度梯度，提高热储存和释放的效率，从而提升整个储热系统的工作效率。因此，开发高热导率的储热材料是当前的一个研究方向。近年来，一些复合材料和纳米材料在储热领域得到了广泛的研究和应用，这些材料均具备优异的热导率和储热性能。

③ 避免材料泄漏　相变材料在应用过程中由于材料变化为液态或者气态，其流动性增强，可能会导致材料的泄漏，可能会影响整个储热系统的工作性能，甚至造成安全事故或者环境污染，为此在相变材料应用过程中如何避免泄漏成为了研究的重点，目前主要的方式为封装和吸附两种方式，如何在不影响其储热能力和传热性能的情况下解决泄漏问题已经成为了目前研究的重点。

④ 提升材料稳定性和可靠性　储热材料在长期使用过程中需要具备较好的稳定性和可靠性，以保证其性能不会随着时间的推移发生明显的退化。这包括抗老化性能、抗腐蚀性能、循环使用寿命等。当前，一些盐类储热材料存在结晶和溶解的反复循环过程中结构发生破坏，从而影响其循环稳定性以及使用寿命。未来如何调控材料的稳定性，性能趋于稳定可靠为未来的发展趋势。

⑤ 提升材料多功能性　随着能源领域的不断发展，对储热材料的要求也在不断提高。除了储存和释放热能以外，越来越多的应用需要储热材料具备更多的功能。例如，一些储热材料不仅可以储存热能，还可以同时储存化学能或电能，从而实现多能互补。此外，一些储热材料还可以具备调控室内湿度、吸附有害气体等功能。因此，开发具备多功能性的储热材料同样是未来的一个发展方向。

2.3 热管理用储热材料

在高密度电子器件、高功率动力电池、冷链运输等领域，均对温度控制有较高的要求，而温度的控制主要通过热量的管理来实现。热管理是根据具体对象的不同要求，通过加热、冷却或优化结构等手段对热量进行控制和调节，以确保被调节对象在安全温度范围内工作，达到延长寿命、提高性能与效率、降低安全风险等目标。而热管理材料是热管理系统的基础，热管理材料可分为热界面材料、绝热材料、电子封装材料、储热材料以及热电材料等[37]。其中，储热材料是热管理材料最重要的分支之一，性能优异的储热材料可以有效地解决热管理中热储存及释放问题。相变储热材料因材料相变而引起热量的吸收与释放及后续的传热过程能够解决能量供求在时间和空间上分配不平衡的矛盾，同时在材料的吸热-放热过程中能较为精确地实现能量传递过程的控制。储热材料在热管理系统中发挥着重要作用，能够提高系统的热效率、稳定性和能源利用效率。为此，必须从热管理领域需求及特点出发，针对各领域对热量控制和调节能力要求的不同，制定合理的热管理方案并应用符合不同热管理需求的储热材料。

2.3.1 热管理用储热材料性能特征

在制定热管理方案及选择所需储热材料时，必须充分考虑热管理领域的需求与特点。例如，针对电池的热管理，选择储热材料时需考虑电池的应用场景，并基于电池的具体热特性和热模型进行选择。在建筑领域，储热材料的选择必须确保建筑结构和材料的防火性、强度和稳定性，以及可持续性。同时，还需要从建筑物的围护结构、家具及其他用品等多个方面来确定所需的储热材料。在涉及人体热管理时，则需特别关注人体的舒适性，选择相应的热管理织物，兼顾生物安全性、美观性及耐久性等特性。在电子器件的热管理中，需要分析其产热特性，并研究相关的热设计，确保不影响性能的前提下，选择合适的储热材料。对于冷链运输的热管理，则需考虑冷链运输的特点，确保冷链产品在初加工、储存、运输、流通加工、销售及配送等整个过程中，始终保持在规定的温度环境中。

（1）电池热管理用储热材料

在电池热管理系统的设计中，采用适当的热管理策略可以有效避免电池性能下降和安全风险。其中，基于相变材料的被动冷却策略被视为一种合适的电池热管理解决方案。相变材料技术利用其在相变过程中释放的潜热特性和高能量存储密度，能够为电池提供低温和峰值负载调节能力，同时不消耗额外能量，从而确保电池在最佳和安全的工作温度下运行。电池热管理系统应具备以下几个关键功能：一是维持电池在舒适的工作温度；二是消除任何可能导致电池组热失控的潜在风险；三是确保电池组内各单体电池之间的温度均匀性。考虑到电池的具体使用场景，为了使电池热管理系统能够高效、稳定地工作，延长电池寿命，提高其性能和安全性，热管理系统所需储热材料应具备以下特点：

① 相变温度 电池的最佳工作温度为 15～35℃[38]。在 70～100℃温度范围内可能导致热失控，甚至引发高温起火和爆炸。因此，相变材料的相变温度应该在 35℃以下。在这个温度范围内的相变材料可以有效地管理电池的热量。

② 相变潜热 由于电池运行过程会持续产热，应选择相变潜热尽可能高的相变材料。但受限于材料自身属性，应用于电池热管理的相变材料潜热通常在 100～250J/g 范围内。

③ 热稳定性 当电池正常工作时，相变材料保持良好的热稳定性有助于延长电池的使用寿命。储热材料应在电池生命周期中无显著降解，在多次热循环后仍能保持稳定性能。

根据电池的具体使用场合，选择相变温度合适、相变潜热高、热稳定性良好的相变材料，有助于实现有效的电池热管理。目前电池热管理系统中常用的相变材料如表 2-13 所示。

表 2-13 电池热管理中常用的相变材料[39]

相变材料	相变温度/℃	相变潜热/(J/g)	热导率/[W/(m·K)]	
			液体	固体
GR25	23.2～24.1	45.3	—	—
RT25-RT30	26.6	232	0.18	0.19
正十八烷	27.7	243.5	0.148	0.19
六水合氯化钙	29.9	187	0.53	1.09
十水合硫酸钠	32,39	180	0.15	0.3
固体石蜡 1	32～32.1	251	0.224	0.514
羊蜡酸	32	152.7	0.153	—
聚乙二醇(PEG900)	34	150.5	0.188	0.188
月桂酸-软脂酸	35.2	166.3	—	—
月桂酸	41～43	211.6	1.6	
药用石蜡	40～44	146	2.1	0.5
固体石蜡 2	40～53	—	—	—
P116-wax	46.7～50	209	0.277	0.14
Merck P56-58	48.86～58.06	250	2.37	1.84

（2）建筑热管理用储热材料

建筑热管理系统应具备将室内温度维持在舒适范围内，保证建筑内各个区域的温度均匀的功能。热能存储技术在建筑中可以削弱热能峰值，集成可再生能源以及热能的有效管理，从而改善建筑物的能源效率。建筑应用中的热能储存解决方案可以基于显热、潜热或热化学储热材料。由于相变材料具备高能量存储密度和恒定温度下储存热能的能力，使用相变材料的热能存储技术被广泛应用于建筑领域[40]。相变材料的被动和主动使用可以确保室内温度尽可能低，从而降低维持舒适条件所需要的能量，并且具有改变峰值负载时序从而降低所用功率的能力，目前广泛应用于内外墙保温技术中[41]。考虑到建筑热管理的特点，建筑热管理所需储热材料应具备以下特点[42]：

① 相变材料应具有较大的相变潜热，以满足建筑储热需求，同时选择相变温度要考虑当地气候条件，建议相变温度区间为 18～32℃ 之间[43]，以满足室内热舒适和气候需求。

② 选择的相变材料的相变过程应可逆、化学性质稳定，经过多次相变循环后损失率低，与建筑材料化学相容，无腐蚀性、无毒、不爆炸、不易燃。

③ 原料具有一定的经济性，价格低廉，经济成本低易于推广且对环境和人体无害。

这些因素需要综合考虑，以选择和应用合适的相变材料来满足建筑节能的需求，目前建筑热管理中常用的相变材料如表 2-14 所示。

表 2-14　建筑热管理中常用的相变材料[44]

相变材料	相变温度/℃	潜热/(J/g)
硬脂酸丁酯	19	140
棕榈酸	61～64	203～185
肉豆蔻酸	49～58	205～187
月桂酸	41～43	211.6
癸酸	29	69
聚乙二醇 2000	53	154
聚乙二醇 6000	60	181
$CaCl_2 \cdot 6H_2O$	28～30	171～200
$Na_2CO_3 \cdot 10H_2O$	32～36	247
$CoSO_3 \cdot 7H_2O$	41	170
$FeCl_3 \cdot 6H_2O$	28～30	223
$MnCl_2 \cdot 4H_2O$	32～36	151

（3）人体热管理用储热材料

人体热管理需要维持人体体温在 37℃ 左右的稳定范围，以满足日常生活中的严寒/高温天气及极端环境下的作业需求，确保在不同环境条件下的舒适性和安全性。考虑人体舒适性，热管理所需储热材料应从具体的热管理织物上开展，并兼顾生物安全性、美观性以及耐久性等特点。热管理织物的运作原理基于先进的储热技术，典型的热管理织物构成包括嵌入其中的储热微胶囊、热敏材料或相变材料等元素[45]。在低温环境下，这些材料吸收并储存热能，发挥保温的功能；而在高温环境下，它们释放之前储存的热能，有助于调节体表温度，提升穿戴者的整体热舒适感。这一机制确保了热管理织物在不同气温条件下都能够灵活应对，为穿戴者提供卓越的热调节性能。

考虑到人体舒适性，热管理织物所需储热材料需要满足以下几点要求：

① 具有合适的相变温度范围，相变温度应接近人体舒适温度范围（27～34℃）[46]，确保在环境温度变化时，织物能有效调节和维持舒适的体表温度。

② 储热材料应具有高相变潜热（100～250J/g），能够在相对较小的温度变化范围内储存和释放大量热量，以维持稳定的体表温度。

③ 储热材料应耐久且可多次洗涤而不失效，确保在日常使用和维护过程中性能稳定。

④ 储热材料在使用过程中应具有良好的化学稳定性，不会分解或释放有害物质，确保穿着安全。

目前人体热管理中常用的相变材料如表 2-15 所示。

表 2-15 人体热管理中常用的相变材料[47]

相变材料	相变温度/℃	潜热/(J/g)
十六烷	17.1	185.3
十八烷	29.8	233.8
二十烷	36.5	237.4
PEG600	10.4	106.5
PEG1000	35.6	151.1
$Na_2CO_3 \cdot 10H_2O$	34.4	235.2

（4）电子器件热管理用储热材料

电子器件热管理系统应具备控制电子器件的表面温度、确保器件在限定的温度区间内工作的功能，从而保证电子设备的安全、稳定运行，提升电子器件性能[48]。目前，电子器件的热管理系统采用多种冷却方式，包括空气冷却、液体冷却、微通道冷却和相变冷却等。相变材料冷却因其高能量存储密度和在恒定温度下储存热能的能力，在电子器件的热管理领域取得了广泛应用。当电子设备产生热量时，相变材料会吸收这些热量并发生相变，从而有效控制电子器件的温度升高。经过相变，吸收的热量随后可以通过热传导、热对流等方式散发到环境中。在选取适用于电子器件的热管理储热材料时，需要综合分析电子器件的热特性，研究相关的热设计方案。确保所选材料在不影响设备性能的情况下，能够有效地进行热管理。此外，还应考虑储热材料的相变温度、导热性、相变速率及其在长时间使用中的稳定性和可靠性，以实现最佳的热管理效果。考虑到电子器件热管理的特点，储热材料需要满足以下几点要求：

① 具有合适的相变温度范围，储热材料的相变温度应在电子器件的安全工作温度范围内（一般在 40～60℃ 之间）[49]，确保在设备运行过程中能够高效吸收或释放热量。

② 储热材料应具备较高的导热性能 [热导率大于 1W/(m·K)]，以便迅速传递和分散热量，防止局部过热，提高热管理效率。

③ 储热材料应具备足够的机械强度和耐用性，能够承受电子器件在使用过程中的振动、冲击和其他机械应力。

④ 储热材料应具有低热膨胀系数，以避免在温度变化时对电子器件造成应力或损坏。

⑤ 储热材料应易于加工和集成到电子器件的热管理系统中，不影响设备的体积和重量，确保设计和制造的便利性。

目前电子器件热管理中常用的相变材料如表 2-16 所示。

表 2-16　电子器件热管理中常用的相变材料[50]

相变材料	相变温度/℃	潜热/(J/g)
E-BiInSn	60.2	27.9
十八醇	55.6	239.7
二十烷	36.5	237.4
RT54	54	200
RT44	44	250
RT35HC	35	240
Sp-31	31	210
石蜡[51]	56～58	173.6
OM50	49.85	223

续表

相变材料	相变温度/℃	潜热/(J/g)
石蜡[52]	34～36	186
石蜡[53]	53～57	173.4
RT50	49	168

(5) 冷链运输用储冷材料

冷链运输热管理系统应具备确保冷链产品在初加工、储存、运输、流通加工、销售、配送等全过程始终处于规定温度环境下的功能，保障配送物品安全、延长货物保质期、提高商品附加值。储冷技术利用物质的显热或潜热储存冷量，在需要时将冷量释放给需求方，能够解决供冷量在时间和空间上不匹配的问题。其中潜热储冷技术具有高效、节能、温度波动范围小、储冷密度大的优势，可为冷链运输过程提供大量冷能。考虑到冷链运输特点，储冷材料需要满足以下几点要求：

① 具有合适的相变温度范围（一般在−18～10℃之间）[54]，储冷材料应具备适宜的相变温度，确保在运输过程中能够有效地吸收或释放热量，维持货物所需的温度。

② 储冷材料应具备良好的循环使用性能，经过多次相变后仍能保持良好的储冷效果，降低使用成本。

③ 储冷材料应易于包装、运输和处理，便于在不同环境和条件下使用。

目前冷链运输中常用的相变材料如表 2-17 所示。

表 2-17　冷链运输热管理中常用的相变材料[55]

类型	相变材料	熔化温度/℃	凝固温度/℃	潜热/(J/g)
有机相变材料	十二烷	−8.1	—	175.9
	正十二烷	−6.4	—	258.1
	正十三烷	−2.9	—	179.4
	正十四烷	7.3	4.2	211.0
	正十六烷	15.9	13.4	226.8
	十八烷	29.8	—	233.8
	正十八烷	27.7	24.6	243.5
	石蜡	6.0～10.0	5.0～9.9	174.0～250.0
	赤藓糖醇四肉豆蔻酸酯	10.8	4.8	181.0
	脂肪酸酯	9.4	—	147.5

续表

类型	相变材料	熔化温度/℃	凝固温度/℃	潜热/(J/g)
有机相变材料	癸醇	5.0	2.6	205.0
	赤藓醇四月桂酸酯	−9.0	−12.9	173.8
	山梨酸钾	−2.5	—	256.0
无机相变材料	水	0	—	334.0
	十水硫酸钠＋3％硼砂＋3％CMC＋5％氯化钾＋20％氯化铵	6.8	6.1	97.1
共晶相变材料	十四烷＋二十二烷	2.5	—	234.0
	癸醇＋肉豆蔻醇	3.9	—	178.2
	癸酸＋辛酸	2.4	—	126.3
	水＋10％乙醇	−3.0	−3.0	334.0
	$MgCl_2$-H_2O 共晶盐溶液	−34.5	—	147.0

2.3.2　热管理用储热材料制备表征

储热材料可以通过以下方法进行优化：通过将相变材料嵌入多孔支撑基体或聚合物中来制造各种形状稳定的相变复合材料，以克服固液相变材料在反复熔化和凝固过程中的泄漏问题。此外，相变材料通过封装在外壳中或与高导热填料（包括金属、碳和陶瓷基材料）结合，以提高原始相变材料的导热性能，从而提高热能存储系统的效率。

（1）储热材料改性方法

为了提高相变材料的导热性能，常使用添加导热填料的方法。通过将热导率较高的导热填料加入有机相变材料的基体中，提高复合材料的导热通路，从而改善导热性能。目前国内外最常用的制备高导热复合材料的方法是共混法[56]，即在高分子材料中添加高导热的金属材料（如铜粉、银粉等）、碳材料（如碳纤维、石墨烯、石墨材料、碳纳米管、炭黑等）以及高导热的无机填料（如氮化铝、氮化硼、氮化硅、碳化硅、氧化镁、氧化硅、氧化铝、氧化锌）等。近年来常用的几种利用三维网络法制备高导热材料的方法主要包括金属泡沫法、碳泡沫法、陶瓷泡沫法、冷冻干燥法和自组装成型法等[57]。

① 共混法　传统的方法是使用共混法，在高分子基体中添加导热填料，以形成连通的导热网络，从而提高相变材料的热导率[58]。共混法（填料填充型）制备导热高分子材料可以直接将填料加入高分子中，方法简单、成本较低，并且

适用于多种高分子材料，如图 2-5 所示。但目前阶段复合材料的热导率很难达到 10W/(m·K) 或者 5W/(m·K)，难以满足快速储热和放热等储能产业的发展需求。

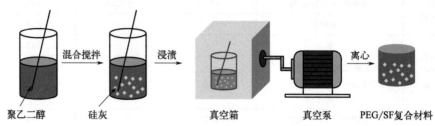

图 2-5　PEG/SF 共混法示意图[58]

② 金属泡沫法　金属泡沫法利用金属材料的网络泡沫结构作为导热网络，以提高相变材料的导热性能[59]。泡沫金属具有高孔隙率、强机械强度、稳定的热物理性能和固体骨架结构，以及较高的导热性能，适用于热能储存系统、太阳能集热器、冷却/加热水槽等。通过金属泡沫法制备的复合材料的热导率最高可达到 156.30W/(m·K)，但潜热会有所下降。因此，在追求高导热性能的同时，需要平衡热导率与潜热之间的关系，以尽量减少材料的热焓损失。

③ 碳泡沫法　碳泡沫法利用具有优异热导率和网络泡沫结构的碳材料作为导热网络，与相变材料结合形成复合材料，可有效改善相变材料热传导性能[60]。金刚石作为碳质材料，由于其优越的导热性和低热膨胀系数，被认为是一种有前途的热管理复合材料。采用化学气相沉积法制备三维连续金刚石泡沫，并将其作为高导热填料与石蜡复合形成新型相变储热材料。在较低的金刚石填料比例下，复合材料的热导率显著高于纯石蜡和其他添加剂填充的复合材料，主要得益于金刚石泡沫网络结构的高导热性，有效降低了热量传导过程中的散射损耗。碳泡沫法已经在电子设备热管理、建筑节能、太阳能电池热管理等领域得到广泛应用，展现了良好的实际应用前景。

④ 陶瓷泡沫法　陶瓷泡沫法利用具有网络泡沫结构的陶瓷材料作为导热网络，以提高相变材料的导热性能[61]。通过颗粒稳定发泡法制备的多孔 Al_2O_3@石墨泡沫具有三维互穿结构和高孔隙率，如图 2-6 所示。随后采用真空浸渍法将低温相变材料石蜡与支撑材料相结合，制备了热性能及物理性能得到增强的复合相变材料。该复合材料具有较高的热性能和物理性能，可作为热能储存系统中有前景的储热材料。

⑤ 冷冻干燥法　冷冻干燥法是一种制备高导热性复合材料的有效方法，可通过冰模板模塑使填料形成取向排列的导热网络结构，大幅提升复合材料的导热

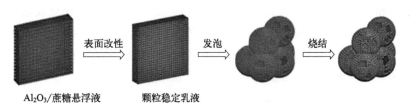

图 2-6　陶瓷泡沫法制备多孔 Al_2O_3@石墨泡沫过程图[61]

性能[62]。然而，冷冻干燥法也存在一定局限性，如生产成本较高、工艺较为复杂等，需要进一步研究优化以提高其可行性和经济性。研究人员采用冷冻干燥法制备了具有高导热性和形状稳定性的石蜡基相变复合材料，如图 2-7 所示。该复合材料由连续三维 h-BN 多孔支架和浸渍其中的熔融石蜡组成。h-BN 支架提供了良好的导热通路，使得复合材料的热导率大幅提高，达到 $0.85W/(m \cdot K)$，是纯石蜡的 6 倍。同时 h-BN 支架能够有效阻止熔融石蜡的渗漏，保持材料形状稳定。

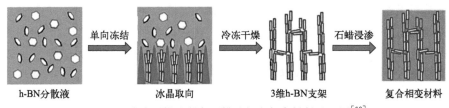

图 2-7　冷冻干燥法制备石蜡基相变复合材料过程图[62]

⑥ 自组装成型法　自组装成型法是一种利用化学方法将不同组分结合在一起，形成导热通路，从而提高复合材料的热导率的方法[63]。例如，将十二烷基硫酸钠（SDS）和烷基酚聚氧乙烯醚（OP-10）作为模板，通过自组装方法合成了以正十四烷为芯材、$CaCO_3$ 为壳材的储冷微胶囊。运用自组装法制备的相变导热复合材料的热导率最高可以达到 $15.6W/(m \cdot K)$，潜热可达到 $115.2J/g$。这种方法制备的复合材料在储能领域具有重要的应用前景，能够满足高效导热和储能的要求。

（2）相变胶囊化封装技术

相变储热胶囊的出现在提升了相变材料稳定性的同时，还方便了相变储热材料的存储和运输[64]。相变储热胶囊一般由两部分组成，分别是由相变储热材料组成的芯材和由无机或有机材料组成的用于封装相变材料的壁材。相变胶囊可以根据其粒径大小不同分为三类，分别是相变大胶囊（粒径大于 1mm）、相变微胶囊（粒径范围在 $1\sim100\mu m$）、相变纳胶囊（粒径小于 $1\mu m$）[65]。一些国内外学者已经对相变胶囊进行了大量的实验研究，但是主要集中在对相变胶囊的制备和表征的研究。目前，常用制备方法主要分为三类：化学法、物理法以及物理化学法[66]。相变胶囊的制备方法如表2-18所示。目前比较常用的制备方法主要有界面聚合法、乳液聚合法、溶胶凝胶法以及原位聚合法等。

表 2-18   相变胶囊制备方法

物理法	化学法	物理化学法
喷雾干燥法	界面聚合法	水相分离法
喷雾冷冻法	原位聚合法	油相分离法
空气悬浮法	锐孔-凝固浴法	溶胶凝胶法
溶剂挥发法	化学镀法	熔化分散冷凝法
静电结合法		乳液聚合法

① 原位聚合法   在应用原位聚合法时，首先要在水中形成乳化液，其次需要持续搅拌乳化液，并加入预聚体，以制备纳米/微胶囊相变材料[67]。原位聚合法主要利用单体可以溶于连续相，但聚合物不能溶于连续相的特点，在制备过程中将催化剂和反应单体全部置于芯材外部，在芯材表面发生聚合反应，进而将芯材进行包覆形成相变胶囊，通过原位聚合法制备的相变胶囊热力学性能比较优异，而且可以选择的芯材和壁材材料较多，但是制备工艺比较复杂，且囊壁容易受搅拌等影响，易发生团聚。

② 界面聚合法   界面聚合法制备工艺相对简单，而且应用比较广泛，界面聚合法是将芯材放入乳化剂形成的水/油乳液或油/水乳液中进行乳化，构成壁材的单体会在芯材表面发生聚合，形成一层聚合物薄膜将芯材包裹起来，从而形成整个胶囊[68]。合成纳米/微胶囊所需的油溶性单体和水溶性单体至少需要一种。当这两种单体混合时，会发生界面聚合反应，并形成外壳，阻碍油溶性单体的扩散，最终形成纳米/微胶囊。这种方法的优点是适用于包覆液体，且壁材致密性好，反应速率快。缺点是对于水合盐体系可选择的单体有限。

③ 乳液聚合法   乳液聚合法主要是通过机械搅拌的方法，使乳化剂中乳化的单体均匀地分散在溶剂中进行聚合，从而对芯材进行包覆形成相变胶囊[69]。目前的研究通常使用烷烃相变材料作为芯材，聚苯乙烯或甲基丙烯酸甲酯聚合物作为壁材。这种方法的优点在于散热好，黏度低，不使用挥发性溶剂。

④ 溶胶凝胶法   溶胶凝胶法是指溶剂、催化剂、络合剂等在前驱体（一般为金属醇盐）的引导下，发生水解反应以及缩合反应形成稳定的溶胶体系，经过陈化、干燥等一系列处理后得到相变胶囊[70]。溶胶凝胶法适用于制备以烷烃或棕榈酸作为芯材，同时以二氧化硅作为壁材的纳米/微胶囊相变材料。这种方法

的优点在于反应条件温和，同时两相分散均匀。

（3）储热材料性质表征方法

为了进一步分析相变材料的性能及结构，并找到对于特定应用的适用性，需要借助特定的表征手段对相变材料进行分析，这些性能包括潜热、热导率、热扩散率、黏度、比热容、密度和过冷度。比热容和潜热用于评估蓄热装置的容量大小，黏度和密度是确定熔融相变材料流动性和所需存储体积的关键因素。因此，必须准确评估相变材料的热物理特性，从而设计性能优越的热能存储系统。储热材料性质表征方法如表 2-19 所示。

表 2-19　储热材料性质表征方法[71]

材料性质	表征方法	仪器
比热容	差示扫描量热法	差示扫描量热仪
	微量量热法	微量量热仪
	绝热量热法	绝热量热仪
热导率	稳态法	稳态导热仪
	瞬态法	瞬态导热仪
黏度	毛细管法	毛细管黏度计
	旋转法	旋转黏度计
	振动法	振动黏度计
	新型黏度测试方法	—
热膨胀系数	顶杆法	膨胀仪
	示差法	示差膨胀仪
荷重软化温度	直接升温法	热机械分析仪
	示差升温法	示差热机械分析仪
热稳定性	冷热循环试验	冷热循环测试设备
耐候性	—	—

2.3.3　热管理用储热材料发展趋势

（1）显热储热材料

显热储热材料是目前应用最为广泛、安全性最高、成本最低的储热材料，但由于其储热密度低、储/释热过程中温度变化大等缺点限制了其发展[1]。此外，显热储热材料在凝固时会发生体积膨胀，容易对容器、管道造成破坏。对于一些特定的显热储热材料，还存在腐蚀性和环境影响等问题，需要在工程应用中加以注意和控制。显热储热材料的发展趋势主要集中在以下几个方面：

① 通过开发新型材料或改性现有材料，提高显热储热材料的比热容和导热性能，以增加储热密度和储/放热速率，减少材料使用量和系统体积。

② 针对显热储热材料在高温下蒸气压增大、体积膨胀等问题，研究改进材料的热稳定性和力学性能，开发耐高温、低膨胀系数的材料，确保系统运行的安全性。

（2）潜热储热材料

相比其他储热材料，无机相变材料中结晶水合盐具有储热密度高、原料来源广泛等优点。但同时也存在一些缺点，如热导率低、过冷现象明显、循环使用后可能出现相分离或晶液分离等[72]。无机相变材料显热储热材料的发展趋势主要集中在以下几个方面：

① 减少过冷现象：通过添加成核剂、冷指法及微胶囊包覆法降低过冷度。

② 改进导热性能：通过与高热导率（如金属颗粒、碳纳米管等）复合，提高无机相变材料的导热性能，解决热导率低的问题，提升热能传递效率。

③ 防止相分离现象：采用搅拌法、振动法和浅盘容器法，通过机械手段防止固体沉积，保持溶液的均匀性，减弱相分离现象。在无机相变材料中加入悬浮剂，使固体颗粒悬浮或完全溶解，减少固体盐沉积，防止相分离的发生。

有机相变材料的特点是相变潜热大、过冷度小，但高温稳定性差、热导率低、成本较高。通常所使用的有机相变材料绝大多数为固液相变材料，在使用过程中需要进行封装以防止液态相的泄漏。传统的封装方法是将相变材料装入封装容器中，这种方法简单有效，主要应用在储能换热器中。然而，随着相变材料应用领域的拓宽，传统的使用容器封装相变材料的方法在很多方面受到了限制。目前有机相变材料显热储热材料的发展趋势主要集中在以下几个方面：

① 复合定形相变材料　将相变材料与多孔载体材料或者聚合物复合，利用载体材料对液态相变材料的物理吸附性实现定形。常见的多孔材料有泡沫金属、膨胀石墨、多孔二氧化硅、膨胀蛭石等，还可以将相变材料与聚合物（如高密度聚乙烯）复合制备复合定形相变材料。这种方法制备过程简单、成本较低且容易大规模生产，而且不仅可以防止相变材料可能发生的泄漏，还可以起到增强材料热导率等作用，因而得到了广泛研究和应用。

② 微胶囊包覆法　通过将相变材料封装在高分子或者聚合物的微胶囊外壳中达到防止液相泄漏的目的。相较于微胶囊相变材料，纳米胶囊相变材料的尺寸从微米级降至纳米级，胶囊表面积和体积的比率增大，相变材料的热导率得到提高。此外，由于尺寸的减小，纳米胶囊相变材料在使用过程中碰撞的可能性降低，减少了破坏的风险。

（3）热化学储热材料

根据储热材料的不同，将热化学储热分为金属氢化物体系、氧化还原体系、有机体系、无机氢氧化物体系、氨分解体系、碳酸盐体系六个体系。热化学储热材料的发展趋势主要集中在以下几个方面：

① 金属氢化物体系　金属氢化物 MgH_2 的研究仍处于实验室规模，尚未有商业化的相关报道[73]。很多科研工作者认为 MgH_2 体系氢气平衡压力过高是阻碍其商业化的主要原因，当蓄热温度为 773K 时，MgH_2 的平衡氢气压力达到了 9.2MPa。金属氢化物的发展应集中于优化材料性能，提高热导率和反应动力学性能，降低氢气平衡压力。新的材料如 $NaMgH_3$ 显示出比传统 MgH_2 更优的性能，有望推动商业化应用。同时，研究高效储氢技术和联合体系 ［如 MgH_2/Mg(OH)$_2$］以提高体系的整体性能。

② 氧化还原体系　氧化还原体系能够满足更高温度的储热应用需求，但规模化应用成本、能耗情况及效率影响因素有待进一步研究[74]。未来发展将聚焦于提高储能效率和材料稳定性，同时降低成本和能耗。通过优化材料和反应条件，有望实现更高效的储能转换。通过进一步研究材料与水反应生成氢气的效率，可以开发兼具热能和氢能转换的多功能储能系统。

③ 有机体系　目前有机体系较为成熟的技术是甲烷重整，甲烷重整技术的高效和稳定主要是由于添加了催化剂[75]。然而，在工业生产中，催化剂失活现象经常发生，这是由于催化剂表面利用率低、积炭阻塞等原因导致的。因此，研发活性高、抗积炭性能强的催化剂以提高甲烷重整等有机物裂解反应的稳定性和效率，是甲烷重整技术的重要研究方向之一。

④ 无机氢氧化物体系　无机氢氧化物具有储能密度大、无毒、材料来源广泛、价格低廉等优点，但其自身导热性能较差，且在多次循环后容易出现烧结等缺陷[76]。因此，需要进一步研究和改善无机氢氧化物的导热性能，解决多次循环后的烧结问题。并通过纳米技术或复合材料提高氢氧化物的稳定性和效率，开发高温适用范围更广的氢氧化物材料。

⑤ 氨分解体系　氨分解体系在实际应用中仍存在一些问题，如怎样大规模安全存储 N_2 和 H_2，以及如何提高氨分解的转化率等[77]。未来发展应聚焦于提高氨分解和合成的转化率，确保反应过程的安全性和可控性。同时研究大规模存储氢气和氮气的技术，优化催化剂性能，增强体系的可逆性和效率，以满足实际应用需求。

⑥ 碳酸盐体系　碳酸盐体系具有原料来源广泛、反应简单等优点，使其成为理想的热化学储能材料之一[78]。然而，该体系缺乏多孔介质传热机理的研究。

未来发展应聚焦于改善循环稳定性和传热性能，研究多孔介质的传热机理。重点是如何有效储存和利用二氧化碳，探索在高温储能和太阳能热发电中的应用，提升整体系统的效率和可靠性。

2.4 本章小结

　　储热技术因其能够有效存储和利用多种形式的热量，在多个热管理领域，如电池热管理、电子器件热管理、建筑节能、调温服装以及蓄冷技术等，发挥着不可或缺的作用。其核心在于储热材料的选取，这些材料在热管理系统中扮演着至关重要的角色。合适的储热材料能够显著提高热管理系统的热效率、稳定性和能源利用率。

　　在不同的应用领域，针对热量控制和调节能力的不同需求，应制定合理的热管理方案，同时选择符合这些需求的储热材料。例如，在电池热管理中，需要确保材料具有良好的导热性及相变潜热存储能力，以快速吸放热量；而在建筑节能中，则可能更注重材料的长效热存储能力，以保持室内温度稳定，减少能源消耗。因此，理解和分析各个领域的具体需求是成功应用储热技术的前提。与此同时，随着全球能源领域的不断发展，储热材料的性能要求也在逐渐提升。未来的发展趋势将集中在以下几个方面：一方面，提高储热材料的储热能力是基础。例如，通过改进材料的相变特性或结构设计，增大其热容和热导率，以实现更高的能量存储和转移效率。另一方面，增强储热材料的稳定性同样至关重要，以确保在长期使用过程中，材料性能的持久性与一致性。此外，开发具备多功能性的储热材料也是未来的重点方向。这类材料不仅能进行热能存储，还能具备其他功能，如智能温控、自适应调节等，从而深化其在热管理应用中的潜力。

　　综上所述，储热材料的发展应围绕实际的热管理需求进行，注重材料性能的优化与多样化，以适应日益复杂的能源利用场景。通过持续的研究与创新，储热技术将为实现更加高效、环保的能源管理提供有力的支持与保障。

思考与讨论

2-1　在显热储热系统中，如何有效地控制热损失，提高能量储存效率？

2-2　对于潜热储热系统，如何选择合适的相变材料以实现高效的能量存储和释放？

2-3　潜热储热系统在实际应用中如何考虑相变温度的选择，以适应不同环境条件下的能量需求？

2-4　热化学储热技术中，如何选择合适的吸热和放热反应，以实现高效的能量存储和释放？

2-5　储热材料改性方法有哪些？如何选择适合的改性方法？

参考文献

[1]　Li G. Sensible heat thermal storage energy and exergy performance evaluations [J]. Renewable and Sustainable Energy Reviews, 2016, 53: 897-923.

[2]　Li M, Kao H, Wu Z, et al. Study on preparation and thermal property of binary fatty acid and the binary fatty acids/diatomite composite phase change materials [J]. Applied Energy, 2011, 88 (5): 1606-1612.

[3]　Yuan Y, Zhang N, Tao W, et al. Fatty acids as phase change materials: A review [J]. Renewable & Sustainable Energy Reviews, 2014, 29: 482-498.

[4]　Khan Z, Khan Z, Ghafoor A. A review of performance enhancement of PCM based latent heat storage system within the context of materials, thermal stability and compatibility [J]. Energy Conversion and Management, 2016, 115: 132-158.

[5]　Nazir H, Batool M, Osorio F J B, et al. Recent developments in phase change materials for energy storage applications: A review [J]. International Journal of Heat and Mass Transfer, 2019, 129: 491-523.

[6]　Pielichowska K, Pielichowski K. Phase change materials for thermal energy storage [J]. Progress in Materials Science, 2014, 65: 67-123.

[7]　Cabeza L F, Svensson G, Hiebler S, et al. Thermal performance of sodium acetate trihydrate thickened with different materials as phase change energy storage material [J]. Applied Thermal Engineering, 2003, 23 (13): 1697-1704.

[8]　Zhang P, Xiao X, Meng Z N, et al. Heat transfer characteristics of a molten-salt thermal energy storage unit with and without heat transfer enhancement [J]. Applied Energy, 2015, 137: 758-772.

[9]　Al Omari S A B, Ghazal A M, Elnajjar E. A new approach using un-encapsulated discrete PCM chunks to augment the applicability of solid gallium as phase change material in thermal management applications [J]. Energy Conversion and Management, 2018, 158: 133-146.

[10]　Ge H, Li H, Mei S, et al. Low melting point liquid metal as a new class of phase change material: An emerging frontier in energy area [J]. Renewable and Sustainable Energy Reviews, 2013, 21: 331-346.

[11]　Costa S C, Kenisarin M. A review of metallic materials for latent heat thermal energy storage: Thermophysical properties, applications, and challenges [J]. Renewable & Sustainable Energy Reviews, 2022, 154: 111812.

[12]　陈涛, 孙寒雪, 朱照琪, 等. (准) 共晶系相变储能材料的研究进展 [J]. 化工进展, 2019, 38 (07): 3265-3273.

[13]　王成君, 段志英, 王爱军, 等. 基于共晶系相变材料的研究进展 [J]. 材料导报, 2021, 35 (13):

13058-13066.

[14] Farid M M, Khudhair A M, Razack S A K, et al. A review on phase change energy storage: materials and applications [J]. Energy Conversion and Management, 2004, 45 (9): 1597-1615.

[15] Yuan Y, Zhang N, Tao W, et al. Fatty acids as phase change materials: A review [J]. Renewable and Sustainable Energy Reviews, 2014, 29: 482-498.

[16] Karaman S, Karaipekli A, Sarı A, et al. Polyethylene glycol (PEG) /diatomite composite as a novel form-stable phase change material for thermal energy storage [J]. Solar Energy Materials & Solar Cells, 2011, 95 (7): 1647-1653.

[17] 方春香. 中低温定形相变储能材料的研究 [D]. 北京: 北京工业大学, 2006.

[18] 谢鹏程, 晏华, 余荣升. 固-液定形相变材料研究进展 [J]. 中国储运, 2012 (11): 120-123.

[19] 葛治微, 李本侠, 王艳芬, 等. 有机/无机复合定形相变材料的制备及应用研究进展 [J]. 化工新型材料, 2013, 41 (12): 165-167.

[20] Fu X, Liu Z, Xiao Y, et al. Preparation and properties of lauric acid/diatomite composites as novel form-stable phase change materials for thermal energy storage [J]. Energy and Buildings, 2015, 104: 244-249.

[21] Sarı A, Karaipekli A. Fatty acid esters-based composite phase change materials for thermal energy storage in buildings [J]. Applied Thermal Engineering, 2012, 37: 208-216.

[22] Xu B, Li Z. Paraffin/diatomite composite phase change material incorporated cement-based composite for thermal energy storage [J]. Applied Energy, 2013, 105: 229-237.

[23] 郑水林, 孙志明. 非金属矿物材料 [M]. 北京: 化学工业出版社, 2016.

[24] Jiesheng L, Yuanyuan Y, Xiang H. Research on the preparation and properties of lauric acid/ expanded perlite phase change materials [J]. Energy and Buildings, 2016, 110: 108-111.

[25] Karaipekli A, Sarı A. Capric-myristic acid/expanded perlite composite as form-stable phase change material for latent heat thermal energy storage [J]. Renewable Energy, 2008, 33 (12): 2599-2605.

[26] Lu Z, Xu B, Zhang J, et al. Preparation and characterization of expanded perlite/paraffin composite as form-stable phase change material [J]. Solar Energy, 2014, 108: 460-466.

[27] Liu K, Yuan Z F, Zhao H X, et al. Properties and applications of shape-stabilized phase change energy storage materials based on porous material support——A review [J]. Materials Today Sustainability, 2023, 21: 100336.

[28] Usman A, Xiong F, Aftab W, et al. Emerging solid-to-solid phase-change materials for thermal-energy harvesting, storage, and utilization [J]. Advanced Materials, 2022, 34 (41).

[29] Schaube F, Koch L, Wörner A, et al. A thermodynamic and kinetic study of the de- and rehydration of $Ca(OH)_2$ at high H_2O partial pressures for thermo-chemical heat storage [J]. Thermochimica Acta, 2012, 538: 9-20.

[30] Fujii I, Tsuchiya K, Shikakura Y, et al. Consideration on thermal decomposition of calcium hydroxide pellets for energy storage [J]. Journal of Solar Energy Engineering, 1989, 111 (3): 245-250.

[31] Kato Y, Yamashita N, Kobayashi K, et al. Kinetic study of the hydration of magnesium oxide for a chemical heat pump [J]. Applied Thermal Engineering, 1996, 16 (11): 853-862.

[32] Shkatulov A, Ryu J, Kato Y, et al. Composite material "$Mg(OH)_2$/vermiculite": A promising

new candidate for storage of middle temperature heat [J]. Energy, 2012, 44 (1): 1028-1034.

[33] Murthy M S, Raghavendrachar P, Sriram S V. Thermal decomposition of doped calcium hydroxide for chemical energy storage [J]. Solar Energy, 1986, 36 (1): 53-62.

[34] Kato Y, Saku D, Harada N, et al. Utilization of high temperature heat using a calcium oxide lead oxide carbon dioxide chemical heat pump [J]. Journal of Chemical Engineering of Japan, 1997, 30 (6): 1013-1019.

[35] Pagkoura C, Karagiannakis G, Zygogianni A, et al. Cobalt oxide based structured bodies as redox thermochemical heat storage medium for future CSP plants [J]. Solar Energy, 2014, 108: 146-163.

[36] Carrillo A J, Serrano D P, Pizarro P, et al. Improving the thermochemical energy storage performance of the Mn_2O_3, Mn_3O_4 redox couple by the incorporation of iron [J]. Chemsuschem, 2015, 8 (11): 1947-1954.

[37] Van Heerden A S J, Judt D M, Jafari S, et al. Aircraft thermal management: Practices, technology, system architectures, future challenges, and opportunities [J]. Progress in Aerospace Sciences, 2022, 128: 100767.

[38] Jiang Z Y, Li H B, Qu Z G, et al. Recent progress in lithium-ion battery thermal management for a wide range of temperature and abuse conditions [J]. International Journal of Hydrogen Energy, 2022, 47 (15): 9428-9459.

[39] Agyenim F, Hewitt N, Eames P, et al. A review of materials, heat transfer and phase change problem formulation for latent heat thermal energy storage systems (LHTESS) [J]. Renewable and Sustainable Energy Reviews, 2010, 14 (2): 615-628.

[40] Heier J, Bales C, Martin V. Combining thermal energy storage with buildings-A review [J]. Renewable and Sustainable Energy Reviews, 2015, 42: 1305-1325.

[41] Navarro L, De Gracia A, Colclough S, et al. Thermal energy storage in building integrated thermal systems: A review. Part 1. Active storage systems [J]. Renewable Energy, 2016, 88: 526-547.

[42] Lizana J, Barrios-Paduraÿ, Molina-Huelva M, et al. Multi-criteria assessment forthe effective decision management in residential energy retrofitting [J]. Energy and Buildings, 2016, 129: 284-307.

[43] Zhou D, Eames P. Phase Change Material Wallboard (PCMW) melting temperature optimisation for passive indoor temperature control [J]. Renewable Energy, 2019, 139: 507-514.

[44] 成鑫磊, 穆锐, 孙涛, 等. 固液相变材料的封装制备及其在建筑领域的研究进展 [J]. 材料导报, 2024, 38 (05): 73-87.

[45] Bühler M, Popa A, Scherer L, et al. Heat protection by different phase change materials [J]. Applied Thermal Engineering, 2013, 54 (2): 359-364.

[46] Wang F, Pang D, Liu X, et al. Progress in application of phase-change materials to cooling clothing [J]. Journal of Energy Storage, 2023, 60: 106606.

[47] Sarier N, Onder E. The manufacture of microencapsulated phase change materials suitable for the design of thermally enhanced fabrics [J]. Thermochimica Acta, 2007, 452 (2): 149-160.

[48] Bianco V, De Rosa M, Vafai K. Phase-change materials for thermal management of electronic devices [J]. Applied Thermal Engineering, 2022, 214: 118839.

[49] Razeeb K M, Dalton E, Cross G L W, et al. Present and future thermal interface materials for

electronic devices [J]. International Materials Reviews, 2018, 63 (1): 1-21.

[50] Afaynou I, Faraji H, Choukairy K, et al. Heat transfer enhancement of phase-change materials (PCMs) based thermal management systems for electronic components: A review of recent advances [J]. International Communications in Heat and Mass Transfer, 2023, 143: 106690.

[51] Ashraf M J, Ali H M, Usman H, et al. Experimental passive electronics cooling: Parametric investigation of pin-fin geometries and efficient phase change materials [J]. International Journal of Heat and Mass Transfer, 2017, 115: 251-263.

[52] Xie J, Lee H M, Xiang J. Numerical study of thermally optimized metal structures in a phase change material (PCM) enclosure [J]. Applied thermal engineering, 2019, 148. DOI: 10.1016/j.applthermaleng.2018.11.111.

[53] Ali H M, Arshad A, Jabbal M, et al. Thermal management of electronics devices with PCMs filled pin-fin heat sinks: A comparison [J]. International Journal of Heat & Mass Transfer, 2018, 117: 1199-1204.

[54] Qi T, Ji J, Zhang X, et al. Research progress of cold chain transport technology for storage fruits and vegetables [J]. Journal of Energy Storage, 2022, 56: 105958.

[55] 朱傲常, 李传常. 相变储冷技术在冷链运输低碳转型中的应用 [J]. 能源环境保护, 2023, 37 (03): 185-194.

[56] Zhang X, Wu K, Liu Y, et al. Preparation of highly thermally conductive but electrically insulating composites by constructing a segregated double network in polymer composites [J]. Composites Science and Technology, 2019, 175: 135-142.

[57] 石姗姗, 钱钊, 姜涛, 等. 高分子相变材料的导热改性研究综述 [J]. 塑料工业, 2022, 50 (02): 1-5.

[58] Wang C L, Yeh K L, Chen C W, et al. A quick-fix design of phase change material by particle blending and spherical agglomeration [J]. Applied Energy, 2017, 191: 239-250.

[59] Zhu W, Hu N, Wei Q, et al. Carbon nanotube-Cu foam hybrid reinforcements in composite phase change materials with enhanced thermal conductivity [J]. Materials & Design, 2019, 172: 107709.

[60] Zhang L, Zhou K, Wei Q, et al. Thermal conductivity enhancement of phase change materials with 3D porous diamond foam for thermal energy storage [J]. Applied Energy, 2019, 233: 208-219.

[61] Li Y, Li J, Feng W, et al. Design and preparation of the phase change materials paraffin/porous Al_2O_3@ graphite foams with enhanced heat storage capacity and thermal conductivity [J]. ACS Sustainable Chemistry & Engineering, 2017, 5 (9): 7594-7603.

[62] Qian Z, Shen H, Fang X, et al. Phase change materials of paraffin in h-BN porous scaffolds with enhanced thermal conductivity and form stability [J]. Energy and Buildings, 2018, 158: 1184-1188.

[63] Akhiani A R, Mehrali M, Tahan Latibari S, et al. One-step preparation of form-stable phase change material through self-assembly of fatty acid and graphene [J]. The Journal of Physical Chemistry C, 2015, 119 (40): 22787-22796.

[64] Ho C, Siao C R, Yang T F, et al. An investigation on the thermal energy storage in an enclosure packed with micro-encapsulated phase change material [J]. Case Studies in Thermal Engineering, 2021, 25: 100987.

［65］ Li W，Zhang X X，Wang X C，et al. Fabrication and morphological characterization of microencapsulated phase change materials (MicroPCMs) and macrocapsules containing MicroPCMs for thermal energy storage ［J］. Energy，2012，38 (1)：249-254.

［66］ 刘臣臻. 相变微胶囊储能过程传热与流动特性研究 ［D］. 徐州：中国矿业大学，2017.

［67］ Topbas O，Sarışık A M，Erkan G H，et al. Photochromic microcapsules by coacervation and in situ polymerization methods for product-marking applications ［J］，2020，29：117-132.

［68］ Yang X，Liu Y，Lv Z，et al. Synthesis of high latent heat lauric acid/silica microcapsules by interfacial polymerization method for thermal energy storage ［J］. Journal of Energy Storage，2021，33：102059.

［69］ Zhang B，Zhang Z，Kapar S，et al. Microencapsulation of phase change materials with polystyrene/cellulose nanocrystal hybrid shell via pickering emulsion polymerization ［J］. ACS Sustainable Chemistry & Engineering，2019，7 (21)：17756-17767.

［70］ Chen Y，Liu Y，Wang Z J M S. Preparation and characteristics of microencapsulated lauric acid as composite thermal energy storage materials ［J］. Materials Science，2020，26 (1)：88-93.

［71］ 常亮，杨岑玉，邓占锋，等. 储热材料关键性能及其测试方法综述 ［J］. 科技视界，2018 (29)：123-124.

［72］ Liu Y，Yang Y. Preparation and thermal properties of $Na_2CO_3 \cdot 10H_2O$-$Na_2HPO_4 \cdot 12H_2O$ eutectic hydrate salt as a novel phase change material for energy storage ［J］. Applied Thermal Engineering，2017，112：606-609.

［73］ Feng P，Liu Y，Ayub I，et al. Optimal design methodology of metal hydride reactors for thermochemical heat storage ［J］. Energy Conversion and Management，2018，174：239-247.

［74］ Shi T，Xu H J，Ke H B，et al. Thermal transport of charging/discharging for hydrogen storage in a metal hydride reactor coupled with thermochemical heat storage materials ［J］. Energy Conversion and Management，2022，273：116421.

［75］ Desai F，Sunku Prasad J，Muthukumar P，et al. Thermochemical energy storage system for cooling and process heating applications：A review ［J］. Energy Conversion and Management，2021，229：113617.

［76］ Roßkopf C，Afflerbach S，Schmidt M，et al. Investigations of nano coated calcium hydroxide cycled in a thermochemical heat storage ［J］. Energy Conversion and Management，2015，97：94-102.

［77］ Fitó J，Coronas A，Mauran S，et al. Hybrid system combining mechanical compression and thermochemical storage of ammonia vapor for cold production ［J］. Energy Conversion and Management，2019，180：709-723.

［78］ Zhao Q，Lin J，Huang H，et al. Enhancement of heat and mass transfer of potassium carbonate-based thermochemical materials for thermal energy storage ［J］. Journal of Energy Storage，2022，50：104259.

第3章

储热技术在电池热管理中的应用

3.1 概述

随着全球能源转型和碳减排的加速推进，电池如储能电池、动力电池和光伏电池得到全面快速发展。电池具有能源储备和调节功能，是新能源汽车以及新型储能发展的重要基础，是我国构建可再生能源为主体新型电力系统及实现"双碳"目标的重要支撑。电池的性能很大程度上取决于其自身的工作温度，合适的工作温度是电池高性能、高安全运行的重要保障，是降低电池热失控风险发生的必要保障。通常，电池工作的适宜温度约在 $15\sim35℃$ 之间，过高的工作温度会显著降低其容量、使用寿命，也可能会出现漏液、放气、冒烟等现象，严重时电池发生剧烈燃烧甚至爆炸事故；过低的工作温度也会导致电池放电效率降低、容量减少、内阻增加，极端情况更会导致电解液冻结、电池无法放电等情况。因此，必须对电池组进行严格有效的热管理。

电池热管理（battery thermal management，BTM）系统具备将电池温度维持在其合适的工作温度范围，并保证各单体电池温度均匀性的功能，能够降低由于热问题造成电池组热失控的潜在风险。目前可用于电池热管理的储热技术有显热储热技术、潜热储热技术及热化学反应储热技术三种。其中，潜热技术如相变材料的固液相变能在接近恒定的温度下吸收大量的热量、相变过程体积变化较小，且可控性高，是一种非常有应用潜力的被动热管理技术；另外，随着电池技术的发展，电池能量密度增加，显热技术无法满足日益增长的散热需求，潜热技术在电池热管理中的应用潜力进一步得到强化。本章从电池产热特性及其理论模型出发，阐述了热管理技术分类及其特点、热管理技术的性能评价指标，重点介绍了相变潜热储热热管理系统的基本原理、结构分类及工程应用案例等。

3.2 电池产热特性及其理论模型

电池的种类繁多（图 3-1），根据电池的作用原理可以分为物理电池（如光伏电池、原子能电池）和化学电池（如锂离子电池、镍镉电池）；根据电解液的种类可以分为碱性电池、酸性电池和有机电解液电池；根据电池的形状可以分为圆柱形电池、方形电池、纽扣电池和硬币形电池；根据电池的开放与否可以分为开放型电池与封闭型电池。以上这些在英文中通常用 battery 表述。值得注意的是燃料电池、液流电池、钠流电池等虽然中文也用电池进行表述，但是它们和上述所说的电池并不相同，在英文中通常用 Cell 表述，在本节中不进行讨论。本节主要针对锂离子电池的产热特性及其理论进行介绍。

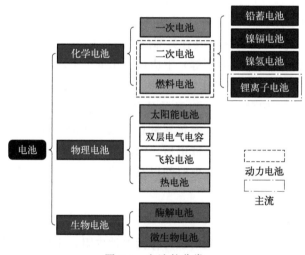

图 3-1　电池的分类

3.2.1 锂离子电池性能参数

（1）电压参数

电动势（electromotive force，EMF）：指电池电流趋于零时电极间电位差的极限值，反映了电池将化学能转换为电能的能力，在其他条件相同时，电动势越高，理论上能输出的电量越多。

开路电压（open-circuit voltage，OCV）：指在开路状态下，即电流几乎为 0 时，电池正、负极之间的电势差。

额定电压（rated voltage）：指在规定条件下电池工作的标准电压，也称公称电压或标称电压。

工作电压：指电池接通负载后在放电过程中显示的电压，又称负荷电压或放电电压，锂离子电池的工作电压一般在 2.75～3.6V 之间。

放电初始电压：指在电池放电初始时刻的（开始有工作电流）电压。

放电终止电压：放电终止电压也称为放电截止电压，指电池放电时，电压下降到不宜再继续放电的最低工作电压值。

（2）容量参数

电池容量：电池在一定放电条件下所能放出的电量，用符号 C 表示，单位常用 Ah 或 mAh 表示。

理论容量（C_o）：假定活性物质全部参加电池电化学反应所能提供的电量，理论容量可根据电池反应式中电极活性物质的用量，按法拉第定律计算的活性物质的电化学当量求出。

额定容量（C_g）：指按国家或有关部门规定的标准，保证电池在一定放电条件（如温度、放电率、终止电压等）下应该放出的最低限度的容量。

实际容量（C）：指实际工作情况下电池放出的电量，等于放电电流与放电时间的积分；由于内阻的存在，以及其他各种原因，活性物质不可能完全被利用。因此化学电源的实际容量、额定容量总是低于理论容量。

剩余容量：指在一定倍率下放电后，电池剩余的可用容量，剩余容量的估计和计算受到电池前期放电率、放电时间以及电池老化程度、应用环境等多种因素影响。

（3）内阻参数

电池工作过程电流输出受到的阻力称为电池内阻，主要包括欧姆内阻和电极在化学反应时的极化内阻。

（4）能量密度

电池的能量密度是指单位质量或单位体积电池所能输出的电量，相应地称为质量能量密度（Wh/kg）或体积能量密度（Wh/L），也称质量比能量或体积比能量。能量密度是评价动力电池能否满足电动汽车应用需要的重要指标。

（5）荷电状态

电池荷电状态（state of charge，SOC）描述了电池的剩余电量，是电池使用过程中的重要参数。SOC 是个相对量，一般用百分比的方式来表示，取值为 $0 \leqslant SOC \leqslant 100\%$。目前较统一的是从电量角度定义 SOC，如美国先进电池联合会在其《电动汽车电池实验手册》中定义 SOC 为电池在一定放电倍率下，剩余电量与相同条件下额定容量的比值。

（6）放电深度

放电深度（depth of discharge，DOD）是放电容量与额定容量之比的百分数，与 SOC 之间存在如下数学关系，DOD＝1－SOC。

3.2.2　锂离子电池产热特性

（1）产热原理

电池的产热特性能够帮助估算不同时刻电池内部温度变化趋势，能对电池热管理方案的制定和优化提供依据。锂离子电池充放电过程由于化学反应和电阻作用，电池在其充放电过程中会产生热量，且产热量与其化学、电学的本质特征密不可分。下面以锂离子电池产热为例（图 3-2），介绍其产热的基本原理：电池内部的电化学反应、固体电解质界面膜（solid electrolyte interface，SEI）的分解、电解液分解、负极与电解液的反应、负极与黏合剂的反应。此外，由于电池内阻的存在，电流输出也会产生部分热量，锂离子电池各温度下具体的产热行为见表 3-1[1]。

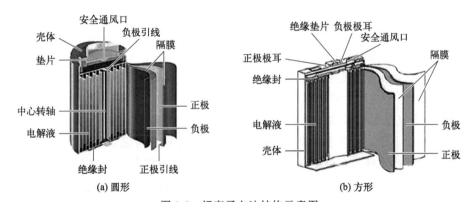

(a) 圆形　　　　　(b) 方形

图 3-2　锂离子电池结构示意图

表 3-1　电池产热行为及产热量[1]

温度范围/℃	电化学反应	产生的热量/(J/g)	分析
110～150	$Li_xC_6^+$	350	钝化膜的破裂
130～180	PE 隔膜熔化	−190	吸热
160～190	PP 隔膜熔化	−90	吸热
180～500	$Li_{0.3}NiO_2$ 与电解质的分解	600	释氧温度 $T=200℃$
220～500	$Li_{0.45}CoO_2$ 与电解质的分解	450	释氧温度 $T=230℃$

续表

温度范围/℃	电化学反应	产生的热量/(J/g)	分析
150~300	$Li_{0.1}MnO_4$ 与电解质的分解	450	释氧温度 $T=300℃$
130~220	溶剂与 $LiPF_6$	250	能量较低
240~350	Li_xC_6 与 PVDF	1500	剧烈的链增长
660	铝的熔化	-395	吸热

注：电解液体系为1mol/L $LiPF_6$/(PC/EC/DMC，1:1:3)。

① 电池内部氧化还原反应　以锂离子电池为例，其充放电过程通常是氧化还原反应，是指锂离子在正负极嵌入/脱出的过程，具体表达式为[2]：

正极反应：

$$LiMO_2 \longrightarrow Li_{1-x}MO_2 + xLi^+ + xe \tag{3-1a}$$

$$Li_{1+y}M_2O_4 \longrightarrow Li_{1+y-x}M_2O_4 + xLi^+ + xe \tag{3-1b}$$

负极反应：

$$nC + xLi + xe \longrightarrow Li_xC_n \tag{3-2}$$

电池反应：

$$LiMO_2 + nC \longrightarrow Li_{1-x}MO_2 + Li_xC_n \tag{3-3a}$$

$$Li_{1+y}M_2O_4 + nC \longrightarrow Li_{1+y-x}M_2O_4 + Li_xC_n \tag{3-3b}$$

式中，M 为 Co、Ni、Fe、Mn 等；正极化合物有 $LiCoO_2$、$LiNiO_2$、$LiMn_2O_4$、$LiFePO_4$ 等；负极化合物有 LiC_x、TiS_2、WO_3、NbS_2、V_2O_5 等。

② SEI 膜分解　锂离子电池的负极有一层 SEI 膜，SEI 膜由稳定层与亚稳定层组成，其绝缘结构主要起保护作用，避免负极材料与电解液发生反应。SEI 膜的形成与稳定性是影响锂离子电池寿命和安全性的重要因素之一。当温度为90~120℃时，SEI 膜会逐渐发生分解，此时亚稳定层有可能发生放热反应。

③ 电解液分解　当温度升高时，电解液在电池内部各组分之间主要存在以下五个反应：电解液的热分解；电解液在负极表面的化学还原；电解液在正极表面的化学氧化；正极和负极的热分解；隔膜的溶解以及引起的内部短路。其中前三个反应直接与电解液有关，所以电解液的热安全性直接影响着整个锂离子电池体系的安全性能。充电电压较高会使正极材料的温度超过200℃，从而使正极活性物质逐渐发生热分解释放氧气并与电解液发生放热反应；此外，正极活性物质也会与电解液直接发生反应。如 $LiCoO_2$ 与电解液的反应热是 265J/g、$Li_xNi_{0.8}Co_{0.2}O_2$ 反应热为 642J/g、Li_xCoO_2 的为 381J/g。

④ 负极与电解液的反应　随着电池循环次数的增加和时间的推移，电解液会发生一定程度的氧化或分解反应，导致电池传质能力减弱、内阻增大，最终增加电池产热量。当 SEI 膜分解后，无法保护负极，负极嵌入的锂与电解液在

210～230℃范围发生还原反应并放出热量，其反应热和 SEI 膜转化过程产热相当。

⑤ 负极与黏合剂的反应　典型的负极含质量比 8%～12% 的黏合剂，Li_xC_6 与黏合剂的反应热随负极锂化程度呈线性增加。报道称 LiC_6 与正极黏合剂 PVDF 的反应热为 $1.32 \times 10^3 J/g$，反应温度为 200～287℃。

（2）产热量计算

锂离子电池产热量主要包括不可逆热、可逆热、电子传输热、离子传输热、接触热阻传热五部分。

可逆热归因于正负极嵌入/脱出锂离子过程晶格结构改变所放出/吸收的热量，由电池内的化学反应决定，记为 Q_{rev}：

$$Q_{rev} = IT\Delta S/(nF) \tag{3-4}$$

不可逆热归因于电解液与活性电极材料界面在氧化和氧化还原过程中电荷转移过电位产生的焦耳热，电池极化效应（包括电化学极化、浓差极化和电阻极化）产生的极化热，以及电解液分解、负极材料形成固体电解质界面层（SEI）等产生的副反应热，由电池的电流和电势决定，记为 Q_{irrev}，常温环境下副反应热可以忽略[3]。

$$Q_{irrev} = (I^2R + I\Delta V)t \tag{3-5}$$

电子传输热归因于自由电子在传递电能过程中产生的热量，其大小取决于电子传输的速度、距离和温度差等因素，记为 Q_{joule}：

$$Q_{joule} = I^2Rt \tag{3-6}$$

离子传输热归因于锂离子在电解液中运动时带走或吸收的热量，其大小取决于离子的扩散速度、距离和温度差等因素，记为 Q_{joule}：

$$Q_{joule} = I^2R_{electrolyte}t \tag{3-7}$$

接触热阻产热是电池内部各元件之间由于接触不完全或者表面粗糙等原因而产生的热量，其大小与电流通过这些接触界面时的电阻有关，记为 $Q_{contact}$：

$$Q_{contact} = I^2R_{contact}t \tag{3-8}$$

上述公式中，I 是电流，单位 A；n 是电化学反应中涉及的电子的化学计量数；F 是法拉第常数；R 是电池的内部电阻，单位 Ω；t 是时间，单位 s；T 是热力学温度，单位 K；ΔS 是熵变，单位 J/K；$R_{electrolyte}$ 是电解质的电阻，单位 Ω；$R_{contact}$ 是接触电阻，单位 Ω；ΔV 是极化引起的电压损失，单位 V。

（3）锂离子电池产热量影响因素

① 放电倍率　动力电池的放电倍率是指电池在单位时间内放电的速率，通常以倍率 C 来表示，其中 1C 表示电池在 1h 内完全放电，0.5C 表示电池在 2h

内完全放电，以此类推。放电倍率会对电池组的产热和性能产生影响，大倍率将导致放电容量下降，电池内阻和极化增大，同时不可逆反应热也会增多，在更短的时间内产生更多的热量。因此，高放电倍率会导致电池组更快地升温，具体见图 3-3[4]。

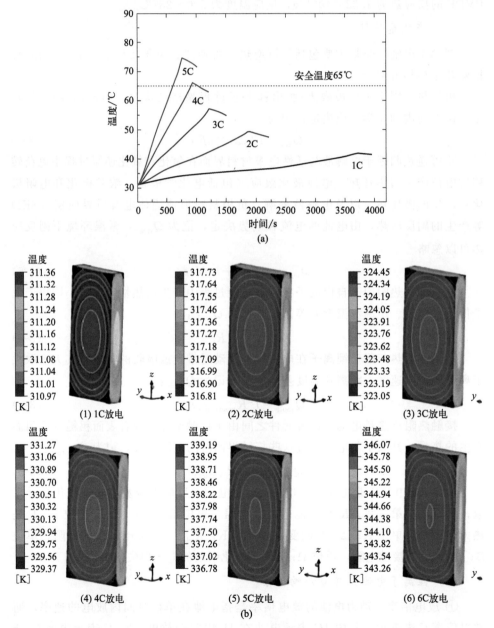

图 3-3 放电倍率与电池温度的关系[4]

② 荷电状态　当电池充/放电时，电解液中锂离子局部浓度会随着荷电状态变化，形成不稳定的内阻，进而造成产热功率时间变化（如图 3-4 所示）[5]。锂离子电池充电时，产热量呈增加-减少-增加的趋势，高倍率充电时尤为显著，DOD 0~0.1 时产热量快速增大，DOD 0.1~0.8 时产热量下降，DOD 0.9~1.0 时再次快速增大。锂离子电池放电时，其内阻整体呈下降趋势，同样也算高倍率下尤为显著。

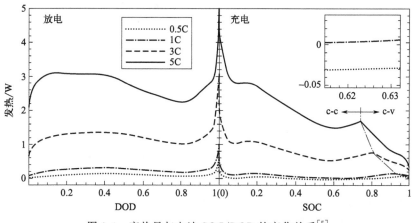

图 3-4　产热量与电池 SOC/DOD 的变化关系[5]

③ 放电模式　电池放电模式主要包括恒功率放电和恒流放电两种，放电方式会造成电池放电电流差异。当环境温度为 25℃时，两种放电模式下电池的表面温度具有相同变化趋势（图 3-5）[6]。相比恒流放电，恒功率放电时的放电电流更大，因而电池的产热量越大，表面温度越高，且随着放电倍率的增大，两者的差异更为明显。此外，DOD 增大，两种放电模式下电池电流之差也增大，使得电池的产热量之差增大，表面温度的差值也增大。

3.2.3　锂离子电池产热模型

电池产热模型是用于描述和预测电池在工作过程中产热量大小的数学模型。这些模型可以帮助设计人员和研究人员更好地理解电池内部的热量分布和传导过程，从而优化电池的热管理系统，提高电池性能和安全性。根据建模原理，产热模型可以划分为非耦合热模型、电化学-热耦合模型、电-热耦合模型及热滥用模型；按照维度可以分为零维模型（集总参数模型）、一维模型、二维模型以及三维模型。

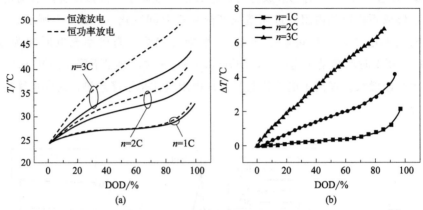

图 3-5　不同倍率下电池表面温度及其差值随 DOD 的变化（$T_{ab}=25℃$）[6]

非耦合热模型即热源模型，根据热力学第一定律推导得出，其推导过程忽略电池极片中反应电流密度、活性物质浓度等参数的空间差异，通过电池的体积、电流、电压、内阻、温度和温度影响系数，建立产热速率与电池宏观测量参数之间的联系。电池产热功率为电池输出电功率、内部可逆功和反应熵、混合热和材料相变热之和，且是各向均匀的，但电池热导率是各向异性的。该数学模型中的能量方程和电池产热功率为：

$$\rho\frac{\partial(C_p T)}{\partial t}=k_x\frac{\partial^2 T}{\partial x^2}+k_y\frac{\partial^2 T}{\partial y^2}+k_z\frac{\partial^2 T}{\partial z^2}+q \tag{3-9}$$

电池的总产热功率可表示为[7]：

$$Q'=\frac{I\left[(E_{oc}-E)+T\dfrac{\mathrm{d}E_{oc}}{\mathrm{d}T}\right]}{V} \tag{3-10}$$

耦合热模型包括电-热耦合模型和电化学-热耦合模型，其中电-热耦合模型通常采用半经验模型和等效电路模型（表 3-2）计算电池内部化学反应、电势和浓差的变化，并结合产热率方程仿真温度分布，常用于指导电池外形、极耳分布、电极大小等宏观结构设计，该模型较为简单而且计算精度较好。目前电-热耦合模型通常使用二维或三维模型。电化学-热耦合模型是结合电池的电化学反应过程和生热过程来描述电池产热的模型，可获得电池内部的反应过程、组分浓度、电势和温度场的分布信息，进而明确电池内部参数的变化对电池电化学特性和热特性的影响，该模型计算量大且求解困难。

表 3-2　四种常用的等效电路模型

模型名称	计算公式	示意图
R_{int} 模型	$U_t = U_{oc} - IR_0$	
Thevenin 模型	$U_t = U_{oc} - U_1 - IR_0$	
PNGV 模型	$U_t = U_{oc} - U_{cap} - U_1 - IR_0$	
GNL 模型	$U_t = U_{oc} - U_{cap} - U_1 - U_2 - IR_0$	

　　热滥用模型是建立在传统热模型的基础上，结合电池内部可能存在的各种生热反应，进一步预测在热滥用情况下电池发生热失控的条件及热失控发生后电池状态的变化，主要用于研究锂离子电池的热安全性。

　　一维模型指研究电池在某个方向（通常为厚度方向）上的温度分布情况；二维模型主要用于研究电池在某个截面上的温度分布和电流密度分布状况；三维模型主要用于研究整体电池的温度分布情况，包括三维分层模型和三维不分层模型。其中，三维分层模型能体现电池内部各层厚度对电池温度场和安全性能的影响，使电化学-热耦合模型、热滥用模型和电-热耦合模型的计算更加精确。分层模型需要电池的性能参数、结构参数、电极材料的热力学参数、边界条件等，以及对电池内部充放电时的化学反应过程、电池发热时内部电场和热场之间相互影响。

3.3 电池热管理技术及其性能评价指标

3.3.1 电池热管理技术分类及其特点

工业界和学术界对锂离子电池热管理已开展大量工作，提出了多种高效的热管理技术，如图 3-6 所示。根据其作用位置可分为电池内部散热和电池外部散热两种热管理方式，电池内部热管理主要是在电池的内部进行材料改性和结构优化，如通过降低电池单体的内阻来提高电池的热性能，但这种方式也会降低电池储能密度，因此目前并未在实际中应用。电池外部热管理是将电池的热量通过与其他介质进行换热，不会改变电池内部结构。热管理方式根据散热是否耗能可分为主动散热和被动散热两种，其中主动散热方式主要包含风冷、液冷、直冷和浸没冷却，被动散热方式主要包含热管、相变材料等。

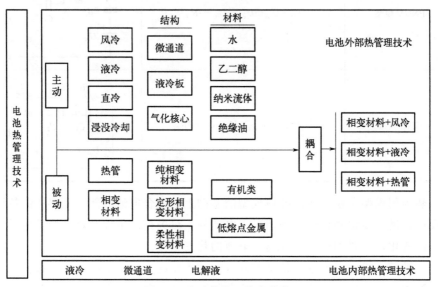

图 3-6 电池热管理技术分类

主动散热方式通常需要消耗电池或其他能源系统的能量，但相比被动散热通常有更好的散热性能，下面将简单介绍各种散热技术的特点：

① 风冷。方式简单，只需要让空气流过电池表面，带走电池产生的热量，从而达到电池组散热的目的。

② 液冷。制冷剂直接或间接接触动力电池，然后通过液态流体的循环流动带走电池组内产生的热量，其特点是结构相对复杂、需要良好密封性防止液态制

冷剂泄漏。目前应用广泛，如特斯拉电池组采用水和乙二醇混合物的液冷方式散热，宝马 I3 采用 R134a 散热。

③ 直冷。考虑了制冷剂的液气相变，低温低压液体进入电池包内的冷板式蒸发器，吸收电池产生的热量后蒸发，最后通过气液分离器回到压缩机完成整个循环。其优点为散热好、温度均匀；缺点为成本高，泄漏风险、功耗较大。

④ 浸没冷却。原理是将电芯与冷却液直接接触，并辅助油循环系统和制冷系统，利用绝缘油和氟化液作散热介质，将电池产热带走，其优点是散热性能好，但是成本高。

⑤ 热管。由管壳、吸液芯和端盖三部分组成，蒸发端与电池接触，通过蒸发对电池进行散热，其优点在于散热好、结构紧凑、功耗小、无法加热；缺点为初始成本高、泄漏风险高、接触面积小。

⑥ 相变材料。相变材料在相变过程中温度保持不变或变化范围很小，但能吸收或释放大量潜热，其优点为空间小、功耗小、噪声小、成本低、温度均匀；缺点为换热差、泄漏风险高、时间有限、过冷风险高。

3.3.2 电池热管理系统性能评价指标

电池热管理系统性能评价指标对于保障电池系统的安全性、可靠性、经济性和用户满意度具有重要意义，根据电池热管理系统的功能要求，电池热管理系统性能评价指标包括以下三类：热管理系统的散热能力，电池组的最高温度、最大温差、电池间的温度均匀性等；热管理系统的经济性，系统功耗、系统重量、系统体积等；热管理系统的热安全能力，阻燃性、隔热性等。具体来说：

① 电池组最高温度：在特定工作条件下，整个电池组内部或表面所达到的最高温度，是一个与电池发生安全问题、性能下降和寿命缩短有关的关键参数。理想的电池工作温度需要保证在 $15 \sim 35 ℃$ 范围内，热管理系统需要有效控制电池的最大温度。

② 电池组最大温差：电池组内不同位置之间可能存在的最大温度差异，过大的温度差异可能增加电池组内部的热失控风险，引发安全问题，电池组理想的最大温差需要保证在 $3 \sim 4 ℃$ 范围内。

③ 温度均匀性：电池组内各电池单体之间或电池组内不同位置之间的温度差异程度，主要有以下三方面原因。电芯制造工艺带来的内阻差异，造成电荷状态和温度不均；不同位置的电池单体可能处于不同的工作条件，如充放电速率、电流分布等，也导致温度不均；电池组内部的散热系统可能存在不均匀性，导致一些区域的温度较高，而另一些区域的温度较低。电芯之间的温差越大，容量损失速率越快，从而直接导致整车电池包性能下降。提高温度均匀性最直接有效的

方法是采用更精确的电池管理系统控制策略,通过均衡充放电量来优化温度。此外,合理的电芯布置方式、换热器设计策略和改良散热器材料也能有效改善温度均匀性。

④ 系统功耗:热管理系统在运行时需要消耗的电池本身或者其他电源的能量,这包括了所有与热管理相关的组件和设备的电能消耗,如散热器、风扇、冷却液泵等,功耗直接影响电动汽车的续航里程,因此需要尽可能降低系统的能耗。

⑤ 系统重量和体积:整个热管理系统所占据的质量和空间,直接影响电动汽车的整体性能,包括动力性、经济性和乘坐舒适性等,是影响系统设计、集成和实际应用的重要因素。

⑥ 阻燃性:当电池处于热失控状态时,要求热管理系统具有良好的阻燃性能和高温热承载能力,以抑制热失控带来的危害;通常选择具有较高阻燃性能的材料用于制造热管理系统的组件,如散热器、外壳、隔热材料等。

⑦ 隔热性:系统中使用的材料和设计能够在火灾或高温条件下防止或减缓火势蔓延的能力,确保系统中的热量不能轻易传递到周围的材料,从而减少火灾发生的可能性。

3.4 基于储热技术的电池热管理系统

相变材料热管理技术是一种被动热管理技术,具有噪声小、体积小、储热密度大、成本低等优点。在高温环境下,电池组温度升高,相变材料熔化吸收热量,从而维持温度在熔点附近;在低温环境下,电池组温度降低,相变材料则能凝固释放热量,维持温度相对稳定,保障电池正常工作。相变材料可以被集成到散热系统中作为热管理的全部或者部分,即热管理系统的散热仅利用相变材料以及相变材料作为储能介质,并与风冷、液冷等组合形成耦合散热系统,本节对这两种基于相变材料储热的热管理技术进行总结。

相变材料电池热管理技术根据相变材料的物理特点分为基于导热性能强化复合相变材料的电池热管理技术、基于定形复合相变材料的电池热管理技术、基于柔性复合相变材料的电池热管理技术及基于阻燃复合相变材料的电池热管理技术(图3-7)。其中,阻燃复合相变材料既可以进行散热,同时也能阻止电池发生热失控可能造成的热蔓延、热扩散。由于电池组单次充放电循环的持续时间有限,当仅采用相变材料对电池进行热管理时,需要在此时间内将最高温度控制在安全范围,并给予足够的时间使相变材料恢复潜热。而在大电流连续充放电循环中,采用相变材料的被动热管理系统可能无法及时恢复潜热,严重时还会导致温度失控。为此通常将相变材料与其他热管理技术进行耦合，提高热管理系统的功能性和可靠性。

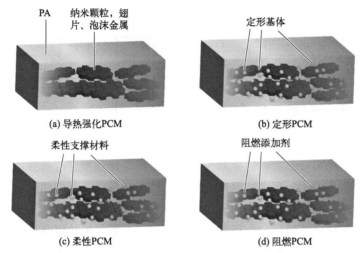

图 3-7　用于电池热管理的相变材料发展趋势

3.4.1　固液相变材料在电池热管理中的应用

1997 年，相变材料首次应用于锂离子电池热管理。此后，针对锂离子电池的相变材料热管理技术受到了广泛关注和研究，但基于相变材料的被动电池热管理系统仍然面临着低热导率、易泄漏、高刚性和易燃等诸多问题。

（1）导热性能强化相变材料在电池热管理系统中的应用

高热导率相变材料能够有效地吸收电池产生的热量，增强电池的安全性。对此，国内外学者提出了图 3-8 所示的几种改善相变材料导热性能的方法：在相变材料中掺杂热性能优良的材料，如金属粉末等，导热材料与相变材料充分混合后，可以提高整体的导热性能；将相变材料填充进金属材料网架中，如泡沫铜等，通过已构建的良好导热网络，提高相变材料的导热性能；封装容器内部增加导热肋片或导热管，增大与材料的接触面积，提高热交换速率；采用微胶囊封装。

这些方法都可以在一定程度上改善相变材料的导热能力，但是会增加系统重量，提高生产成本；同时，也在一定程度上降低了相变材料的潜热，因此在利用导热性能强化的相变材料对电池组进行热管理时，也需要考虑其经济性和电池组体积能量密度等。

① 翅片结构参数优化　翅片结构简单、操作方便、成本低，既能增大相变材料与电池的换热面积、提供高效的热传导路径、增加液态相变材料自然对流的

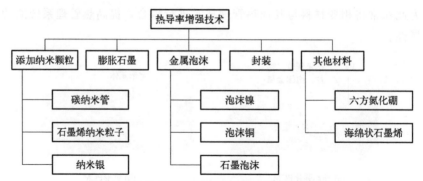

图 3-8 电池热管理用相变材料热导率强化技术

强度、提高系统响应速度，也能减少电池组内部温度差异、改善温度均匀性，其强化效果与翅片占比、高度、厚度、组合、排列、形状等密切相关。针对不同形状的电池，翅片的结构不尽相同，如图 3-9(a)～(e) 所示，介绍了 5 种不同结构翅片，对于圆柱形电池比较常用的翅片是环形、方形、树枝形及螺旋翅片，而对于方形电池主要采用方形翅片。合理设计翅片的间距，可以确保热量均匀地分布在相变材料中，避免局部过热或过冷；另外，需要合理地设计翅片的体积、避免过度减小相变材料热管理系统的储能密度及系统的重量能量密度。

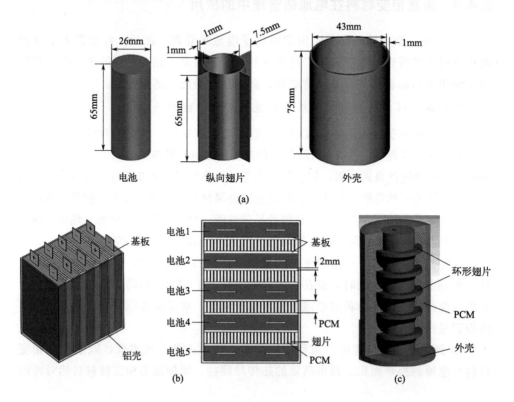

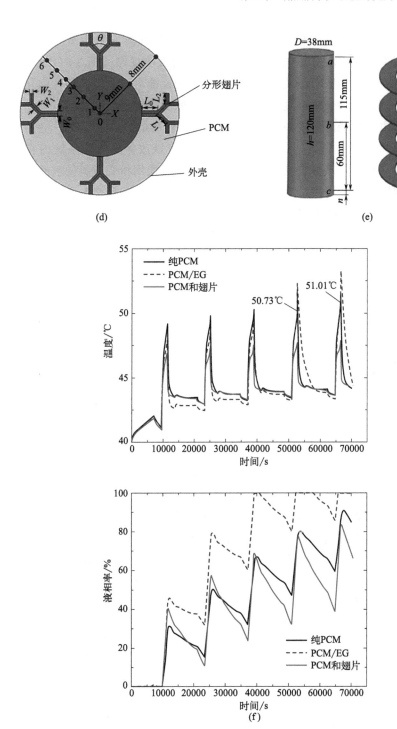

图 3-9 基于翅片强化的相变材料基电池热管理系统[8]

案例1：通过热-电化学模型数值探究了相变材料种类、翅片厚度、翅片间距和相变材料厚度对5块方形电池模组冷却性能的影响规律［图3-9(f)］[8]。通过与纯相变材料以及膨胀石墨复合相变材料热管理性能对比，发现翅片强化相变材料电池热管理系统的最高温度最低，其次是膨胀石墨复合相变材料，纯相变材料热管理系统电池组最高温度最大。在3C的相对较高的放电速率下，电池表面的最高温度保持在51℃以下，这是因为翅片结构可以改善热管理系统内相变材料自然对流和热传导，从而提高了散热效率，降低了使用相变材料的被动热管理系统的故障风险。翅片厚度减小可以增加电池与相变材料的热交换面积，进而降低了电池模块的最大温度和温差，然后过小的翅片间距导致相变材料的体积减小，相变材料的量不足以维持长时间运行，电池组温度反而更高。

② 泡沫金属结构参数优化　泡沫金属具有丰富的比表面积、连续的网络结构、低密度等优点，在流体强化传热领域得到了广泛应用，其主要的特征参数包括迂曲率、孔隙率、孔密度等。泡沫金属的三维连续结构可以将热量高效传输到整个相变模块，且不会出现在添加金属粉末时发生的团聚和沉淀现象。孔隙率指泡沫金属所有空隙总体积与表观体积之比，可以通过样品密度与样品材料真实密度之比进行计算。孔隙率越大，相变材料的填充量越大，但传热强化能力减弱，反之则传热强化能力增强；孔密度是单位英尺所含孔数量，孔密度越大则孔骨架尺寸越小，但比表面积增加；通常泡沫金属本征热导率越大，其复合相变材料的有效热导率更大；此外，泡沫金属不同的骨架形貌及孔形貌同样显著影响复合相变材料的控温性能。如"体心"和"面心"两种结构的泡沫金属框架中，面心立方结构与相变材料的接触面积更大，所得复合相变材料的热导率更高，吸热速度更快，温度更均匀。另外，泡沫金属的渗透率也会影响液态相变材料在其内部的流动，流动阻力随着泡沫金属的孔密度增大或孔隙率减小而增大，这在一定程度上降低了相变材料的对流换热强度，因此在采用泡沫金属强化相变材料热管理系统时应综合考虑结构参数的设定。下面介绍一些泡沫金属及泡沫金属复合相变材料相关参数的计算公式：

孔密度 ω 与孔径 d_p 关系：

$$d_p = \frac{0.0254}{\omega} \tag{3-11}$$

韧带直径 d_f 与孔径 d_p 的关系：

$$\frac{d_f}{d_p} = 1.18 \sqrt{\frac{1-\varepsilon}{3\pi}} \left\{ \frac{1}{1-\exp[-(1-\varepsilon)/0.04]} \right\} \tag{3-12}$$

泡沫金属复合材料的有效热导率包含以下多个模型：

垂直模型：

$$k_\perp = \cfrac{1}{\left(\cfrac{\varepsilon}{k_{PCM}} + \cfrac{1-\varepsilon}{k_{por}}\right)} \tag{3-13a}$$

平行模型：

$$k_{/\!/} = \varepsilon k_{PCM} + (1-\varepsilon)k_{por} \tag{3-13b}$$

式中，ε 是泡沫金属体孔隙率；k_{PCM} 是相变材料热导率，W/(m·K)；k_{por} 是泡沫金属热导率，W/(m·K)；$k_{/\!/}$ 和 $k_\perp$ 是复合材料有效热导率的上限和下限。

Kasana 等的拟合经验模型：

$$k_{eff} = k_{/\!/}^F k_\perp^{1-F}, F = 1.0647\left[0.3031 + 0.0623\ln\left(\varepsilon\frac{k_{por}}{k_{PCM}}\right)\right] \tag{3-14}$$

Calmidi 等的理论预测公式：

$$k_{eff} = \frac{\sqrt{3}}{2}\left[\frac{0.09\psi}{k_{PCM} + \frac{1}{3}(1+\psi)(k_{por} - k_{PCM})} + \frac{0.91\psi}{k_{PCM} + \frac{2}{3}(k_{por} - k_{PCM})} + \right.$$
$$\left.\frac{\frac{\sqrt{3}}{2} - \psi}{k_{PCM} + \frac{0.12}{\sqrt{3}}\psi(k_{por} - k_{PCM})}\right]^{-1} \tag{3-15}$$

式中，$\psi = \cfrac{-r + \sqrt{0.0081 + \frac{2\sqrt{3}}{3}(1-\varepsilon)\left[2 - 0.09\left(1 + \frac{4}{\sqrt{3}}\right)\right]}}{\frac{2}{3}\left(1.91 - \frac{0.36}{\sqrt{3}}\right)}$，$r = 0.09$

Bhattacharya 等的理论预测模型：

$$k_{eff} = \left\{\frac{2}{\sqrt{3}}\left[\frac{t/L}{k_{PCM} + \frac{1}{3}(k_{por} - k_{PCM})} + \frac{\sqrt{3}/2 - t/L}{k_{PCM}}\right]\right\}^{-1} \tag{3-16}$$

式中，$\cfrac{t}{L} = \cfrac{-\sqrt{3} - \sqrt{3 + (1-\varepsilon)(\sqrt{3} - 5)}}{1 + \frac{1}{\sqrt{3}} - \frac{8}{3}}$，$r = 0.19$

Peak 等的理论预测模型：

$$k_{eff} = k_{por}t^2 + k_{PCM}(1-t)^2 + \frac{2t(1-t)k_{por}k_{PCM}}{k_{por}(1-t) + k_{PCM}t} \tag{3-17}$$

式中，$t = \cfrac{1}{2} + \cos\left[\cfrac{1}{3}\cos^{-1}(2\varepsilon - 1) + \cfrac{4\pi}{3}\right]$

Mesalhy 等的解析模型：

$$k_{\text{eff}} = \frac{\left[k_{\text{PCM}} + \pi \left(\sqrt{\dfrac{1-\varepsilon}{3\pi}} - \dfrac{1-\varepsilon}{3\pi} \right) (k_{\text{por}} - k_{\text{PCM}}) \right] \left[k_{\text{PCM}} + \dfrac{1-\varepsilon}{3} (k_{\text{por}} - k_{\text{PCM}}) \right]}{k_{\text{PCM}} + \left[\dfrac{4}{3} \sqrt{\dfrac{1-\varepsilon}{3\pi}} (1-\varepsilon) + \pi \sqrt{\dfrac{1-\varepsilon}{3\pi}} - (1-\varepsilon) \right] (k_{\text{por}} - k_{\text{PCM}})}$$

$$(3-18)$$

Boomsma 的理论预测模型：

$$k_{\text{e,PCM}} = \frac{\sqrt{2}}{2(M_A + M_B + M_C + M_D)} \bigg|_{k_{\text{por}} = 0} \tag{3-19a}$$

$$k_{\text{e,por}} = \frac{\sqrt{2}}{2(M_A + M_B + M_C + M_D)} \bigg|_{k_{\text{PCM}} = 0} \tag{3-19b}$$

式中，$M_A = \dfrac{4\sigma}{[2e^2 + \pi\sigma(1-e)]k_{\text{por}} + [4 - 2e^2 - \pi\sigma(1-e)]k_{\text{PCM}}}$

$$M_B = \frac{(e-2\sigma)^2}{(e-2\sigma)e^2 k_{\text{por}} + [2e - 4\sigma - (e-2\sigma)e^2]k_{\text{PCM}}}$$

$$M_C = \frac{(\sqrt{2} - 2e)^2}{2\pi\sigma(1 - 2e\sqrt{2})k_{\text{por}} + 2[\sqrt{2} - 2e - \pi\sigma^2(1 - 2e\sqrt{2})]k_{\text{PCM}}}$$

$$M_D = \frac{2e}{e^2 k_{\text{por}} + (4 - e^2)k_{\text{PCM}}}$$

$$\sigma = \sqrt{\frac{\sqrt{2}\left(2 - \dfrac{5}{8e^3\sqrt{2}} - 2e\right)}{\pi(3 - 4e\sqrt{2} - e)}} , e = 0.339$$

Yao 等的理论预测模型：

$$k_{\text{eff}} = \frac{1}{(\varepsilon/M_A) + [(1-2\varepsilon)/M_B] + (\varepsilon/M_C)} \tag{3-20}$$

式中，$M_A = \left[\dfrac{\sqrt{2}}{6} \pi\varepsilon(3 - 4\varepsilon) \dfrac{1 + a_1^2}{a_1^2} \right] k_{\text{por}} + \left[1 - \dfrac{\sqrt{2}}{6} \pi\varepsilon(3 - 4\varepsilon) \dfrac{1 + a_1^2}{a_1^2} \right] k_{\text{PCM}}$

$$M_B = \left(\frac{\sqrt{2}}{2} \pi\varepsilon^2 \frac{1 + a_1^2}{a_1^2} \right) k_{\text{por}} + \left(1 - \sqrt{2} \pi\varepsilon^2 \frac{1 + a_1^2}{a_1^2} \right) k_{\text{PCM}}$$

$$M_C = \left(\frac{\sqrt{2}}{6} \pi\varepsilon^2 \frac{1 + a_1^2}{a_1^2} \right) k_{\text{por}} + \left(1 - \frac{\sqrt{2}}{6} \pi\varepsilon^2 \frac{1 + a_1^2}{a_1^2} \right) k_{\text{PCM}} , a = 2.01$$

Yang 等简化解析单胞模型：

$$k_{\text{eff,s}} = \frac{1}{3}(1 - \varepsilon) k_{\text{por}} \tag{3-21}$$

下面是界面热交换系数模型。

Zukauskas 等的理论预测模型:

$$h_{sf}=\begin{cases}0.76Re^{0.4}Pr^{0.37}k_{PCM}/d_1 & Re\leqslant40 \\ 0.52Re^{0.5}Pr^{0.37}k_{PCM}/d_1 & 40<Re\leqslant1000 \\ 0.26Re^{0.6}Pr^{0.37}k_{PCM}/d_1 & 1000<Re\leqslant20000\end{cases} \tag{3-22a}$$

$$A_{sf}=\frac{3\pi d_1\{1-\exp[-(1-\varepsilon)/0.04]\}}{(0.59d_p)^2} \tag{3-22b}$$

式中,$Re=\rho_{PCM}\sqrt{u^2+v^2+w^2}\,d_1/(\varepsilon\mu_{PCM})$

Kuwahara 等的经验模型,适用孔隙率 $0.2<\varepsilon<0.9$:

$$h_{sf}=\frac{k_{PCM}}{d_f}\left\{\left[1+\frac{4(1-\varepsilon)}{\varepsilon}\right]+0.5(1-\varepsilon)^{0.5}Re^{0.6}Pr^{1/3}\right\} \tag{3-23a}$$

$$A_{sf}=\begin{cases}349.15\ln(1-\varepsilon)+1667.99,\omega=10PPI \\ 442.20\ln(1-\varepsilon)+2378.62,\omega=20PPI \\ 694.57\ln(1-\varepsilon)+3579.99,\omega=30PPI\end{cases} \tag{3-23b}$$

Churchill 等的理论预测模型,适用范围 $10^{-11}\leqslant Ra\leqslant10^9$:

$$h_{sf}=\frac{k_{PCM}}{d_f}\left\{0.6+\frac{0.387Ra_d^{1/6}}{\left[1+\left(\frac{0.599}{Pr}\right)^{9/16}\right]^{8/27}}\right\}^2,Ra_d=\frac{g\beta|T_f-T_s|d_1^3}{\alpha v} \tag{3-24}$$

渗透率和惯性系数如表 3-3 所示。

表 3-3　泡沫金属渗透率和惯性系数预测模型

模型名称	模型结构	表达式	备注
Calmidi		$K=0.00073d_p^2(1-\varepsilon)^{-0.224}\left(\dfrac{d_1}{d_p}\right)^{-1.11}$ $C_f=0.00212(1-\varepsilon)^{-0.132}\left(\dfrac{d_1}{d_p}\right)^{-1.63}$ $\dfrac{d_f}{d_p}=1.18\sqrt{\dfrac{1-\varepsilon}{3\pi}}\left\{\dfrac{1}{1-\exp[-(1-\varepsilon)/0.04]}\right\}$	经验模型,d_f/d_p 由经验拟合得出。适用范围:$\varepsilon=0.90\sim0.97$ 和 5PPI~40PPI
Hooman		$K\approx0.054d_p^2\varepsilon\sqrt{1-\varepsilon}$	基于水力阻力网络和孔隙尺度分析的半解析解模型。适用范围:$\varepsilon=0.75\sim0.97$ 和 10PPI~40PPI

模型名称	模型结构	表达式	备注
Fouriea		$$K=\frac{\varepsilon^2 d_k^2}{36\chi(\chi-1)}$$ $$\chi=2+2\cos\left[\frac{4\pi}{3}+\frac{1}{3}\cos^{-1}(2\varepsilon-1)\right]$$ $$d_k=\frac{\chi}{3-\chi}d_p, d_k\text{是单元的特征长度}$$	采用形态模型和典型水力直径概念来补充典型单胞概念的理论模型
Bhattacharya		$$K=\frac{\varepsilon^2 d_p^2}{36\chi(\chi-1)}$$ $$C_f=0.095\frac{0.85c_d}{12}G^{-0.8}\sqrt{\frac{\varepsilon}{3(\chi-1)}}$$ $$\left(1.18\sqrt{\frac{1-\varepsilon}{3\pi}}\frac{1}{G}\right)^{-1}$$ $$\frac{1}{\chi}=\frac{\pi}{4\varepsilon}\left[1-\left(1.18\sqrt{\frac{1-3\varepsilon}{3\pi}}\frac{1}{G}\right)^2\right]$$ $$G=1-e^{-(1-\varepsilon)/0.04}$$	Fouriea解析解的修正模型。适用范围：$\varepsilon=0.90\sim0.97$ 和 10PPI~40PPI
Depois		$$K=\frac{d_p^2(1-\varepsilon)}{4\pi}\left(\frac{\varepsilon-\varepsilon_0}{3\varepsilon}\right)^{3/2}$$	基于粉末烧结球形颗粒相似性的解析解模型。适用范围：$\varepsilon=0.70\sim0.97$ 和 5PPI~40PPI
Dukhan		$$K=a\exp(b\varepsilon),\begin{cases}a=1\times10^{-11},b=0.1,10\text{PPI}\\a=1\times10^{-12},b=0.1,20\text{PPI}\\a=1\times10^{-15},b=0.16,40\text{PPI}\end{cases}$$	经验模型，适用范围：$\varepsilon=0.68\sim0.92$ 和 10PPI~40PPI
Yang		$$K=\frac{\varepsilon[1-(1-\varepsilon)^{1/3}]}{108[(1-\varepsilon)^{1/3}-(1-\varepsilon)]}d_p^2$$ $$C_f=0.095\frac{c_d}{12}\sqrt{\frac{\varepsilon}{3(\chi-1)}}\left(1.18\sqrt{\frac{1-\varepsilon}{3\pi}}\frac{1}{G}\right)^{-1}$$	DuPlessis解析解修正模型，模型仅与孔结构有关。适用范围：$\varepsilon=0.55\sim1.00$

案例2：通过放电实验研究了泡沫铜/石蜡复合相变材料对18650圆柱形电池组温度的影响，并与自然空气冷却、纯石蜡进行了比较 [图3-10(e)][9]。泡

沫金属复合相变材料系统的散热能力与均温性最好，电池组的最高温度及最大温差最小；他们利用有限元仿真方法对上述方案的热管理机理进行了分析，利用Newman 等提出的电池产热模型，利用焓孔模型求解相变材料的相变过程以及考虑泡沫金属与相变材料的非热平衡模型对电池的温度分布、温度变化曲线进行了数值计算。进一步分析了泡沫金属孔隙率对电池组热性能的影响，结果在纯石蜡的情况下，电池温差超过 5℃，而泡沫铜/石蜡复合相变材料有效地提高了传热性能，并将电池温差保持在 5℃以内。电池的最高温度为 55℃，比纯石蜡和空气自然对流 BTMS 低 5.2℃和 19.5℃。

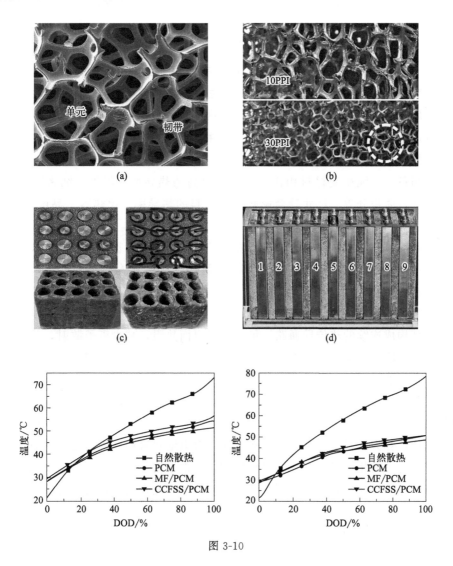

图 3-10

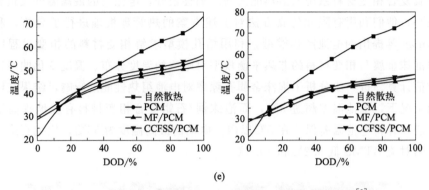

(e)

图 3-10　基于泡沫金属强化的相变材料基电池热管理系统[9]

③ 纳米颗粒浓度优化　纳米颗粒的比表面积大、与相变材料的碰撞作用强化了相变材料的导热性能，但是纳米粒子密度通常大于相变材料，因此在多次加热循环后易发生聚集和沉淀，导致强化传热性能不均和不稳定。纳米复合相变材料可以由金属（例如 Au、Cu）、金属氧化物（例如 Al_2O_3、CuO）、碳基纳米材料（例如碳纳米管、石墨烯）、碳化物（例如 SiC）或聚合物纳米颗粒与相变材料混合制备。与纯相变材料相比，它具有更高的热导率。另外，纳米颗粒的类型、形状、体积分数、尺寸等会影响复合材料的热导率、比热容、黏度、潜热、相变温度等。

碳基纳米添加剂包含一维、二维和三维结构，一维碳基纳米结构（碳纳米纤维 CNF、碳纳米管 CNT 等）具有显著的圆柱形结构以及较高的长径比，可以在相变材料中建立线型传热路径。二维碳基纳米结构（GNP、GN、graphene 等）具有微米级的横向尺寸和纳米级的厚度。三维网格化的碳基纳米结构可以在相变材料内部构成连续的热传导通路，可以降低界面热阻，减少声子散射，并进一步加速声子传输，展现了比一维、二维材料更高的导热强化性能和形状稳定性。另外，纳米添加剂的引入会带来黏度的显著增长，这将大幅削弱纳米复合相变材料熔化过程中的自然对流强度，甚至导致复合相变材料的整体换热性能弱于纯相变材料。

数值计算方法是研究纳米复合相变材料对电池热管理系统性能影响的一种常用手段，为了简化纳米复合相变材料模型，通常采用理论和经验模型预测复合相变材料的热物性参数，下面介绍一些用于预测纳米复合相变材料热物性参数的数学模型。

有效热导率模型介绍如下。

Maxwell 模型：

$$k_{\text{NEPCM}} = \frac{k_n + 2k_{\text{PCM}} - 2\phi(k_{\text{PCM}} - k_n)}{k_n + 2k_{\text{PCM}} + \phi(k_{\text{PCM}} - k_n)} k_{\text{PCM}} \tag{3-25}$$

Vajjha 模型：

$$k_{\text{NEPCM}} = \frac{k_n + 2k_{\text{PCM}} - 2\phi(k_{\text{PCM}} - k_n)}{k_n + 2k_{\text{PCM}} + \phi(k_{\text{PCM}} - k_n)} k_{\text{PCM}} + 5 \times 10^4 \beta_k \zeta \phi (\rho C_p)_{\text{PCM}} \sqrt{\frac{BT}{\rho_n d_n}} f(T, \phi) \tag{3-26}$$

其中，等式右边第一项是有效介质理论计算的固有热导率，第二项是考虑纳米颗粒布朗运动对热导率强化部分。B 是玻尔兹曼常数，等于 1.381×10^{-23} J/K，$\beta_k = 8.4407(100\phi)^{-1.07304}$，$\zeta$ 是布朗运动校正因子，对于液体和固体相变材料分别是 1 和 0。$f(T, \phi)$ 的计算如下：

$$f(T, \phi) = (0.028217\phi + 0.003917) \frac{T}{T_{\text{ref}}} + (-0.030669\phi - 0.0039112) \tag{3-27}$$

Nan 模型：

$$L_{11} = L_{22} = \begin{cases} \dfrac{p^2}{2(p^2-1)} - \dfrac{p}{2(p^2-1)^{3/2}} \cosh^{-1} p, & p > 1 \\[3mm] \dfrac{p^2}{2(p^2-1)} + \dfrac{p}{2(1-p^2)^{3/2}} \cos^{-1} p, & p < 1 \end{cases} \tag{3-28}$$

式中，$L_{33} = 1 - 2L_{11}$

$$L_{11} = L_{22} = L_{33} = 1/3, \quad p = 1$$

$$\beta_{11} = \frac{k_{11}^c - k_{\text{PCM}}}{k_{\text{PCM}} + L_{11}(k_{11}^c - k_{\text{PCM}})}$$

$$\beta_{33} = \frac{k_{33}^c - k_{\text{PCM}}}{k_{\text{PCM}} + L_{33}(k_{33}^c - k_{\text{PCM}})}$$

$$K_{ii}^c = \frac{k_n}{1 + \gamma L_{ii} k_n / k_{\text{PCM}}}$$

$$\xi = \begin{cases} (2 + 1/p)\alpha, & p > 1 \\ (1 + 2p)\alpha, & p < 1 \end{cases}$$

$$\alpha = \begin{cases} a_k/a_1, & p > 1 \\ a_k/a_3, & p < 1 \end{cases}$$

$$a_k = R_{\text{Bd}} k_{\text{PCM}}$$

$$k_{\text{NEPCM}} = k_{\text{PCM}} \frac{3 + \phi_n[2\beta_{11}(1 - L_{11}) + \beta_{33}(1 - L_{33})]}{3 - \phi_n[2\beta_{11} L_{11} + \beta_{33} L_{33}]}$$

$p = a_3/a_1$，是椭球体的正交比，$p > 1$ 和 $p < 1$ 分别是长椭球体和扁椭球体。

针对石墨烯复合材料热导率的预测，Chu 提出了以下模型：

$$k_{\text{NEPCM}} = k_{\text{PCM}} \left[\frac{0.67 \left(\phi_{\text{n}} - \dfrac{1}{p} \right)^{\xi}}{H(p) + \dfrac{1}{k_{\text{xnp}}} k_{\text{n}} - 1} + 1 \right] \tag{3-29}$$

式中，$H(p) = \dfrac{\ln(p + \sqrt{p^2 - 1}) p}{\sqrt{(p^2 - 1)^3}} - \dfrac{1}{p^2 - 1}$ 和 $k_{\text{xnp}} = \dfrac{k_{\text{n}}}{\dfrac{2 R_{\text{Bd}} k_{\text{n}}}{l} + 1}$

ξ 是实验数据拟合参数；p 是石墨烯正交比，即石墨烯长度与厚度比；k_{PCM} 是相变材料热导率 [W/(m·K)]；k_{n} 是石墨烯固有热导率 [W/(m·K)]；k_{xnp} 是石墨烯平均热导率 [W/(m·K)]；R_{Bd} 是平均界面热阻 [(m²·K)/W]。

有效黏度，具体模型见表 3-4。

表 3-4 纳米复合材料黏度预测模型

模型名称	表达式	特征
Vajjha	$\mu_{\text{NEPCM}} = 0.983 e^{(12.959\phi_{\text{n}})} \mu_{\text{PCM}}$	球形颗粒,低纳米颗粒浓度(0.01%≤ϕ_{n}≤1.0%,体积)
Brinkman	$\mu_{\text{eff}} = \dfrac{\mu}{(1 - \phi_{\text{n}})^{2.5}}$	球形颗粒,高浓度(<4.0%,体积)
Einstein	$\mu_{\text{eff}} = (1 + 2.5\phi_{\text{n}})\mu$	球形颗粒,极低纳米颗粒浓度(0.01%≤ϕ_{n}≤1.0%,体积)
Krieger-Dougherty	$\mu_{\text{eff}} = \mu \left(1 - \dfrac{\phi_{\text{n}}}{\phi_{\text{max}}} \right)^{-A\phi_{\text{max}}}$	对于随机分散的球体,ϕ_{max} 约为 0.64
Nielsen	$\mu_{\text{eff}} = \mu (1 + 1.5\phi_{\text{n}}) \exp \left(\dfrac{\phi_{\text{n}}}{1 - \phi_{\text{max}}} \right)$	对于随机分散的球体,ϕ_{max} 约为 0.64

其他热物性参数：

$$\rho_{\text{NEPCM}} = (1 - \phi_{\text{n}}) \rho_{\text{PCM}} + \phi_{\text{n}} \rho_{\text{n}} \tag{3-30}$$

$$(\rho C_p)_{\text{NEPCM}} = (1 - \phi_{\text{n}})(\rho C_p)_{\text{PCM}} + \phi_{\text{n}} (\rho C_p)_{\text{n}} \tag{3-31}$$

$$(\rho L)_{\text{NEPCM}} = (1 - \phi_{\text{n}})(\rho L)_{\text{PCM}} \tag{3-32}$$

$$(\rho \beta)_{\text{NEPCM}} = (1 - \phi_{\text{n}})(\rho \beta)_{\text{PCM}} + \phi_{\text{n}} (\rho \beta)_{\text{n}} \tag{3-33}$$

$$\phi_{\text{n}} = \frac{\phi_{\text{wt}} \rho_{\text{PCM}}}{\phi_{\text{wt}} \rho_{\text{PCM}} + (1 - \phi_{\text{wt}}) \rho_{\text{n}}} = \frac{\phi_{\text{wt}} / \rho_{\text{n}}}{\phi_{\text{wt}} / \rho_{\text{n}} + (1 - \phi_{\text{wt}}) / \rho_{\text{PCM}}} \tag{3-34}$$

式中，ϕ_{n} 是纳米颗粒体积分数（%）；ϕ_{wt} 是纳米颗粒质量分数（%）。

案例 3：针对七个串联锂离子电池组成的电池模块在 1C 放电时的温度变化规律进行了分析[10]。电池的产热量用 Newman 等提出的电池产热模型进行预测，利用 Fluent 的焓孔模型求解相变材料的相变过程，利用经验公式对复合相变材料的热物性进行计算，针对不同纳米颗粒浓度复合相变材料的电池组模块在三个不同位置的温度进行了分析，由图中可以看出，纳米颗粒浓度越大，电池组的最高温度越低［图 3-11（g）］。

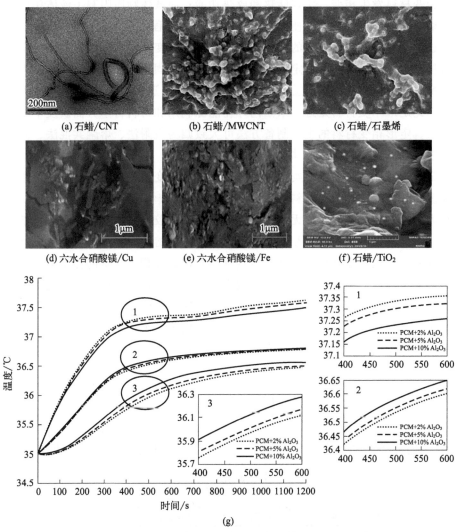

图 3-11　纳米颗粒复合相变材料的扫描电镜图以及基于纳米

颗粒强化的相变材料基电池热管理系统[10]

（2）定形相变材料在电池热管理系统中的应用

固液相变材料对电池进行热管理过程中有液相产生，需要额外的容器盛装，部分材料对容器材质要求高。针对这一问题，近年来人们开发出一类新的相变材料，其相变性质介于固固相变材料和固液相变材料之间，称为定形相变材料。该类材料为复合材料，一般由固液相变材料和载体材料构成，相变材料是复合材料中执行相变储热的功能体，载体材料是相变材料实现定形的基体。在相变过程中，相变材料发生相变，实现储热和放热功能；而载体物质限制了液体相变材料的流动，阻止了液体渗漏，使得复合材料在相变过程中保持宏观上的固体形态。合成这类复合相变储热材料的关键是选取合适的相变材料和载体材料以及将这两种材料复合在一起的方法。定形相变材料同时具有固液相变材料储能密度大和固固相变材料无液体渗漏的优点，其相变温度可以由选取不同的相变材料实现调控。因此定形相变材料是近年来国内外在能源利用和材料科学方面研发十分活跃的领域。定形相变材料的主要制备方法可大致归为吸附法、熔融共混法、微胶囊法、溶胶-凝胶法、插层法、烧结法和摆枝法。

定形相变材料主要有三类，即微胶囊型定形相变材料、聚合物基定形相变材料和多孔材料基定形相变材料（图 3-12）。其中微胶囊型定形相变材料是以相变材料为芯材，有机聚合物或无机材料为壳层组成的胶囊结构材料。聚合物基定形相变材料是将高分子材料与相变储热材料进行共混熔融，高分子材料形成网络结构将相变材料包裹在其内。多孔材料具有高的比表面积、丰富的孔结构、独特的吸附性能和优良的热稳定性，因而常被用作催化剂载体。相比于在催化和吸附领域已经开展的大量研究工作，其在相变体系的应用仍然十分有限。将多孔材料与固液相变材料进行复合，在多孔材料的吸附作用下可解决相变材料固液相变过程中的液态流动问题。若这种材料再具有较高的热导率，还可以提高相变材料的热导率。

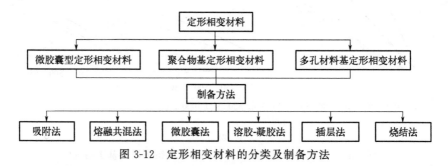

图 3-12　定形相变材料的分类及制备方法

由于相变材料储热过程体积膨胀以及小分子相变物质运动通常会向材料表面渗出，造成定形复合相变材料的循环稳定性较差，下面介绍四种提高定形相变材料结构稳定性的方法：

① 聚合物基质提高稳定性：由于实际应用的限制，研究人员通过将相变材料限制在聚合物基质中来稳定相变材料的形状，用作支撑材料的聚合物范围很广，主要有聚丙烯酸酯、聚烯烃、苯乙烯类嵌段共聚物、多糖体和聚氨酯等。

② 纳米材料提高稳定性：纳米技术的出现将相变材料限制为纵向（1D）、界面（2D）和多孔（3D）网络 3 种形式，以实现材料的形状稳定。在形状稳定的纳米复合相变材料中，静电纺丝纤维、界面材料和三维支撑材料等纳米结构的孔径在 1～1000nm。

③ 多孔材料提高稳定性：生物质、矿物质、聚合物和黏土可以被修饰成多孔形式作为支撑材料使用。由于密度低、表面积大和孔径分布广，它们具有卓越的吸附能力，能将相变材料保持在孔隙中，防止泄漏。

④ 固固相变材料提高稳定性：固固相变材料相对固液相变材料的主要优点是相变过程中体积变化小，因此不需要支撑材料，更不容易发生泄漏。目前主要有 2 种固固相变材料，即聚合物和多元醇有机化合物。

案例 4：通过在石蜡/聚乙烯树脂/膨胀石墨复合材料中加入少量纳米二氧化硅颗粒制备了一类新型的定形复合相变材料，纳米二氧化硅含有大量 30～100nm 的纳米级孔隙，可以有效吸附液相石蜡，限制液相石蜡的迁移和泄漏，提高均匀性，大大减少组件的体积变化，并且相比于膨胀石墨复合相变材料具有更好的冷却效率，实现了冷却效率和耐用性的统一。如图 3-13 所示，在第 1、2、4、6、8 次循环充电/放电时，含有质量分数 5.5% 二氧化硅定形复合相变材料的最高温度比没有二氧化硅定形复合相变材料的最高温度降低了 1.6℃、2.4℃、4.5℃、5.3℃和 5.9℃，并且该温差在随后的循环中稳定保持在 6.22℃±0.05℃[11]。

案例 5：采用原位化学还原和物理共混技术制备具有聚乙二醇/膨胀石墨/埃洛石纳米管/银纳米颗粒的高导热定形复合相变材料的工艺及其热管理性能测试结果。其中，聚乙二醇作为相变基质、埃洛石纳米管作为支撑材料可以提供交联网络以防止其泄漏；膨胀石墨和银纳米颗粒发挥协同作用，构建互联的热网络。与纯聚乙二醇相比，纳米银颗粒改性的埃洛石纳米管含量为 40% 时所制备复合相变材料的热导率提高到 1.15W/(m•K)，相变潜热可以保持在 103.65J/g。在氮气气氛下对该定形复合相变材料的热稳定性进行了热重分析，质量损失最快温度点是 376℃，且最大质量损失是 88.62%。在其对电池热管理性能的验证中发现采用该定形相变材料的电池模块呈现出色的热管理效果，在 35℃的环境温度和 3C 放电倍率条件下，电池模块的最高温度也能控制在 60℃以下[12]。见图 3-14。

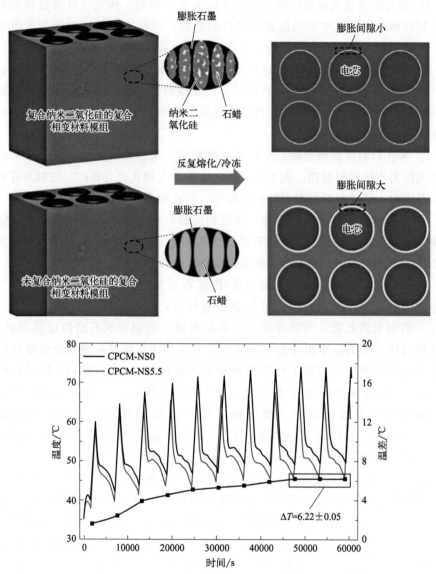

图 3-13 定形复合相变材料在电池热管理系统中的应用[11]

（3）柔性复合相变材料在电池热管理中的应用

以刚性较强的聚乙烯或聚苯乙烯等聚合物作为定形组分得到的定形复合相变材料在室温及低温下的弹性差、刚性强、易断裂，导致其与电池表面的接触空隙较大，进而减小有效传热面积，接触热阻增大，致使电池在工作温度下传热恶化，不利于电池组传热性能及电池组的温度均匀性。此外，复合相变材料在室温

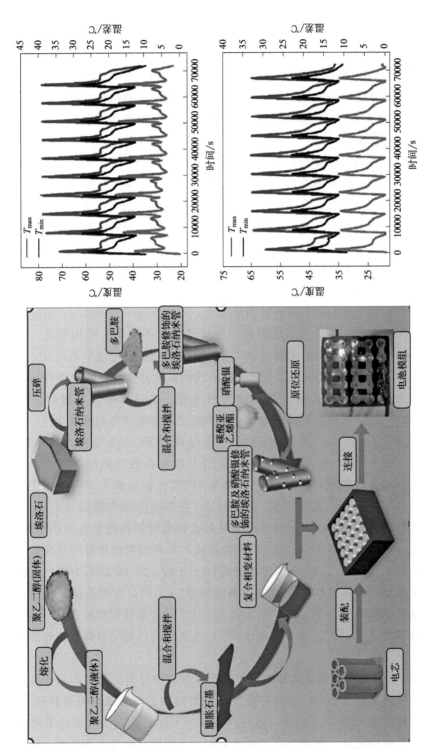

图 3-14　定形复合相变材料在电池热管理系统中的应用[12]

下的脆性强，导致复合相变材料难以根据电池组形状对复合相变材料进行多角度自由装配。为此，研究人员开发出柔性复合相变材料。当相变材料温度超过相变点时，展现出良好的柔性效果。材料的柔性效果有利于增大接触面积，减小界面热阻，从而提高电池组的温度均匀性。并且，柔性相变材料具有优异的力学性能和可塑性，它们可以在不影响相变性能的情况下进行弯曲和变形，适应不同形状和尺寸的应用需求。

用于热管理的柔性相变材料有多种形式，主要包括以下几类：有机相变材料，通常以蜡类、聚合物类为主要成分，具有低成本、易加工成型等优点；无机相变材料，通常以硅类、锂离子等为主要成分，具有高能量密度、高循环稳定性等特点，但制备难度较大，成本较高；复合相变材料，通常由有机、无机等多种成分组成，具有综合性能优异的特点。

用于热管理的柔性相变材料需具备以下几方面性质：相变温度范围广，柔性相变材料的相变温度通常在-20~200℃，能够适应不同的电池工作环境；能量密度高，柔性相变材料具有很高的储能密度，通常在100~400J/g；循环稳定性好，柔性相变材料在多次充放电过程中性能稳定，不易发生结构变化；加工性好，柔性相变材料具有良好的柔性加工性，能够适应多种电池形态及尺寸要求。

案例6：以丁二烯或戊二烯与苯乙烯形成的嵌段共聚物热塑性弹性体为增韧剂，石蜡为相变基体，膨胀石墨作为导热颗粒，制备了一种室温柔性相变材料[13]（图3-15）。其中共聚物热塑性弹性体的交联网络结构和橡胶弹性与多孔膨胀石墨的协同封装，使复合相变材料具有高潜热（97.59J/g）、高热导率[1.262W/(m·K)]、耐高温泄漏性、室温柔性和高效的热利用率（≥96%）；该柔性复合相变材料在25℃下的拉伸率为215%；在功率1.5W、3W和4.5W条件下，热阻从1.1W/K降低到0.11W/K；在较宽的温度范围（-30~50℃）内具有优异的扭转性能。采用制备的柔性复合相变材料构建了电池热管理系统，该模组由5个单体容量23Ah的方形电池组成，并利用实验和有限元数值模拟对其放电倍率0.5C、1C、2C下的热性能进行了分析。以2C结果为例，无相变材料热管理系统的最高温度为61.0℃，最大温差10.8℃，含刚性定形相变材料热管理系统的最高温度为57.6℃，最大温差7.1℃，含柔性定形相变材料热管理系统的最高温度为54.0℃，最大温差4.7℃，这说明柔性相变材料有更好的热管理性能。

案例7：以热塑性弹性体和聚烯烃弹性体为支撑材料，石蜡为相变材料，碳化硅为导热增强剂制备的一种具有良好室温柔韧性的新型复合相变材料[14]，其电池热管理性能由图3-16展示，该材料在-40~60℃范围内可保持柔软和低刚性，具有良好的化学、物理性能和热稳定性，当加热功率为4.5W时，该柔性复

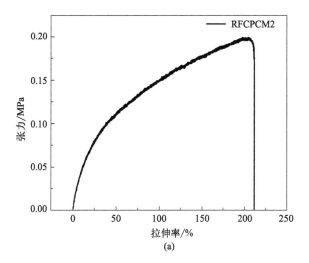

(a)

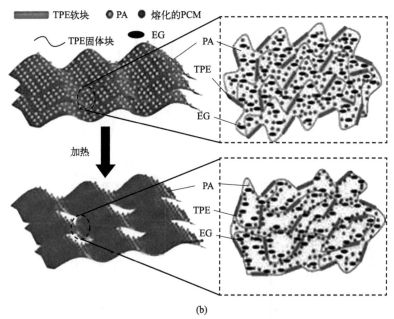

(b)

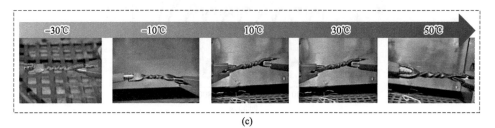

(c)

图 3-15

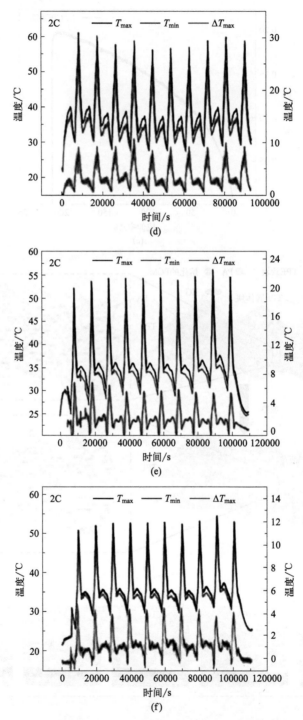

图 3-15 柔性定形复合相变材料电池热管理系统示意图[13]

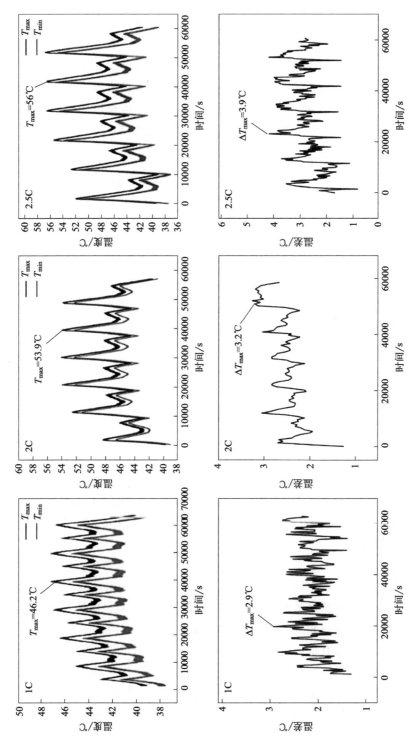

图 3-16　柔性定形复合相变材料电池模块温度曲线[14]

合相变材料的接触热阻基本保持在 0.45K/W 左右；含 20％SiC 柔性复合相变材料的拉伸强度和断裂伸长率比不含 SiC 的复合材料的拉伸强度和断裂伸长率分别提高了 151.27％和 136.18％。基于该柔性复合相变材料设计了一种方形动力电池模组冷却系统。该热管理系统包含了 6 块容量 33Ah 的方形电池，在 40℃的极端环境温度下，在 2.5C 的高倍率放电 6 次循环后，电池模组的最高温度和平均温差分别为 56℃和 3.9℃，低于 5m/s 风速冷却的电池模块。

（4）阻燃性相变材料在电池热管理中的应用

热管理系统可以使锂离子电池控制在适宜的温度范围，具备良好的温度一致性，从而降低发生热失控的风险。然而热失控一旦发生，就需要增加热失控传播抑制的安全措施，阻断电池间热量传递的路径，或者及时对热失控电池散热，延缓或者阻断热失控的传播，这就要求复合相变材料具有阻燃性能。相变材料阻燃降低热管理系统火灾风险，有机相变材料中的聚合物框架和相变成分是典型的可燃有机化合物，一旦在电池中产生火灾，相变材料将加剧燃烧，严重损坏电池模块。通常，相变材料可以通过加入阻燃添加剂来显著提高阻燃性能，不同阻燃剂类型、添加比例的阻燃效果不同，考虑阻燃性能的同时还需要考虑相变材料的导热性能、封装性能、柔性性能以及潜热的减低。

评价相变材料阻燃性能的一般评定方法有：①燃点，燃烧的最低温度；②闪点，产生闪燃的最低温度；③点燃性和可燃性，反应材料燃烧的难易程度；④火焰传播速度，体现在材料表面火焰的蔓延速度；⑤耐火性，体现为火焰烧透材料的速度；⑥热量释放速度，指材料燃烧的过程中，能量的释放速度；⑦燃烧时间，指材料从点燃到熄灭的时间；⑧极限氧指数（LOI），表征材料燃烧行为的指标，值越大代表阻燃效果越好；⑨热释放速率（HRR），表征材料燃烧时的最大热释放程度，值越大，材料的燃烧放热量越大，形成的火灾危害性就越大；⑩总放热量（THR），指在预置的入射热流强度下，材料从点燃到火焰熄灭为止所释放热量的总和。

在相变材料中添加膨胀石墨和二氧化硅基阻燃剂是制备具有高导热性和阻燃性复合材料的典型手段[15]。通过锥形量热法可以分析得出，纯石蜡燃烧后没有表现出残余质量，而所制备的复合材料尽管质量减少，但仍保持其原始形状；纯石蜡具有比复合相变材料更高的峰值热释放速率，这表明该复合相变材料在放热、烟雾释放速率和有毒气体排放等多个方面优于纯石蜡。原因是 SiO_2 溶胶和膨胀石墨与石蜡混合的填充稀释效应，以及 SiO_2 溶胶优异的热稳定性和膨胀石墨独特的交错多孔网络结构，燃烧后可以提供良好的支撑，从而形成具有 SiO_2 阻燃剂的致密耐火层，耐火层防止了氧气与可燃物质的接触，阻止了石蜡在高温条件下可燃热解产物的挥发，减少了可燃气体的逸出，从而抑制了材料的总放热率，降低了材料的火灾风险。图 3-17 所示电池模组的冷却和热失控实验表明，所制备的阻燃复合相变材料的添加对吸收电池热量具有积极作用，延长了电池模组热失控蔓延的时间（21s 延长至 396s）。

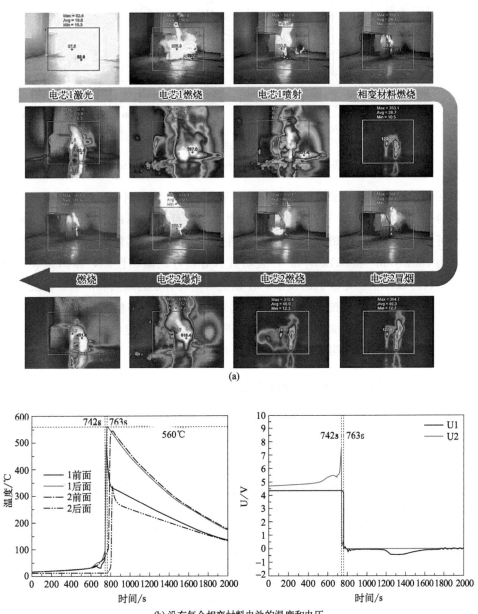

(a)

(b) 没有复合相变材料电池的温度和电压

图 3-17

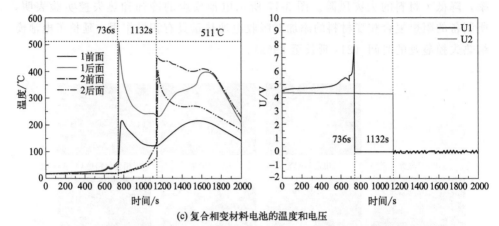

(c)复合相变材料电池的温度和电压

图 3-17 阻燃相变材料-电池热失控燃烧过程及温度变化曲线[15]

在相变材料中添加聚磷酸铵、磷酸和氧化锌混合物是制备阻燃柔性复合相变材料的另一种方法[16]。实验数据表明，阻燃剂含量为 15％的柔性阻燃复合相变材料可以达到最佳的阻燃效果，其 LOI 值可达 35.9％，热释放速率和总放热量分别为 $105MJ/m^2$ 和 $801kW/m^2$，表明其具有良好的阻燃性能，原因是该复合相变材料可以产生稳定致密的炭层，在燃烧后实现有效的隔热和隔氧。因此，在燃烧过程中释放的热量被极大地抑制。此外，200℃加热棒模拟热失控触发的结果指出阻燃柔性复合相变材料能够及时地吸收和传递触发电池的热量，表现出避免电池热失控所必需的阻燃效果。见图 3-18。

3.4.2　耦合系统在电池热管理系统中的应用

在大电流充、放电多次循环条件下，相变材料的自然冷却作用不足以让其实现完全凝固，潜热恢复不充分，导致其储热能力减弱甚至失效，最后出现了不可控的温升。为此，引入了多种方式耦合的相变材料基热管理系统，既可以获得更高的冷却效率，将温度维持在最佳工作范围内，同时也能延长相变材料的循环次数。在耦合热管理系统中，相变材料作为热管理系统的部分结构，通过与空冷、液冷、热管等相结合，既能减少相变材料的质量、降低泄漏风险，同时也能满足电池能量密度逐渐增加带来的更高的散热需求。

（1）相变材料耦合风冷在电池热管理系统中的应用

相变材料耦合风冷热管理系统利用了相变材料的高潜热和风冷系统的强制对流散热能力，有效地控制电池工作温度。在这种组合系统中，相变材料通常是定形相变材料，可以设置成各种特定的形状，如片状、块状或管道结构，用于形成

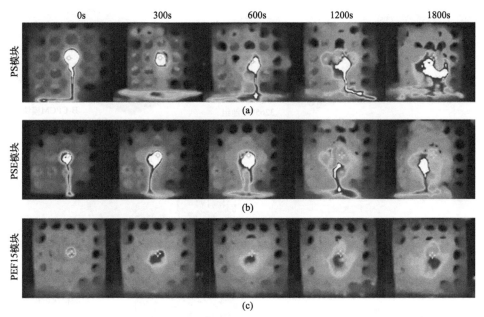

图 3-18　在中心区域触发热失控时中心区域不同模块的红外热成像云图
(a) PS 模块；(b) PSE 模块；(c) PEF15 模块[16]

风道，供空气进行强制对流换热，因此这方面的研究主要集中于流道的设计、空气流速的优化，以及与相变材料的耦合调控设计。下面通过三个案例介绍相变材料耦合风冷在电池热管理系统中的应用。

案例 8：用强制空气冷却的蛇形定形复合相变材料板（S-CPCM）对电池组进行热管理，并与仅具有强制空气对流（FAC）的电池组以及仅有相变材料冷却的电池组（B-CPCM）进行对比[17]。电池组的循环测试结果表明所设计的S-CPCM 模块在重复和长期运行环境中增强散热能力。在 5.2W 的风扇功率下，S-CPCM 模块提供了稳定的散热性能，没有明显的热积聚现象。例如，S-CPCM模块的 T_{center} 在 10 个循环期间稳定保持在 51.9℃左右。相比之下，在相同的风扇功率下，B-CPCM 模块的 T_{center} 达到 54.5℃，相应的 ΔT 明显高于 S-CPCM模块。即使将风扇功率降低到 1.6W，S-CPCM 模块在 5.2W 的更高风扇功率下仍然表现出与 B-CPCM 模块相当的冷却性能，即稳定的 T_{center} 为 54.1℃，ΔT约为 0.8℃。这种新颖的结构可以有效地将 CPCM 模块的重量减轻约 70%，将电池模块的能量密度从 107.8Wh/kg 提高到 121.6Wh/kg。见图 3-19。

案例 9：复合相变材料与空冷结合的圆柱形（26650 型）LiFePO$_4$ 电池组散热结构，模型如图 3-20 所示[18]。利用伪二维电化学模型与三维散热模型相结

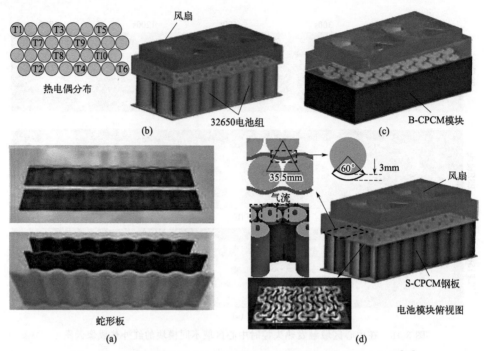

图 3-19 三种不同的电池热管理策略及其电池组的温度变化曲线[17]

合，探究了相变材料厚度、复合相变材料中膨胀石墨含量、空冷孔道数量及空冷气体流通方向对电池组散热性能的影响。与不加空气冷却管道热管理系统相比，电池表面的平均温度下降了约11℃，最高温度下降了约4℃；而改变空气管道的数量，电池表面的平均温度和最高温度相近，即空冷管道的数量对电池温度的影响较小。另外，电池的平均温度均会在放电初期出现下降，而双向通风的电池温度下降幅度明显大于单向通风的电池。此外，双向通风方式可以降低电池组的平均温度和最高温度，相比于单向通风方式，电池组的平均温度降低约8℃，电池最高温度下降约10℃。

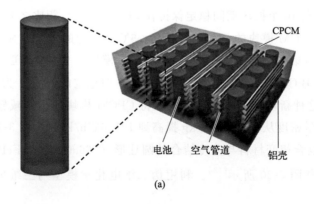

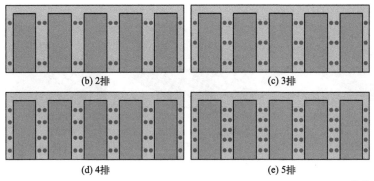

图 3-20 相变材料耦合风冷在圆形电池组热管理系统中的应用（一）[18]

案例 10：一种新电池热管理系统采用鲨鱼皮肤微结构的新型散热器，并与轴向风冷和相变材料相结合[19]，其中鲨鱼皮肤仿生散热器的表面显示了许多规则排列的中空凸起结构，这些凸起结构的空腔被相变材料填充。利用 CFD 数值计算研究了鲨鱼皮肤仿生结构的结构参数对冷却性能的影响。当鲨鱼皮仿生结构的形状、高度、长度和间隔分别为 3mm、7mm 和 2.5mm 时，电池模块的最高温度（T_{max}）和温差（ΔT）控制到 35.83℃ 和 3.21℃，消耗能量为 34.57J。与正常情况相比，鲨鱼皮仿生热管理系统的 T_{max} 和 ΔT 分别降低了 5.49℃ 和 4.11℃。见图 3-21。

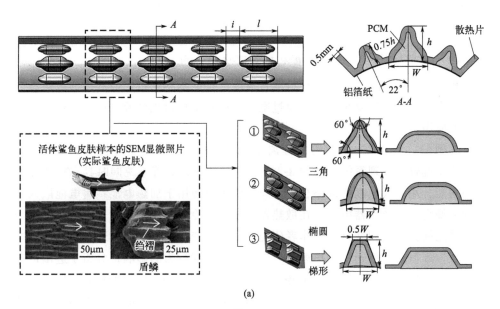

图 3-21

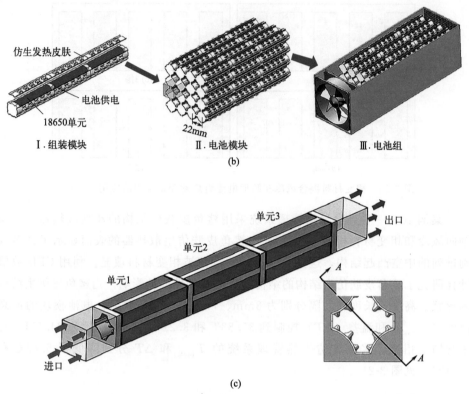

图 3-21 相变材料耦合风冷在圆形电池组热管理系统中的应用（二）[19]

（2）相变材料耦合液冷在电池热管理中的应用

相变材料耦合液冷与相变材料耦合风冷的特征基本一致，但液冷的散热能力比风冷更好，结构更复杂，下面通过案例介绍相变材料耦合液冷在电池热管理系统中的应用。

案例 11：针对 26650 型号的锂离子电池提出了复合相变材料与水冷相结合的紧凑型混合热管理系统，如图 3-22 所示[20]。该热管理系统同时具有加热和冷却的功能。用硅胶包裹的镍铬合金金属丝作为热源用于加热电池；将电池嵌入到铝制的蜂窝合金散热器中，并在散热器中布置水冷微通道用于冷却电池，电池与散热器之间充满了相变材料。作者研究了复合相变材料厚度、微通道尺寸、微通道层数、入口液体流速和加热策略对单体电池冷却行为的影响；分析了进出口布置模式和进出口液体流动对电池模块热行为的影响。在 40℃ 的环境温度中，4C 的放电倍率下，复合相变材料与水冷相结合的热管理系统的散热性能明显优于纯复合相变材料的热管理系统。当复合相变材料的厚度为 3mm、内径和外径分别为 16mm 和 19mm、微通道层数为 4 的条件下，可以将电池组的最高温度和最大温度差控制在合理的范围内。

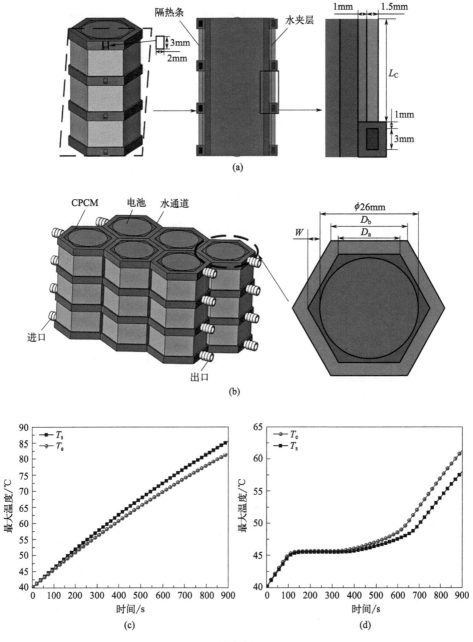

图 3-22

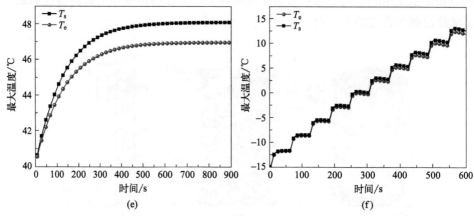

图 3-22 相变材料耦合液冷在圆形电池模组热管理系统中的应用[20]

案例 12：利用实验研究了具有相变材料和冷却水管的锂离子电池组 (图 3-23)[21]，该电池模块由 5 个容量 5.5Ah 的方形锂离子电池组成，电池彼此之间的间距为 14mm，实验测试电池之间的区域填充空气、硅油和相变材料三种储能介质以及 0、2、4 三种冷却管数量下电池模块的温度。电池模块的初始温度为 28℃，以 0.9C 的恒定放电速率对电池放电 57min，冷却直到其平均温度达到 30℃。电池模组在空气自然冷却条件下，长时间放电后最高温度达到了 58℃、

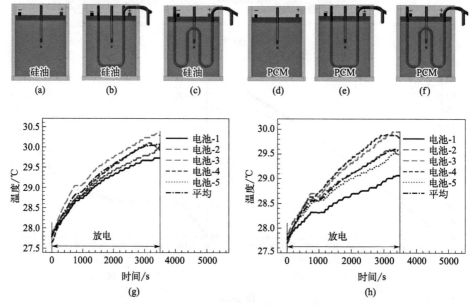

图 3-23 相变材料耦合液冷在方形电池模组热管理系统中的应用[21]

电池之间的最大温差约 7.4℃。电池之间使用硅油和相变材料代替空气时，最高温度分别下降到 45℃和 32℃、最大温差分别下降到 5.1℃和 1.2℃，这表明相变材料在电池之间产生均匀温度分布的有效作用。当相变材料与冷却管耦合后，电池模组的最高温度明显降低，含 4 根冷却水管电池模组的温度不到 30℃，这说明了耦合系统的优越性。

（3）相变材料耦合热管在电池热管理中的应用

采用热管作为导热介质的热管理系统，充分利用了热管体积较小且结构相对独立的特点，将其伸入热量容易堆积且其他散热方式难以实现的位置将热量导出。这些位置通常温度较高，需要高效率的换热方式。热管可以使相变材料具有足够的质量分数，还避免了冷却管路过于复杂造成的流体压降现象，但在设计时需保证热管位置的稳定，并尽量减小冷凝端所占的空间。

案例 13：以五个容量 12Ah 的方形电池作为研究对象，利用 6 个厚度为 5mm 的石蜡与膨胀石墨定形相变材料板和两个与电池长边接触的热管进行散热，并将结果与空冷、相变材料热管理系统进行对比（图 3-24 所示）[22]。结果表明 1C 放电时，三个热管理方案的温度曲线相似且最高温度低于 30℃，此时相变材料储热和热管散热均未启动；3C 放电时，空冷方案下电池温度明显最高，其次是相变材料冷却，相变材料耦合热管散热的温度最低，最高温度分别为 47.8℃、44.1℃和 42.8℃。当放电倍率增加到 5C 时，差异更加明显，且电池的温度均高于 50℃，达到 50℃的设定点温度的时间分别为 488s、640s 和 701s，这表明所构建的相变材料耦合热管系统有更好的控温性能，尤其是在高放电倍率期间能提供相对较长的操作时间和更合适的温度。

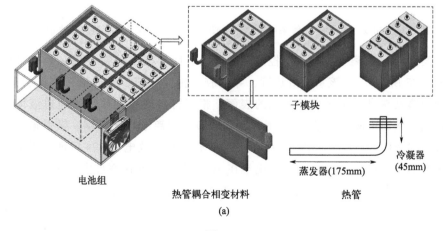

电池组　　热管耦合相变材料　　热管

(a)

图 3-24

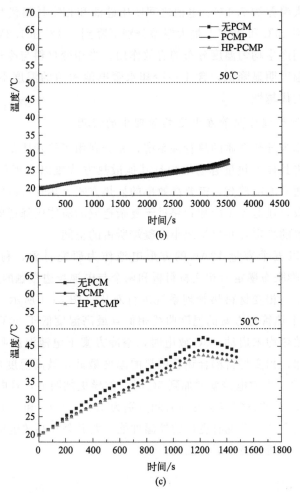

图 3-24 相变材料耦合热管系统模型示意图与不同放电倍率下电池组最高温度[22]

案例 14：锂离子电池模组控温性能增强对耦合相变材料-热管依赖性的研究

如图 3-25 所示[23]，该系统由热管、导热胶、相变材料、微通道板等材料组成。热管的蒸发端附着在锂离子电池的表面，相变材料附接到底部微通道液体冷却板、侧面微通道液冷板呈"S"形，对称分布在锂离子电池两端。微通道液体冷却板中的液体为乙二醇的混合溶液。在 1C 放电时，放电 1000s 后锂离子电池的温度基本稳定在 22.5℃；锂离子电池在 3C 放电时温升速率最大，在 2000s 左右温度基本保持稳定，温度为 41.7℃。1C 放电时的 T_{ave} 为 19.2℃，当 3C 放电时，内部平均 T_d 最高，为 12.3℃。在 1C 下放电时，锂离子电池的温度分布相对均匀，这是因为热管和导热胶的存在可以有效地提高锂离子电池内部的传热速率。

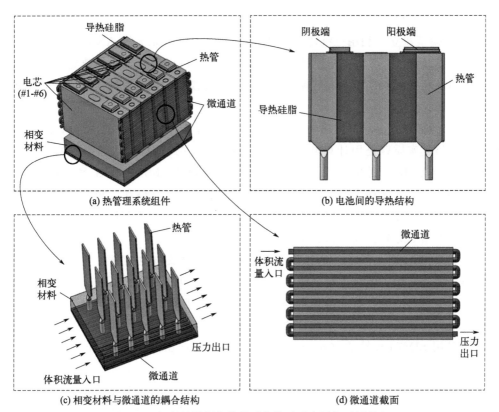

(a) 热管理系统组件

(b) 电池间的导热结构

(c) 相变材料与微通道的耦合结构

(d) 微通道截面

图 3-25　相变材料耦合热管系统模型示意图与不同放电
倍率下电池组平均温度曲线[23]

3.4.3　电池热管理系统仿真设计流程

在热管理系统研究中，计算流体力学（CFD）是应用最为广泛、结果最可靠的模拟方法之一，同时也是研究人员最常采用的一种数值模拟方法。计算流体力学是以计算机的高速发展为背景而衍生出的一门交叉学科，它将拥有强大数据处理和计算能力的计算机作为工具，使其与数学、流体力学、热力学以及传热学等学科巧妙地结合在一起。通过对传热问题或流动现象等的控制方程用数值方法进行计算求解，结合计算机高效的运算能力和图形生成及处理能力对一些比较复杂的问题进行模拟和分析，得到其流场内基本物理量的分布及其随时间变化的情况，以尽可能准确地解决各种实际难题。本节主要介绍采用热模型仿真固液相变材料基电池热管理系统热性能的 ANSYS 仿真流程及其需要的参数计算与控制方程。

（1）ANSYS 仿真流程

① 模型建立　利用三维建模软件如 Solidworks、Catia 等 ANSYS 外部建模软件，以及 ANSYS 内部建模软件如 Spaceclaim、Design model 等建立电池几何模型以及相变材料模型，在建模时可以适当地对模型的结构进行简化，进而降低计算资源。

② 网格划分　计算网格的生成是整个前处理工作中最重要的部分，所谓的计算网格其实质就是用计算域的离散点通过某种方式连接，从而形成的网状结构。目前常用的网格划分软件有 ICEM、ANSYS MESHING 和 FLUENT MESHING，对应的网格类型有针对二维模型的四边形网格和三角形网格，针对三维模型的四面体网格、六面体网格、多面体网格等，根据不同的几何模型选取合适的网格划分软件及网格类型。

③ 数值计算　单体电池主要涉及自身的产热以及电池外表面与相变材料的换热，因此需用到能量方程；相变材料的相变过程可以采用焓孔法、等效热容法等，相变材料的流动状态根据瑞利数（Ra）进行判断是层流还是湍流；当不考虑相变材料的流动时，等效热容法的计算量略小于焓孔法；计算过程速度-压力求解采用 SIMPLE 算法（semi-implicit method for pressure linked equations），压力、能量和动量的离散方式设为二阶迎风格式。

④ 电池产热速率设置　对于热模型仿真方法，目前较为常见的估算电池生热速率模型是由 Bernadi 提出的理论计算法。为了便于研究，Bernadi 对模型进行简化，假设电池是一个恒定且均匀发热的热源，且忽略极化热。因此，电池的总产热量是电池反应产生的可逆反应热和欧姆内阻热之和，电池的总产热功率是电池的总产热量与电池体积的比值，具体计算公式见公式（3-10），这个热源项通过用户自定义函数（user defined function，UDF）的方式加载到 Fluent 软件中。

（2）电池参数理论预测

锂离子电池是由电解液、正负极、隔膜等多层厚微米级的材料叠片组成，为了简化建模和计算资源，在仿真分析时通常将电池看作整体，其材料物性通过电池的各材料层数、厚度、物性参数等进行计算，具体表达式如下[24]：

① 密度　锂离子电池密度可简化地认为是稳定的常数，只与组成材料的种类有关，可通过测量电池组成物质的加权平均求得：

$$\rho = \frac{\sum m_i}{\sum V_i} \tag{3-35}$$

② 比热容　锂离子电池的比热容可简化地认为是稳定的常数，只与组成材料的种类有关，可通过测量电池组成物质的比热容按质量加权法得到：

$$C_p = \frac{1}{m} \sum c_i m_i \tag{3-36}$$

③ **热导率**　锂离子电池通常是由铜箔、铝箔、正负极涂层等多种材料层叠组成，对于仿真来说，若是单独设置每一种材料的热导率，则过程较为复杂。采用电路中等效电阻的方法，在三维电池模型中，把沿着 x 导热方向看作串联，把沿着 y、z 导热方向看作并联，计算公式如下：

$$\begin{cases} k_x = \sum_i \dfrac{k_i d_x}{l} = \dfrac{k_p dx_p + k_n dx_n + k_s dx_s}{l} \\[3mm] k_y = \sum_i \dfrac{k_i d_y}{l} = \dfrac{k_p dy_p + k_n dy_n + k_s dy_s}{l} \\[3mm] k_z = \sum_i \dfrac{k_i d_z}{l} = \dfrac{k_p dz_p + k_n dz_n + k_s dz_s}{l} \end{cases} \tag{3-37}$$

以上各式中，m 是电池各成分的质量，单位 kg；V 是电池各成分的体积，单位 m^3；下标 i 是成分种类；ρ 是电池体积加权平均密度，单位 kg/m^3；C_p 是电池体积加权平均比热容，单位 $J/(kg \cdot K)$；k_p、k_n、k_s 分别为正极材料、负极材料和隔膜的平均热导率，单位 $W/(m \cdot K)$；p、n 和 s 分别为 x、y、z 轴方向正极材料、负极材料和隔膜的总厚度，单位 m；l 为电池厚度，单位 m。

（3）**控制方程**

由于电池内部的热输运过程非常复杂，为了简化计算，对电池热管理系统作以下假设：①电池内部电解液不流动，忽略内部对流换热；②忽略电池内部和空气的对流与辐射作用；③电池内部发热均匀；④电池内部各种材料的比热容、密度、热导率等物性参数由 3.4.3 节提供；⑤忽略相变材料与电池材料物性参数随温度的变化；⑥用 Boussinesq 近似处理相变材料相变过程的浮力作用，当相变材料密度用 Boussinesq 近似处理时，除了动量方程体积力项中密度与温度有关外，所有控制方程中的密度都是定值[25]。基于此，基于相变材料的电池热管理系统设计过程所需要的控制方程如下[26]：

质量守恒方程：

$$\nabla \cdot (\rho_{PCM} \mathbf{v}) = 0 \tag{3-38}$$

动量守恒方程：

$$\frac{\partial (\rho_{PCM} u_i)}{\partial t} + \nabla \cdot (\rho_{PCM} u_i \mathbf{v}) = -\nabla P + \nabla \cdot (\mu \nabla u_i) +$$
$$\left[-C \frac{(1-\beta)^2}{\beta^3 + \varepsilon} u_i + \rho_{PCM} \alpha (T - T_m) g \nabla (\mathbf{e}_g \cdot \mathbf{x}) \right] \tag{3-39}$$

相变材料域能量守恒方程：

$$\rho_{\text{PCM}}\left(C_p+L\,\frac{\mathrm{d}\beta}{\mathrm{d}T}\right)\frac{\partial T}{\partial t}+\rho_{\text{PCM}}C_p(\mathbf{v}\cdot\nabla)T=\nabla\cdot(k_{\text{PCM}}\nabla T) \tag{3-40}$$

电池域能量守恒方程：

$$\frac{\partial(\rho h)}{\partial t}=\frac{\partial}{\partial x}\left(k_x\frac{\partial T}{\partial x}\right)+\frac{\partial}{\partial y}\left(k_y\frac{\partial T}{\partial y}\right)+\frac{\partial}{\partial z}\left(k_z\frac{\partial T}{\partial z}\right)+Q \tag{3-41}$$

$$\beta=\begin{cases}0 & T\leqslant T_s\\ \dfrac{T-T_s}{T_1-T_s} & T_s<T<T_1\\ 1 & T\geqslant T_1\end{cases} \tag{3-42}$$

基于 Bernardi 等[27] 提出的计算模型，产热速率 Q（单位 W/m³）的表达式如下：

$$Q=\frac{I}{V_b}\left[(E-U)-T\frac{\partial E}{\partial T}\right]=\frac{I}{V_b}\left(IR-T\frac{\partial E}{\partial T}\right) \tag{3-43}$$

上述公式中，h 是比焓，单位为 J/kg；ρ_{PCM} 是相变材料的密度，单位 kg/m³；k_{PCM} 为相变材料的热导率，单位 W/(m·K)；T_m 是相变材料的相变温度，单位℃；C_p 为相变材料的比热容，单位 J/(kg·K)；β 为相变材料的液相分数；L 是相变材料的潜热，单位 J/kg；T_s 和 T_1 分别是相变材料的固相和液相温度，单位℃；I 为充放电电流，单位 A，放电时 $I>0$；V_b 为单体电池的体积，单位 m³；E 和 U 分别为开路电压和工作电压，单位 V；T 为电池温度，单位℃；R 为内阻，单位 Ω；$\dfrac{\partial E}{\partial T}$ 为温度系数。

3.5 本章小结

本章从电池热管理的背景及重要性出发，总结了电池的产热机理、影响因素及电池热管理技术分类及其特点，分析了七种基于储能技术的电池热管理系统特性，并阐述了数值计算研究电池热管理系统的流程及参数设置。

基于固液相变材料的热管理技术是一种被动热管理技术，具有体积小、能耗低、灵活性高、结构紧凑等特点。随着电池热管理系统需求的提高，针对相变材料热导率低、液态可泄漏等缺陷，提出了高导热性能相变材料、定形相变材料、柔性相变材料及阻燃相变材料及其耦合水冷、液冷、热管电池热管理系统。但目前针对电池热管理系统的选型和参数设计缺少统一的标准，其设计依然面临复杂的流程，希望后续的研究能够得到一定范围内的统一标准，形成系统的、简单的、可靠的设计准则。

思考与讨论

3-1 电池热管理系统设计的主要内容有哪些？

3-2 电池产热的方式及其影响因素有哪些？

3-3 常用的电池热管理技术有几类，具有哪些特点？

3-4 用于电池热管理的相变材料需要具备哪些特征？

3-5 为什么强化相变材料的导热性能？

3-6 为什么开展相变材料耦合热管理系统设计？

3-7 简述电池热管理性能的评价指标。

参考文献

[1] Kabir M M，Demirocak D E. Degradation mechanisms in Li-ion batteries：A state-of-the-art review [J]. International Journal of Energy Research. 2017，41：1963-1986.

[2] Wu W，Wu W，Wang S. Thermal management optimization of a prismatic battery with shape-stabilized phase change material [J]. International Journal of Heat and Mass Transfer，2018，121：967-977.

[3] Shi S，Xie Y，Li M，et al. Non-steady experimental investigation on an integrated thermal management system for power battery with phase change materials [J]. Energy Conversion and Management，2017.

[4] Zhu C，Li X，Song L，et al. Development of a theoretically based thermal model for lithium ion battery pack [J]. Journal of Power Sources，2013.

[5] Zhao C，Cao W，Dong T，et al. Thermal behavior study of discharging/charging cylindrical lithium-ion battery module cooled by channeled liquid flow [J]. International Journal of Heat & Mass Transfer，2018，120 (may)：751 762.

[6] Hémery C V，Pra F，Robin J F，et al. Experimental performances of a battery thermal management system using a phase change material [J]. Journal of Power Sources，2014，270：349-358.

[7] Lin C，Xu S，Chang G，et al. Experiment and simulation of a LiFePO$_4$ battery pack with a passive thermal management system using composite phase change material and graphite sheets [J]. Journal of Power Sources，2015，275：742-749.

[8] Ping P，Peng R，Kong D，et al. Investigation on thermal management performance of PCM-fin structure for Li-ion battery module in high-temperature environment [J]. Energy conversion and management，2018，176：131-146.

[9] Pan M，Zhong Y. Experimental and numerical investigation of a thermal management system for a Li-ion battery pack using cutting copper fiber sintered skeleton/paraffin composite phase change materials [J]. International Journal of Heat and Mass Transfer，2018，126：531-543.

[10] Jilte R，Afzal A，Panchal S. A novel battery thermal management system using nano-enhanced phase

change materials [J]. Energy, 2021, 219: 119564.

[11] Lv Y, Situ W, Yang X, et al. A novel nanosilica-enhanced phase change material with anti-leakage and anti-volume-changes properties for battery thermal management [J]. Energy conversion and management, 2018, 163: 250-259.

[12] Yang W, Lin R, Li X, et al. High thermal conductive and anti-leakage composite phase change material with halloysite nanotube for battery thermal management system [J]. Journal of Energy Storage, 2023, 66: 107372.

[13] Ye L, Zeng X, Wu T, et al. Study on heat transfer performance of room-temperature flexible phase change material for battery thermal management [J]. Journal of Energy Storage, 2024, 81: 109970.

[14] Yang X, Zhang Z, Cai Z, et al. Experimental investigation on room-temperature flexible composite phase change materials in thermal management of power battery pack [J]. Applied Thermal Engineering, 2022, 213: 118748.

[15] Liu F, Wang J, Wang F, et al. Battery thermal safety management with form-stable and flame-retardant phase change materials [J] . International Journal of Heat and Mass Transfer, 2024 (Jan.): 218.

[16] Huang Q, Li X, Zhang G, et al. Innovative thermal management and thermal runaway suppression for battery module with flame retardant flexible composite phase change material [J]. Journal of Cleaner Production, 2022, 330: 129718.

[17] Lv Y, Liu G, Zhang G, et al. A novel thermal management structure using serpentine phase change material coupled with forced air convection for cylindrical battery modules [J]. Journal of Power Sources, 2020, 468: 228398.

[18] 杜江龙, 杨雯棋, 黄凯, 等. 复合相变材料/空冷复合式锂离子电池模块散热性能 [J]. 化工学报, 2023, 74 (2): 674-689.

[19] Yang W, Zhou F, Chen X, et al. Performance analysisof axial air cooling system with shark-skin bionic structure containing phase change material [J]. Energy Conversion and Management, 2021, 250: 114921.

[20] An Z, Zhang C, Luo Y, et al. Cooling and preheating behavior of compact power Lithium-ion battery thermal management system [J]. Applied Thermal Engineering, 2023, 226: 120238.

[21] Hekmat S, Molaeimanesh G R. Hybrid thermal management of a Li-ion battery module with phase change material and cooling water pipes: An experimental investigation [J]. Applied Thermal Engineering, 2020, 166: 114759.

[22] Wu W, Yang X, Zhang G, et al. Experimental investigation on the thermal performance of heat pipe-assisted phase change material based battery thermal management system [J]. Energy Conversion and Management, 2017, 138: 486-492.

[23] Yuan Q, Xu X, Tong G, et al. Effect of coupling phase change materials and heat pipe on performance enhancement of Li-ion battery thermal management system [J]. International Journal of Energy Research, 2021, 45 (4): 5399-5411.

[24] 张良. 纯电动汽车锂离子电池的热分析及散热结构设计 [D]. 镇江: 江苏大学, 2017.

[25] Vogel J, Thess A. Validation of a numerical model with a benchmark experiment for melting

governed by natural convection in latent thermal energy storage [J]. Appl. Therm. Eng. , 2019 (148): 147-159.

[26]　Najim F T, Bahlekeh A, Mohammed H I, et al. Evaluation of melting mechanism and natural convection effect in a triplex tube heat storage system with a novel fin arrangement [J]. Sustain, 2022 (14).

[27]　Bernardi D, Pawlikowski E, Newman J. A general energy balance for battery systems [J]. Journal of the Electrochemical Society, 1985, 132 (1): 5-12.

第 4 章

储热技术在电子器件热管理中的应用

4.1 概述

　　电子器件是现代科技、通信领域的核心组成部分，在计算机、通信、航天、娱乐、医疗、军事国防等领域都发挥着不可或缺的核心和支撑作用，特别是随着云计算、人工智能、物联网、5G 等电子信息领域的飞速发展，电子器件的安全性、可靠性、稳定性已成为体现我国自主创新能力的重要环节。

　　电子器件热安全问题是制约其集成化、小型化以及高功率密度化发展的关键和共性技术难题。通常，输入电子器件电功率的近 80% 会转变成废热，如果不能及时有效地解决电子元器件与设备产生的废热排散和温度控制问题，将导致电子器件温度升高，高温将会对电子元器件的性能产生有害的影响，譬如过高的温度会危及半导体的结点，损伤电路的连接界面，增加导体的阻值和形成机械应力损伤。另外，随着电子器件温度的升高，其失效率呈指数增长趋势，甚至有的器件环境温度每升高 10℃，失效率增大一倍以上，被称为 10℃ 法则。据统计，电子设备的失效率有 55% 是温度超过规定的值所引起的。

　　热管理是电子元器件与设备研制的核心元素，是未来"后摩尔"时代电子技术发展的重大挑战之一。电子器件的热管理一方面要求将设备内的最高温度保持在有限的范围内，避免局部热点的形成造成器件损坏；另一方面要求实现具有均匀温度分布的平稳散热。本章介绍电子器件的宏观、微观产热特性，储热热管理技术分类及其设计原理和性能改进技术，并进行案例分析，进一步加深对储热技术在电子器件热管理应用中的理解和认识。

4.2　电子器件产热特性及散热技术

4.2.1　电子器件产热机理

（1）宏观尺度电子器件产热机理

宏观尺度电子器件产热包括电阻热、漏电流损耗、电介质损耗、界面态和缺陷态损耗、电子-声子相互作用、开关损耗（晶体管）等，其中电阻热是主要的热量来源。

在电子元件或电器中，存在着精密的电子电路，由于材料自身的特性，电子电路中的导线具有一定的电阻。当电流通过电子电路时，导线内的电子在电场力的作用下进行定向运动。在这个过程中，电子会不断地与金属离子发生碰撞，这些碰撞会将一部分动能传递给离子，从而使离子的热运动加剧，导致发热。因此，电流越大、电阻越大，碰撞就越频繁、越剧烈，产生的热量也就越多。如高功率 LED 灯具将电能转换成光能的效率仅约为 20%，其余约 80% 的能量则转化为热。电子器件的电阻热可以由焦耳定律进行计算：

产热量 Q_R 可以定义为：

$$Q_R = I^2 R = UI \tag{4-1}$$

单位体积热功率 q 可以定义为：

$$q = Q/V \tag{4-2}$$

开关型电源和数字电路中，晶体管（如 MOSFET 或 BJT）开关过程中的损耗也是重要的产热来源。在开关过程中，晶体管的开关速度有限，导致在开关瞬间电压和电流同时存在，产生较大的瞬时功率损耗。这种损耗在高频电路和开关电源中尤为显著，具体可以表示为 Q_{sw}：

$$Q_{sw} = 0.5 U I t_{sw} f \tag{4-3}$$

半导体器件在非理想条件下，尤其是在高温下，会有漏电流存在，漏电流的存在也会导致功率损耗和产热。漏电流损耗在深亚微米 CMOS 技术和高功率器件中尤其显著，具体可以表示为 Q_{leak}：

$$Q_{leak} = U I_{leak} \tag{4-4}$$

在高频电路和射频（RF）电路中，电容器和其他电介质材料在电场作用下会产生电介质损耗，这种损耗也会转化为热量，导致电介质材料发热。电介质损耗的功率可以表示为 Q_F：

$$Q_F = U^2 \omega C \tan\delta \tag{4-5}$$

上述公式中，Q 是功率，单位 W；U 是电源电压，单位 V；I 是电流，单位 A；R 是内阻，单位 Ω；t_{sw} 是开关时间，单位 s；f 是开关频率，单位 Hz；ω 是角频率，单位 rad/s；C 是电容值，单位 F；tanδ 是电介质损耗角正切值。

（2）微纳尺度电子器件产热机理

当热载子（电子、声子、光子）与器件的特征尺寸等可以相互比拟，或小于器件特征尺寸时，传统的傅里叶定律将失效，对于极短时间内产生极大的热流密度的热量传递现象，不能再用导热微分方程来描述。在微/纳尺度半导体器件中，其产热机理可以简单描述为：工作状态下，在电极处有电流输入，在晶体管内形成较高的电场，电子将从高电场获得能量，电子在器件中将与电子、声子、材料缺陷、杂质等发生散射，然而其他的散射只对电子的动量产生影响，只有电子与声子的散射产生能量交换，在研究器件的产热过程中只考虑电子同声子间的散射过程。电子首先将能量传递给光学声子，再由光学声子传递给声学声子。在实际的过程中，微纳尺度电子器件的温度分布受到了热管理方式、外加电压和半导体器件掺杂浓度的影响。

电子的基本方程包括电子连续性方程、动量守恒方程及电子能量方程。Boltzmann 方程的 0 阶方程代表电子连续性方程；Boltzmann 方程 1 阶方程代表电子的动量守恒方程；Boltzmann 方程的 2 阶方程代表电子的能量方程，可表示为[1]：

$$\frac{\partial n}{\partial t} + \nabla \cdot (nv) = -\left(\frac{\partial n}{\partial t}\right)_c \tag{4-6}$$

$$\frac{\partial p}{\partial t} + \nabla \cdot (vp) = -enE - \nabla(nk_b T_e) + \left(\frac{\partial p}{\partial t}\right)_c \tag{4-7}$$

$$\frac{\partial W_e}{\partial t} + \nabla \cdot q_e + nv \cdot (eE) = \left(\frac{\partial W_e}{\partial t}\right)_c \tag{4-8}$$

式中，n 代表电子的浓度；v 代表电子的漂移速度；E 代表电场强度；T_e 代表电子的温度；p 代表电子的动量密度；W_e 代表电子的能量；Q 代表热流；下标 c 代表碰撞项。p 可通过以下公式代替，即：

$$p = m^* nv \tag{4-9}$$

式中，m^* 代表电子的有效质量。此时，可得到：

$$\frac{\partial (m^* nv)}{\partial t} + \nabla \cdot [v(m^* nv)] = -enE - \nabla(nk_b T_e) + \left(\frac{\partial m^* nv}{\partial t}\right)_c \tag{4-10}$$

式(4-7)即电子的动量守恒方程，其与流体力学中的 Navier-Stoke 方程类似，在流体力学 N-S 方程中，其驱动力主要源于外部作用力及流体内部的压力梯度，其阻力来源于黏性力。在电子的动量守恒方程中，可以认为驱动力来自电场强度、浓度差、温度梯度，阻力是电子与声子间的碰撞引起的。

在低电场情况下，通常采用电子迁移率模型，在高电场强度情况下，通常采用迁移率温度耦合模型。该模型是基于电子与声子间相互作用而进行能量交换的基础而建立的。因此，电子能量还可以通过以下公式表达：

$$E^2(W) = \left(\frac{W_e - W_0}{q\tau_w v_s}\right) + \left[\left(\frac{W_e - W_0}{q\tau_w v_s}\right)^4 + 4\left(\frac{W_e - W_0}{q\tau_w \mu_0}\right)^2\right]^{0.5} \tag{4-11}$$

式中，W_0 代表平衡状态下的电子能量；v_s 代表电子的饱和速度；τ_w 代表了电子弛豫时间。在 Yamaguchi 的模型中，特别考虑了表面散射对电子迁移率的影响，并且为了更准确地描述这一现象，模型采用了与试验数据高度吻合的 Jacoboni 和 Baccarani 等所提出的方法来选择饱和速度以及电子弛豫时间。电子的平均能量可以表达为：

$$W = \frac{3k_b T_e}{2} + \frac{m^* v^2}{2} \tag{4-12}$$

4.2.2　电子器件散热技术

图 4-1 介绍了各种规模的电子器件热管理设计，包括流体基热沉、相变热沉、射流蒸发和喷雾冷却设计以及受益于这些方法组合的混合设计[2]。流体基热沉主要包括风冷散热系统、液冷散热系统、潜热型功能流体散热系统等。风冷散热系统是一种常见的电子器件散热技术，它使用空气作为散热介质，主要依赖于风扇的运转，通过将空气引入电子器件周围带走热量，然后将热空气排出系统外，散热片或散热器通常位于电子器件上，增大表面积，以便更好地散发热量。风冷系统相对于液冷系统通常更为经济，维护相对简单，适用于多种电子设备，包括个人电脑、服务器、电视等，并且适用于各种规模的系统。相变材料在电子器件热管理中的应用旨在利用材料的相变过程来吸收或释放热量，以维持电子器

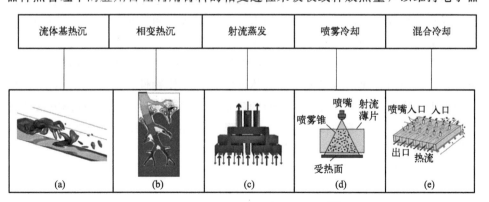

图 4-1　常见的电子器件热管理技术[2]

件的温度在安全范围内。相变材料具有相对较大的潜热，相变过程能够吸收或释放大量热量，进而有效地平衡器件的温度；另外，相变材料的相变过程是被动的，无需外部能源输入，因此节省能源和减少系统复杂性[3]。

4.3 储热技术在电子器件热管理中的应用

4.3.1 潜热型功能流体热沉在电子器件热管理中的应用

潜热型功能流体（latent functionally thermal fluid，LFTF）是将特制的固液相变材料分散在传统单相基液中制备成的固液两相传热流体，既具有固液相变材料的潜热储热能力，又具有流体的流动性，相比于传统材料和固液相变材料可以实现能量储存和运输一体化，能够更快达到均温散热[4]。潜热型功能流体根据不同的分散相可以分为相变微乳液（phase change material-emulsion，PCME）与相变微胶囊乳液（microencapsulated phase change materials-slurry，MEPCMS）。相变微乳液是直接将固液相变材料添加进基液中，具有稳定性差和黏度大等缺点；相变微胶囊乳液是先将固液相变材料制备成微纳胶囊，然后和基液在分散剂的作用下进行混合并均匀搅拌，这种方式既避免固液相变材料的泄漏和腐蚀，还可以通过功能化微胶囊壁材获得具有更高传热性能的潜热型功能流体。

潜热型功能流体作为微通道热沉中的流动工质，具备以下优点[5]：相变微胶囊在相变过程中芯材表现出较大的比热容，壳材表现出良好的稳定性与导热性，大大提高潜热型功能流体的热量存储密度；相变微胶囊在潜热型功能流体中会产生"微对流"效应，提高潜热型功能流体的对流换热系数；相变微胶囊具有较大的比表面积，能增强微胶囊与基液的换热效率；集热存储、热传递、强化传热热沉几何结构于一体，有效避免热损失；可直接使用传统冷却液的冷却系统，且与传统的冷却液相比，能降低泵功耗。

影响潜热型功能流体热沉热管理性能的主要因素包括潜热型功能流体性能与热沉几何结构两方面，潜热型功能流体性能指热流体物性、微胶囊的相变潜热、粒径大小、热导率以及基液中微胶囊的质量/体积分数等；热沉结构影响潜热型功能流体在其内部的流动传热行为，如压降、对流换热系数。评价潜热型功能流体热沉的热管理性能所采用的评价指标如下[6]：

雷诺数（Re）：

$$Re = \frac{\rho U D_h}{\mu} \tag{4-13}$$

压降（Δp）：

$$\Delta p = p_{out} - p_{in} \tag{4-14}$$

摩擦因子（f）：

$$f = \frac{2\Delta P}{\rho u^2} \times \frac{D_h}{L} \tag{4-15}$$

换热系数（h）：

$$h = \frac{q}{T_w - T_b} \tag{4-16}$$

努塞尔数（Nu）：

$$Nu = \frac{hD}{k} \tag{4-17}$$

综合性能影响因子（PEC）：

$$\eta = \frac{(Nu/Nu_p)}{(f/f_p)} \text{ 或 } \eta = \frac{(Nu/Nu_p)}{(f/f_p)^{1/3}} \tag{4-18}$$

（1）潜热型功能流体的制备与性能调控

潜热型功能流体的热导率、黏度、密度等物性参数关系到换热流体能否稳定存在，关系到换热流体是否具备高导热的能力，更关系到换热流体在微通道中流动时产生多大的压降损失，这些因素最终都会影响流体的综合和评价指标。制备潜热功能性流体-相变微胶囊悬浮液的方法是先采用溶胶凝胶法、原位聚合法及界面聚合法等方法制备相变微胶囊，然后将制备好的相变微胶囊及分散剂与基液混合，在超声条件下实现相变微胶囊在基液中的均匀分布（如图 4-2 所示）[7]。目前已对潜热型功能流体及其相关材料（如相变微胶囊）的换热性能、热导率、流变特性等方面进行了广泛的研究[7-14]。

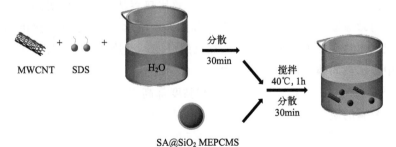

图 4-2　潜热型功能流体的制备过程[7]

潜热型功能流体强化换热的物理机制可归因于相变过程和掺杂颗粒引起的混合流体动态有效热导率增大的协同效应。宏观层面，对于相变微胶囊乳液，相变微胶囊壳层的包裹及芯材壁材性能、胶囊尺寸、浓度等因素都会导致其传热和热响应能力受到影响。微观层面，相变微胶囊表面吸附的纳米颗粒数量、尺度和热导率对流体换热性能具有显著的正面影响；相变微胶囊乳液中颗粒润湿性的改善也能够提升其热导率，且相变微胶囊乳液的热导率随相变微胶囊质量分数的升高而线性降低。此外，相变微胶囊乳液的黏度通常比基液的更大，且与相变微胶囊的润湿性、形状、浓度等相关。这些研究成果共同推进了潜热型功能流体及其相关材料在热传递领域的应用与发展，为进一步优化和设计高效热管理系统提供了重要的理论基础和实验依据。

（2）热沉结构参数优化

通道的结构设计是提高热沉散热效率的关键，通过调整通道的几何形状、尺寸和排列方式[15,16]，优化流体流动路径，以提高热传导效率，选择小尺寸的微通道来增加壁面积，从而提高热交换效率；合适的通道布局，如直线或螺旋形式，可以增加流体与微通道壁面的接触面积，并促进更好的热传输效果；多级或多层的通道结构也可以增加微通道数量，增强热交换效果；通过增加流道面积、设置分流板或配置微型泵等方式，可以实现流体的良好流动控制。通过在微通道表面制备微纳米结构，如微纳米凹坑、翅片等，可以增加表面积，改变表面特性，破坏边界层，加强流体的混合和产生冲击效应，提高热传导效率，这种表面技术还可以改善流体在微通道内的流动特性，减小流体阻力，提高传热性能（图4-3）。

案例1：研究已证明电子器件热管理系统流道形状会影响流体的流动速度和方向，进而影响冷却效率和温度均匀性。本案例介绍了用质量分数为10％的相变微胶囊颗粒和水混合配制了潜热型功能流体，其中相变微胶囊的芯材为正十八烷，壁材为聚甲基丙烯酸甲酯[17]。采用等效比热容法探究了该潜热型功能流体在不同结构微通道热沉内的综合性能（如图4-4所示）。无论哪种热沉结构，潜热型功能流体热沉的温度都低于水基热沉的温度，潜热型功能流体在多孔肋微通道热沉中比水在固体肋微通道热沉中的综合性能提升了14％。

案例2：潜热型功能流体的热导率和黏度都高于基液，且与潜热型功能流体中相变微胶囊的质量/体积分数有关。下面对比潜热型功能流体中相变微胶囊质量分数（0％、5％、8％、10％）对非均匀热流下细小水平矩形通道内流动和传热性能的影响（图4-5）[18]。可以看出当质量分数为10％时，潜热型功能流体热沉的努塞尔数最大提升幅度为80.26％。同样，提高潜热型功能流体的进口流速

也能提高平均传热系数，但增大了沿程流动阻力和两相相互作用的影响，导致进
出口压降增大。

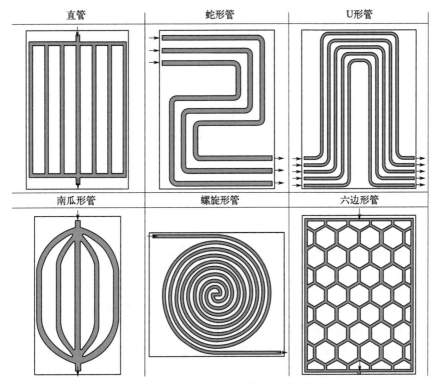

图 4-3 常见的微通道流体基热沉结构

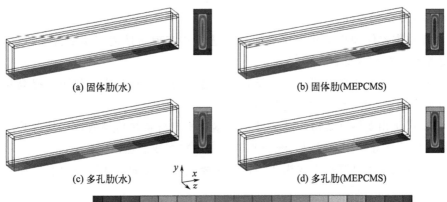

图 4-4 水和潜热型功能流体 MEPCMS 在两种微通道
热沉中底面温度和出口温度分布[17]

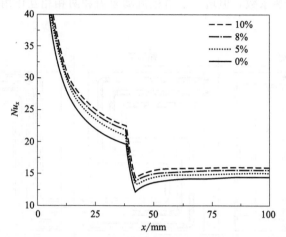

图 4-5 潜热型功能流体中相变微胶囊质量分数对 Nu 影响[18]

4.3.2 相变热沉在电子器件热管理中的应用

相变热沉是一种利用固液相变材料进行能量储存和释放的热管理技术，通过循环相变过程，当电子器件的温度升高达到相变材料的相变温度时，相变材料发生熔化，进而控制电子器件的温度，同时通过传导和对流的方式将热量传递给外部环境（图 4-6），相变材料凝固放热变为固态，从而达到高效的散热效果，这种散热器具有体积小、储能量大、传热速度快和稳定性高等优点，使得它们在空间受限的电子设备中的应用更为方便。相变热沉对电子器件的控温能力与其储热性能有关，控温时长和循环稳定性与其放热性能有关，因此，设计相变热沉时需重点关注以下四点问题：

① 根据器件理想工作温度和时长，选择具有理想性能（相变温度、潜热、热导率等）的相变材料；

② 强化相变材料内部传热，降低器件芯片与相变材料之间热阻，提高相变热沉储热速率，维持理想热源温度；

③ 优化相变热沉结构，提高封装壳体与相变材料热传导效率，使芯片产生的热量快速传导至相变材料，充分萃取相变材料相变潜热；

④ 强化相变热沉对流散热性能，缩短相变热沉凝固放热阶段时长，使相变热沉得到更广泛应用。

目前相变热沉性能强化的几种主流技术包括：导热增强结构设计、多相变材料设计、结构优化和集成等[19]。其中导热增强结构设计原理是在相变热沉中加入导热增强结构，如翅片、泡沫金属等，以便更迅速地将电子器件的热量传递给

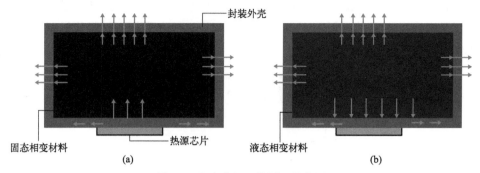

图 4-6　相变热沉工作原理示意图

（a）储热过程；（b）放热过程

相变材料，其主要优势为能够加速热量传递，从而增强相变热沉的散热性能；多相变材料设计是将几种相变材料组合在一起，利用不同相变材料的优势，实现更广泛的相变温度范围和更高的潜热存储；结构优化和集成是通过优化散热器结构，确保相变材料与其他散热元件紧密集成，这包括微通道设计、增加表面积等。结构优化和集成能够最大化相变材料的接触面积，提高热交换效率；更多的是，这些技术的综合应用可以使相变热沉在不同应用场景中更加高效、可靠，为热管理领域提供创新的解决方案。

案例 3：由于泡沫金属具有大比表面积和内部互联的导热通路，在相变材料中浸入泡沫金属是一种优异的强化传热技术，已在电子器件热管理领域得到了大量的研究。下面介绍由铜泡沫与熔点设定为 60℃ 的 Field's 金属共晶合金构成的相变热沉的热管理性能，该热沉应用在热功率高达 $50W/cm^2$ 的氮化镓（GaN）器件上。与具有相同几何构型的传统固体铜散热器相比，此相变热沉展现出显著优势，能有效降低温度 10～20℃，并且其冷却效率提升最多可达两倍[20]。见图 4-7。

案例 4：定形相变材料能够解决固液相变材料在相变前后液体泄漏的问题，在电子器件热管理领域具有更大的应用灵活性。图 4-8 介绍了定形相变材料对智能手机热管理行为的实验[21]。首先通过再生纳米壳聚糖、Pickering 乳液、异氰酸酯以及石蜡制备了硅橡胶微胶囊相变片材料，该复合相变材料的相变温度、潜热分别是 32.9～46.5℃、114.7J/g。然后将该相变片材连接到商用智能手机的中央处理器，对比了四种相变胶囊含量不同的硅橡胶相变胶囊片板手机表面温度。由于石蜡的潜热，三个含有相变材料的样品在 42℃ 左右出现了平稳期，相变材料完全相变后温度再次升高，由于与环境的热交换，温度在后期趋于平稳，最高温度为 50℃。没有相变胶囊片板的手机的温度在 235s 就达到了 50℃，随着相变胶囊片板中相变胶囊的增加，手机温度达到 50℃ 的时间逐渐增加，最佳情况下温度达到 50℃ 的时间为 557s，延迟了 322s，这表明相变材料能够延迟手机工作过程温度的上升。

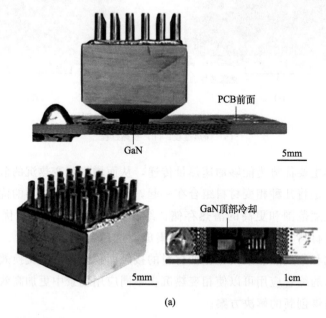

(a)

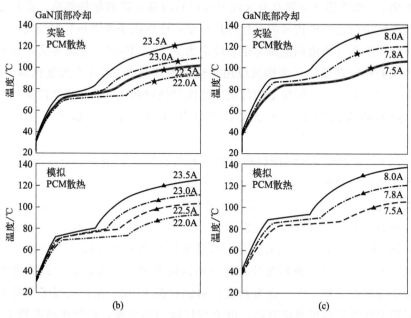

图 4-7 相变热沉在电路板 GaN 的应用[20]

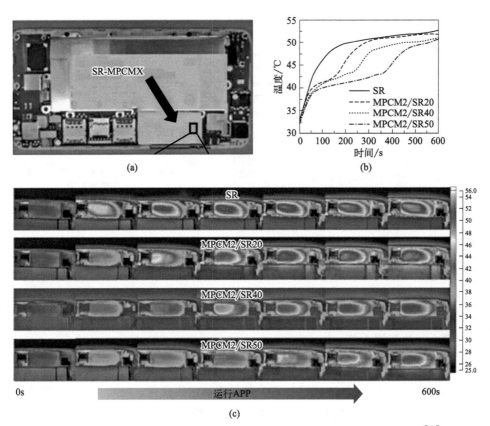

图 4-8　相变微胶囊在手机 CPU 散热的应用，红外热像图和温度变化曲线[21]

案例 5：翅片不仅增加相变材料与热源之间的换热面积，也增加了热渗透深度，改变相变材料与热源的换热方式，其强弱与翅片的材料、结构、尺寸等有关。另外，翅片结构简单、加工方便、种类繁多，如径向翅片、纵向翅片、螺旋翅片、雪花翅片、矩形翅片、网状翅片等。下面介绍相变材料集成翅片式热沉对有两个局部热点高功率电子器件的热管理实验[22]。相变材料集成翅片式热沉通过将相变复合材料嵌入散热器的基板来制造，电子器件的功率在 400～800W 范围内。虽然相变材料集成翅片式散热器具有与传统翅片式散热器相似的散热器热阻，但相变材料集成翅片式热沉延长了热管理系统的运行时长。见图 4-9。

4.3.3　相变材料耦合散热系统在电子器件热管理中的应用

相变储热有较为恒定的温度和较高的储热密度，适用于热量供给不连续或供需不平衡工况下的电子器件热管理场景。在长时间连续工作或者大功率工作时，

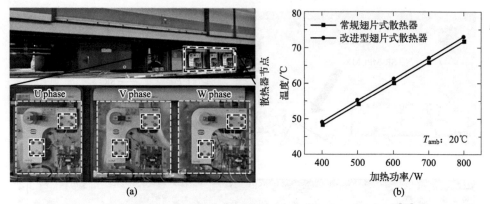

图 4-9　测量散热器冷却性能的实验装置和不同功率的最大温度[22]

相变材料所吸收的热量需要借助其他结构释放至外界，加速其潜热的恢复，进而实现对电子器件的长期稳定控温，这种相变材料与其他散热相结合的技术称为相变材料耦合散热技术，该热管理技术既能降低主动冷却方式需要消耗额外的能量，也能充分发挥被动散热方式的优势。相变材料耦合散热系统包括风冷耦合、液冷耦合、热管耦合等。

（1）相变材料与热管耦合热管理技术

热管（heat pipe，HP）作为一种高热导率的传热元件，通常由管壳、吸液芯、端盖三部分构成，划分为蒸发段、冷凝段和绝热段，它的本质是利用相变吸热，优点是等效热导率高、环境适应性好。将相变材料包裹在热管周围是将热管的高热导率与相变材料的高潜热量结合，可以有效降低电子器件表面温度，增强设备的可靠性，并且能够明显降低风扇的能耗，相变材料与热管耦合所涉及的参数包括相变材料类型、相变材料的配比、热管类型、几何参数和一些无量纲参数等。相变材料模块可以放置在热管的蒸发段、冷凝段和绝热段（如图 4-10 所示）。

近期的研究展现了复合相变材料与热管散热器结合在提升散热性能方面的显著潜力。如将石蜡和乙二醇组成的复合相变材料与热管散热器相结合，并在热管蒸发段安装冷却风扇，在恒定功率输入（4～30W）下，其散热性能相较于无复合相变材料的系统提升了 1.36～2.98 倍[23]；通过在热管冷凝段包裹相变材料并增设翅片不仅有效利用了相变材料的潜热储存与释放特性，还通过增强自然对流传热提升了整体热管理效率[24]。以水和三氯甲烷作为相变材料，并扩散不同浓度 Al_2O_3 纳米颗粒，制备出纳米复合相变材料，当纳米颗粒浓度为 1% 时，系统风扇功耗降低了 53%，同时蒸发温度也降低了 25.75%[25]。当相变材料安装在热管的绝热段时，测试了包含三氯甲烷、月桂酸和棕榈酸等相变材料的热管模块

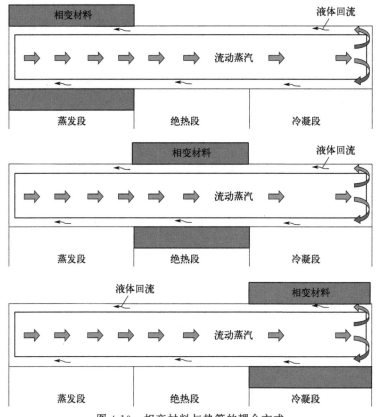

图 4-10 相变材料与热管的耦合方式

在 20W、30W 和 40W 加热功率下的温度分布[26]。这个设计不仅将风扇功耗降低了 46%，还将加热器温度降低了 12.3℃（如图 4-11 所示）。这些研究揭示了复合相变材料与热管散热器结合在热管理领域中的巨大潜力，通过优化材料组成、结构设计及纳米技术的应用，能够显著提升系统的散热性能与能效比，为电子设备领域的高效热管理提供了切实可行的解决方案。

（2）相变材料与风冷耦合热管理技术

强制风冷是一种结构简单、成本较低的散热技术，将其与相变材料进行耦合时，通常具有较高的技术收益。与自然对流耦合相变材料热管理方式以及单一相变材料热管理方式进行对比，强制风冷耦合相变材料具有更好的散热效果。

案例 6：采用数值计算方法分析了风冷热沉、相变材料热沉及相变材料与风冷耦合热沉对印刷电路板的热管理性能（如图 4-12 所示）[27]。将空气引入基于相变材料的热沉中会加速向环境散热的过程（正效应），但会减小相变材料的体积分数（负效应）。当正效应超过了负效应时，该耦合相变-空气热沉的温度低于没有耦合空冷的相变热沉的温度，表明该耦合相变-空气热沉有更优异的热管理性能，随着风冷强度的增加（对流系数 h 增大），正效应加强，耦合相变-空气热沉的控温效果更加显著。

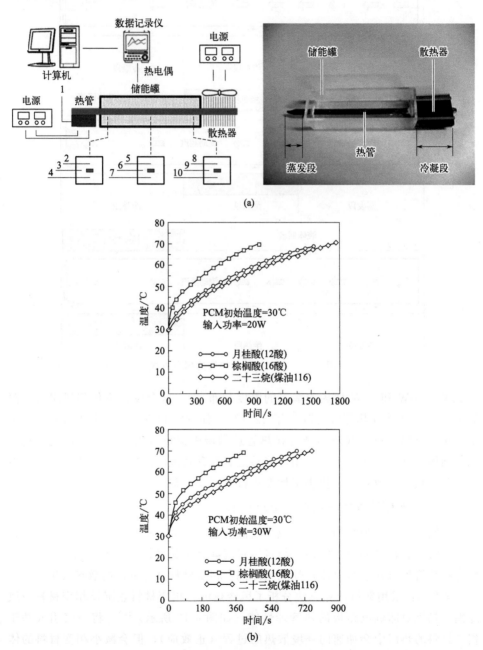

图 4-11　测试平台（a）及不同功率负载下的加热器温度（b）[26]

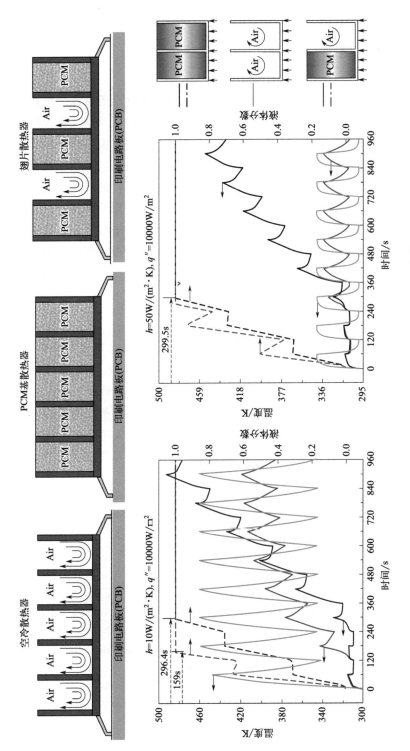

图 4-12　三种不同类型的热沉及其温度变化曲线[27]

4.4 本章小结

本章从电子器件热管理的背景及重要性出发，结合电子器件产热特性及基于储热热管理技术特征，分析了潜热型功能流体、相变热沉及相变耦合散热等技术在电子器件热管理应用中的特点。潜热型功能流体是一种流体中扩散有固液相变材料的新型流体，既具备潜热储热特征，又具备流动特征，展现了优异的散热能力。但是由于相变材料与基液的密度差异、界面力作用，潜热型功能流体循环稳定性较弱，易出现相分离及沉降。在设计基于储热热管理系统时，通常采用实验方法和数值计算方法对特定热管理系统设计、运行参数进行验证，缺少相关设计规范和准则，造成大量的成本消耗，在后续的研究中希望能够得到相对统一的设计标准，简化电子器件热管理系统的设计。

思考与讨论

4-1 试用简练的语言说明宏观电子器件产热特性与微观器件产热特性之间的联系和区别。

4-2 试用简练的语言说明相变微乳液与相变微胶囊乳液的联系和区别。

4-3 试说明潜热型功能流体有哪些优点？其性能用哪些参数进行表征？

4-4 试讨论有哪些情况可能强化潜热型功能流体的热管理能力。

4-5 用相变热沉进行电子器件热管理时，怎么才能改善相变热沉的热响应能力？

4-6 试说明各种电子器件热管理技术之间的联系和区别。

参考文献

[1] 王博. 高功率电子器件产热传热特性的理论研究 [D]. 南京：南京理工大学，2015.

[2] Lohrasbi S, Hammer R, Essl W, et al. A comprehensive review on the core thermal management improvement concepts in power electronics [J]. Ieee Access, 2020, 8: 166880-166906.

[3] Bianco V, De Rosa M, Vafai K. Phase-change materials for thermal management of electronic devices [J]. Applied Thermal Engineering, 2022, 214: 118839.

[4] 刘筱逸. 微通道内潜热型功能热流体的流动传热特性研究 [D]. 哈尔滨：哈尔滨工业大学，2022.

[5] 夏灯富. 基于相变微胶囊的潜热型功能流体制备测试及动力电池冷却应用研究 [D]. 镇江：江苏大学，2022.

[6] Xu Q, Zhu L, Pei Y, et al. Heat transfer enhancement performance of microencapsulated phase

change materials latent functional thermal fluid in solid/liquid phase transition regions [J]. International Journal of Heat and Mass Transfer, 2023, 214: 124461.

[7] 胡先旭, 张寅平. 等壁温条件下潜热型功能热流体换热强化机理的理论研究 [J]. 太阳能学报, 2002, 23 (5): 8.

[8] Qiu Z, Le P, Li P, et al. The role of contact angle in the thermal conductivity of microencapsulated phase change material suspensions [J]. Advances in Mechanical Engineering, 2017, 9 (9): 1687814017728228.

[9] 靳健, 刘沛清, 林贵平, 等. 加入纳米颗粒的相变悬浮液黏性和热导率特性 [J]. 航空学报, 2010 (2): 244-248.

[10] 王亮, 林贵平. 相变材料微胶囊表面吸附纳米颗粒对传热过程的影响 [J]. 航空动力学报, 2011, 26 (9): 1947-1952.

[11] 申俊锋, 邹得球, 刘小诗, 等. 石墨烯复合相变微胶囊悬浮液的对流换热特性 [J]. 化工进展, 2018, 第 37 卷 (6): 2323-2330.

[12] Dutkowski K, Fiuk J J. Experimental research of viscosity of microencapsulated PCM slurry at the phase change temperature [J]. International Journal of Heat and Mass Transfer, 2019, 134: 1209-1217.

[13] 刘丽, 王亮, 王艺斐, 等. 基液为丙醇/水的相变微胶囊悬浮液的制备, 稳定性及热物性 [J]. 功能材料, 2014, 45 (1): 109-113.

[14] Graham M, Shchukina E, De Castro P F, et al. Nanocapsules containing salt hydrate phase change materials for thermal energy storage [J]. Journal of Materials Chemistry A, 2016, 4 (43): 16906-16912.

[15] Sadique H, Murtaza Q. Heat transfer augmentation in microchannel heat sink using secondary flows: A review [J]. International Journal of Heat and Mass Transfer, 2022, 194: 123063.

[16] 韦小坡, 陈威. 多孔肋微通道相变微胶囊悬浮液的传热分析 [J]. 低温与超导, 2022, 第 50 卷 (4): 75-80, 100.

[17] Moita A, Moreira A, Pereira J. Nanofluids for the next generation thermal management of electronics: A review [J]. Symmetry, 2021, 13 (8): 1362.

[18] 李梓龙, 王智彬, 贾莉斯, 等. 非均匀热流下细小通道内相变微胶囊悬浮液传热特性 [J]. Journal of Refrigeration, 2023, 44 (6).

[19] Wang G, Tang Z, Gao Y, et al. Phase change thermal storage materials for interdisciplinary applications [J]. Chemical Reviews, 2023, 123 (11): 6953-7024.

[20] Yang T, Braun P V, Miljkovic N, et al. Phase change material heat sink for transient cooling of high-power devices [J]. International Journal of Heat and Mass Transfer, 2021, 170: 121033.

[21] Zhu X, Li X, Shen J, et al. Stable microencapsulated phase change materials with ultrahigh payload for efficient cooling of mobile electronic devices [J]. Energy Conversion and Management, 2020, 223: 113478.

[22] Kim S H, Heu C S, Mok J Y, et al. Enhanced thermal performance of phase change material-integrated fin-type heat sinks for high power electronics cooling [J]. International Journal of Heat and Mass Transfer, 2022, 184: 122257.

[23] Yin H, Gao X, Ding J, et al. Experimental research on heat transfer mechanism of heat sink with

composite phase change materials [J]. Energy Conversion and Management, 2008, 49 (6): 1740-1746.

[24] Zhang W, Qiu J, Yin X, et al. A novel heat pipe assisted separation type battery thermal management system based on phase change material [J]. Applied Thermal Engineering, 2020, 165: 114571.

[25] Krishna J, Kishore P S, Solomon A B. Heat pipe with nano enhanced-PCM for electronic cooling application [J]. Experimental Thermal and Fluid Science, 2017, 81: 84-92.

[26] Weng Y C, Cho H P, Chang C C, et al. Heat pipe with PCM for electronic cooling [J]. Applied energy, 2011, 88 (5): 1825-1833.

[27] Kalbasi R. Introducing a novel heat sink comprising PCM and air-Adapted to electronic device thermal management [J]. International Journal of Heat and Mass Transfer, 2021, 169: 120914.

第 5 章

储热技术在热舒适性调控中的应用

5.1 概述

热舒适性是人从生理和心理上对周围热环境感觉舒适程度的特性，它会影响人体的工作效率，如对热环境感到满意的办公室工作人员工作效率更高[1]；热环境温度过高或过低，则会使人感到不适。人无时无刻不在感受外界并做出反应，现代人一生中绝大部分时间是在室内度过的，所以对建筑和人体的热舒适性调控显得尤为重要。本章从建筑和人体两个角度出发详细介绍了储热技术在热舒适性调控中的应用。

本章首先介绍了储热技术在建筑热舒适性调控中的重要作用。对建筑进行热调控的根本目的是满足人们的生理需求和热舒适性，而人们的热需求会因气候、季节、建筑种类、用户活动等的不同而差异巨大，所以要"因地制宜"和"因人而异"，要根据建筑热特性、用户活动和气象条件的不同来采取相对应的热调控方法。此外，随着全球能源消耗的增加，能源供应日益紧张，因碳排放增加导致的全球气候变暖、环境恶化等问题愈发严重，而建筑领域是能源消耗和碳排放的主要来源之一，所以建筑节能尤为重要。将储热技术与建筑热调控结合起来可以同时满足建筑热舒适性需求和节能需求。储热技术在建筑中的应用能够实现多个目标，包括节约能源、冷热负荷的及时转移、减少室温波动和转换能源等。这不仅对建筑业主、社会、能源供应商有益，而且对建筑行业的可持续发展具有重要意义。本章中搭配工程应用实例对建筑中储热技术和热管理系统进行了详细的介绍，按照驱动力的不同分为被动式储热技术和主动式储热技术两类，在被动式储热技术中介绍了利用高热质量的建筑元素进行的显热储存以及在建筑物围护结构中利用相变材料进行的潜热储存，在主动式储热技术方面结合工程实例介绍了储热在供暖通风空调系统、建筑结构、建筑的直接邻近区域中的应用。

除此之外，本章还深入介绍了储热技术在人体热舒适性调控中的应用，介绍了其在提高热舒适性和创造更智能化的生活方式方面的创新。人们对于舒适感的追求不仅仅局限于对室内温度的控制，更包括了对个体热舒适的精准管理。首先介绍了储热技术是如何与人体生理学相结合，使得个体能够在不同环境中保持理想的体温平衡，从而提高整体的生活品质。然后深入研究相变材料在服装中的运用，以及智能调温系统如何根据个体需求实时调整热环境，为用户创造出更为个性化、智能的热舒适体验。

通过对本章内容的学习，读者能够深入了解储热技术在建筑和人体热舒适性调控中的应用方式及潜力，同时也能够认识到储热技术对环境、社会和个体生活的积极影响，为建筑领域的可持续发展和智能化、舒适化的生活方式的实现提供了有益的见解。

5.2 储热技术在建筑热调控中的应用

5.2.1 建筑热管理现状与发展

习近平总书记在首个全国生态日之际作出重要指示，强调"以'双碳'工作为引领，推动能耗双控逐步转向碳排放双控，持续推进生产方式和生活方式绿色低碳转型"。2023 年，全球二氧化碳排放量为 374 亿吨，较 2022 年增加了 4.1 亿吨[2]。2024 年，联合国环境规划署与全球建筑建设联盟发布的《2023 年全球建筑建造业现状报告》显示，建筑物和建造行业的能源需求与直接排放总共占到全球排放量的五分之一以上[3]。随着全球能源消耗的不断增加，能源供应日益紧张；同时，因碳排放增加导致的全球气候变暖和环境恶化等问题日益严重。作为能源消耗和碳排放的主要来源之一，建筑节能显得尤为重要。表 5-1 中列举的国际及我国针对建筑节能出台的政策，正是对全球气候变化严峻挑战的重要回应。

表 5-1 近年来全球国家及组织发布的与建筑节能有关的政策

国家及组织	年份	相关政策、法规
中国	2021	《关于完整准确全面贯彻新发展理念做好碳达峰碳中和工作的意见》
	2022	《"十四五"建筑节能与绿色建筑发展规划》
		《"十四五"住房和城乡建设科技发展规划》
		《建筑节能与可再生能源利用通用规范》
		《关于扩大政府采购支持绿色建材促进建筑品质提升政策实施范围的通知》
		《绿色低碳发展国民教育体系建设实施方案》
	2023	《零碳建筑技术标准（征求意见稿）》

续表

国家及组织	年份	相关政策、法规
美国	2023	《建筑运营的零净能源和零净碳标准》
欧盟	2023	《建筑能效指令》
日本	2021	建筑物去碳化草案
	2022	修订《建筑法规》
韩国	2022	《绿色建筑创作支持法施行令》

（1）国外政策

在美国，美国供暖、制冷和空调工程师协会于 2023 年发布了建筑运营的零净能源和零净碳标准。其中规定了评估建筑或建筑群在建筑运行期间是否满足"零净能源"定义或"零净碳"定义的要求。欧盟 2023 年修订的《建筑能效指令》支持到 2050 年在建筑领域实现气候中和的目标，要求从 2026 年起所有新建的公共建筑和从 2028 年起所有新建的建筑实现零排放，并随着时间的推移收紧现有建筑的标准；并要求欧盟成员国须在 2030 年前将建筑的平均一次能源使用量降低 16%，并在 2035 年进一步降低 20%～22%。2021 年，日本政府的专家在研讨会上批准了建筑物去碳化的方针草案，规定新建住宅从 2025 年起必须符合节能标准；并于 2022 年修订了建筑法规，要求到 2030 年所有新建筑实现零能耗，到 2050 年，所有现有建筑实现零能耗。韩国于 2022 年修订了《绿色建筑创作支持法施行令》，主要目标是在新建公共建筑时扩大零能耗建筑认证义务的主体，以加快建筑行业的碳中和实施和减少温室气体排放[4]。

（2）国内政策

2021 年，国务院发布了《关于完整准确全面贯彻新发展理念做好碳达峰碳中和工作的意见》[5]，提出要发展节能低碳建筑，提升建筑节能低碳水平。推进超低能耗、低碳建筑规模化发展，推进城镇基础设施节能改造。2022 年 3 月 1 日，住建部印发了《"十四五"建筑节能与绿色建筑发展规划》[6]，提出要全面建成绿色建筑，提高建筑节能水平，明确到 2025 年，城镇新建建筑全面建成绿色建筑，提升建筑能源利用效率，优化建筑用能结构，控制建筑能耗和碳排放增长趋势，重点推广超低能耗建筑，提高建筑节能水平。2022 年 3 月 11 日，住建部发布《"十四五"住房和城乡建设科技发展规划》[7]，提出研究零碳建筑、零碳社区技术体系及关键技术，开展高效自然通风、混合通风、自然采光、智能可调节围护结构关键技术与控制方法研究。2022 年 4 月，住建部实施了《建筑节能与可再生能源利用通用规范》（GB55015—2021）[8]，要求新建居住建筑和公共建筑平均设计能耗水平进一步降低，在 2016 年执行的节能设计标准基础上降低

30％和20％。2022年10月24日，财政部、住建部、工信部发布《关于扩大政府采购支持绿色建材促进建筑品质提升政策实施范围的通知》[9]，要求加大绿色低碳产品采购力度，全面推广绿色建筑和绿色建材。2022年10月26日教育部印发《绿色低碳发展国民教育体系建设实施方案》[10]，加快推进超低能耗、近零能耗、低碳建筑规模化发展，提升学校新建建筑节能水平。2023年7月24日，住建部发布了《零碳建筑技术标准（征求意见稿）》[11]，明确了零碳建筑的相关标准，完善了低碳建筑、零碳建筑等定义，提出零碳建筑布局应降低建筑供冷供暖负荷、降低建筑碳排放。

除了对于节能减排的重大意义，建筑热调控对于改善居住舒适性具有重要意义；热舒适性的调控涉及如何控制建筑物内部温度、湿度、空气流动等，旨在提供一个既舒适又高效的室内环境，满足人们的生理需求和热舒适性需求。通过采用热舒适性评价指标可以更好地评价和指导热舒适性调控手段，热舒适性评价指标主要包括预测平均评价（predicted mean vote，PMV）和预测不满意度（predicted percentage of dissatisified，PPD)[12]。PMV是综合考虑了空气温度、平均辐射温度、空气流速和相对湿度等因素的评价指标，用于预测大多数人在特定环境中的平均热感觉；PPD则表示对热环境不满意的百分比，与PMV相关联，旨在提供更全面的热舒适性评估。其中我国发布的《绿色建筑评价标准》（GB/T 50378—2019)[13]中PMV、PPD均是重要的量化指标。

随着科学技术的发展和物质水平的提高，人们对热舒适性的要求也在提高，储热技术由于其多方面的优点进入人们的视野，将其与传统的热调控手段结合起来，可以对建筑实现更好的热舒适性调控。

5.2.2 建筑物结构及热需求

（1）建筑的构成

建筑物由结构体系、围护体系和设备体系组成[14]。结构体系一般分为上部结构和地下结构。上部结构是指基础以上部分的建筑结构，包括墙、柱、梁等；地下结构指建筑物的基础结构。围护体系由屋面、外墙、门、窗、屋顶面等组成，屋面、外墙围护的内部空间，能够遮蔽外界恶劣气候的侵袭，也可以起到隔音的作用，可以保证使用人群的安全性和私密性。门是连接内外的通道，窗户可以透光、通气和开放视野，内墙将建筑物内部划分为不同的单元。设备体系通常包括给水排水系统、供电系统和供热通风系统。其中给水系统为建筑物的使用人群提供饮用水和生活用水，排水系统排走建筑物内的污水；供电系统具有供电、照明、通信、探测、报警等功能；供热通风系统为建筑物内的使用人群提供舒适的环境，保证热舒适性。

　　建筑的热量耗散主要由建筑围护结构传热导致的热量耗散和透风处导致的热量耗散两部分组成。从表 5-2 中可以看出，建筑热量耗散的地方具体来自外窗、外墙、屋顶、地板、阳台门底部、室外门、窗缝、门缝。其中外窗、外墙以及窗户缝隙处的热量耗散占比最多，达到建筑总热量耗散的八成以上，是影响建筑热舒适和节能的主要因素，因此外窗、外墙以及窗户缝隙处的保温性能对建筑能耗有很大影响。窗户是建筑外围护结构的开口部分，且作为建筑中不可或缺的一部分，承担着采光、日照、保温、通风、隔热等基本功能。由于窗户的这些特性，使得建筑中窗户处的热量耗散占建筑能耗的一半以上。而外墙相比于其他围护结构与外界接触面积较大，所以建筑中外墙处热量耗散也较多。屋顶、地板、阳台门底部、室外门相比于外墙、外窗与外界接触面积较小，其中屋顶实际能与外界接触发生热量交换的部分只有顶楼处的部分，地板只有底楼处的部分，室外门除单元门外都位于建筑内部，只有单元门与外界发生实际接触，所以这些围护结构传热热量耗散较小。门大都位于建筑物内部，所以门缝与窗缝相比，与外界接触的面积较小，导致门缝处的热量耗散小于窗缝处的热量耗散。

表 5-2　建筑热量耗散构成[15]

建筑热量消耗＝建筑围护结构传热热量耗散＋透风处导致的热量耗散					
	位置	占比		位置	占比
建筑围护结构传热热量耗散	外窗	28.71%	透风处导致的热量耗散	窗缝	28%
	外墙	27.90%			
	屋顶	8.6%			
	地板	3.6%			
	阳台门底部	1.4%		门缝	1%
	室外门	1.0%			
	总计	约71%		总计	29%

（2）建筑热需求

　　建筑热需求是以人的舒适性来进行标定的，良好的建筑设计标准应该以满足人类对环境的客观生理要求为基本依据，以此标准设计的建筑热环境才能满足人体热舒适性要求。

　　对于严寒和寒冷地区，我国住房和城乡建设部在 2018 年制定的《严寒和寒冷地区居住建筑节能设计标准》（JGJ 26—2018）[16] 中，规定室内基准温度为18℃，换气次数 2 次/h，供暖系统全天运行。对于夏热冬冷地区和夏热冬暖地区，我国住房和城乡建设部在 2010 年制定的《夏热冬冷地区居住建筑节能设计标准》(JGJ 134—2010)[17] 和 2012 年制定的《夏热冬暖地区居住建筑节能设计标准》(JGJ 75—2012)[18] 中,将夏热冬暖地区分为北区和南区,北区内建筑节能设计应主要考虑夏季空调,兼顾冬季供暖。南区内建筑节能设计应考虑夏季空调,可不考虑冬季供暖。夏季空调室内的基准温度为 26℃,换气次数 1 次/h,北区冬季采暖室内的基准温度为 16℃,换气次数 1 次/h;在《夏热冬冷地区居住建筑节能设计标准》中,冬季采暖下卧室、起居室室内热环境设计温度为 26~28℃,换气次数 1 次/h。2023 年 7 月 24 日,住建部发布的《零碳建筑技术标准(征求意见稿)》中有对不同季节零碳建筑温度、湿度的要求,如表 5-3 所示。

表 5-3 零碳建筑热湿环境参数

室内热湿环境参数	冬季	夏季
温度	不小于 20℃	不超过 26℃
相对湿度	不小于 30%	不超过 60%

(3) 建筑热调控方法

① 通风 建筑通风是指建筑物内部空气流动的过程,通过通风可实现外界新鲜空气和室内污浊空气的交换,也可实现建筑与外界热量的交换,改善建筑室内环境,提升建筑的热舒适性[19]。根据有无借助外界机械帮助,通风可以分为自然通风、机械通风和混合通风。自然通风是利用室内室外环境温差和压差引起的空气运动,通过设计合理的窗户、门洞、空气井等,使空气在建筑内外进行循环流动。机械通风是借助通风设备,如鼓风机、风机盘管等,主动推动空气流动。暖通空调系统就属于机械通风,它由风扇和管道系统组成。混合通风是自然通风和机械通风的耦合。见图 5-1。

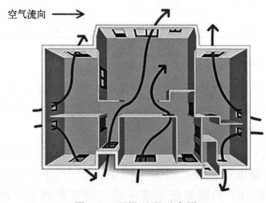

图 5-1 通风过程示意图

② 添加遮阳构件　对建筑进行遮阳可以避免阳光直射室内，防止建筑物的外围护结构被阳光过分加热，从而防止局部过热和眩光的产生，还可以保护室内各种物品。它的合理设计是改善夏季室内热舒适状况和降低建筑物能耗的重要因素。根据遮阳构件安装方向可以分为水平遮阳、垂直遮阳和组合遮阳（图 5-2）；根据遮阳构件类别可以分为挡板遮阳和百叶遮阳。水平遮阳是位于建筑门窗上部，水平伸出的板状建筑遮阳构件。垂直遮阳是位于建筑门窗两侧，垂直于门窗的板状建筑遮阳构件。组合遮阳是在门窗的上部设水平遮阳和两侧设垂直遮阳的板状建筑遮阳构件。百叶遮阳是由若干相同形状和材质的板条，按一定间距平行排列而成面状的百叶系统，并将其与门窗面平行安装在门窗外侧的建筑遮阳构件。添加遮阳构件可以减少建筑内太阳辐射，减少夏季因照射引起室温的提升，降低暖通空调系统的耗能，实现建筑节能和保证建筑的热舒适性。

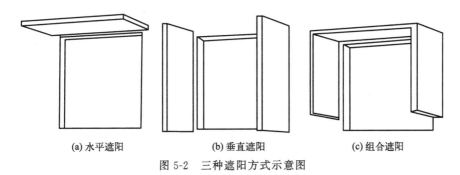

(a) 水平遮阳　　　　　(b) 垂直遮阳　　　　　(c) 组合遮阳

图 5-2　三种遮阳方式示意图

③ 添加隔热层（保温层）　在建筑热调控中，添加隔热层是一种重要的方法，它有助于减少热量的传导、控制室内温度，从而提高建筑的能效和热舒适性。隔热层通常添加在墙壁、屋顶等围护结构中，隔热层通常是由具有高热阻的材料或者复合材料组成，比如玻璃纤维、矿棉、泡沫塑料，可以增加建筑围护结构的热阻，减少室内和室外之间的热传导，提升建筑的隔热性能，减少室外与室内热量的交换，降低室内外温度差异，维持室内温度的稳定，从而减少建筑能源消耗和保证建筑的热舒适性。

④ 太阳能吸收和利用　建筑中太阳能吸收、利用装置包括太阳能集热系统和太阳能光电系统。太阳能集热系统利用水作为传热介质，通过收集和传输太阳能的热量，可以用于建筑供暖和提供热水。该系统由太阳能集热器、蓄热装置、热交换器和热能供给装置组成。常见的太阳能集热器包括平板式和真空管式两种类型，它们能够高效地捕捉太阳辐射并将其转化为可利用的热能。太阳能光电系统以太阳能电池为核心，能够将太阳能转化为电能，从而为建筑供电[20]。见图 5-3。

　　光伏热水模块
　　PV-Trombe墙
　　太阳能主动
　　双效集热器
　　太阳能被动
　　双效集热器

图 5-3　建筑中的太阳能利用[21]

（4）建筑热调控的影响因素

　　用于构建建筑热需求预测的数据驱动模型将建筑输入的特征分为三类：建筑热物理特征、气象条件、用户行为[22]。其中，建筑热物理特征分为了内部结构、外部围护结构、建筑物朝向、暖通空调运行四种。内部结构特征表征了建筑物的构造，决定了建筑需要多少热量/冷量才能满足建筑用户需求，考虑的特征包括建筑面积、高度、楼层数等；外部围护结构特征表征了建筑表面特性和建筑材料的热物理特征，反映了热量如何在内部和外部环境受到影响和传递，考虑的特征包括墙体、屋顶、地板等；建筑物朝向指建筑物的主立面的方向，决定了建筑物能接收到的太阳辐射的水平；暖通空调运行的特征表征了建筑供暖、制冷系统相关的运行条件。气象条件包含室外温度、太阳辐射、湿度、风力等，不同的温度水平通常会导致不同的热调控策略，比如室外温度低时室内会采用空调等供暖系统供暖，室外温度高时会采取空调系统降温；太阳辐射会影响建筑吸收太阳能的多少；湿度的大小会影响蒸发和人类对环境温度的感知；风速和风向等风力因素则会影响由对流传热引起的建筑物的热量损耗。用户行为可分为时间、建筑功能、入住情况、室内条件。其中时间是决定人类活动的关键因素，比如家庭热需求通常集中在周末，办公室热需求则集中在工作日；建筑功能表明了建筑物的主要用途，会导致不同的热消耗模式，建筑物按功能可以分为住宅楼、教学楼、商业楼、办公楼等；入住情况包括入住人数、入住面积等，这些提供了用户的活动信息；室内条件反映了用户对室内环境的设置信息以及用户活动对室内热量增加或损失的影响，有室内温度、CO_2 浓度、湿度等。从上述信息可以看出，建筑热物理特征、气象条件以及用户行为都会对建筑的热需求产生影响，热需求的改变又会影响热调控策略。本节将从热调控的三项影响因素中各列出一部分进行说明。

　　① 建筑的热特性　建筑的热特性在建筑工程中至关重要，因为它直接影响到建筑的舒适性、能源效率和维护成本。建筑的一些主要热特性有热传导、热辐

射、热质量和隔热性等。

其中，热传导是由于大量分子、原子或电子的互相撞击，使能量从物体温度较高部分传至温度较低部分的过程。不同建筑材料有不同的热传导性，一些材料具有较低的热传导性，适用于建筑的隔热保温，而其他材料则具有较高的热传导性，可用于建筑中地暖管道进行供暖。

$$Q = \frac{\lambda(T_{w1} - T_{w2})AZ}{L} \tag{5-1}$$

式中，Q 是传导的热量；λ 是建筑材料的热导率；L 是建筑材料的厚度；A 是传热面积；T_{w1}、T_{w2} 是建筑材料内外侧的壁温；Z 是传热时间。见图 5-4。

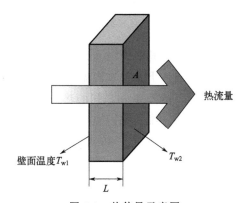

图 5-4 热传导示意图

建筑热辐射是指建筑物内部或外部表面所发出的热辐射。建筑物中的物质，在受热时会发出红外线辐射，这种辐射称为热辐射。建筑热辐射的强度取决于物体的温度和表面特性。在夏季，建筑物的外表面吸收太阳辐射，然后以热辐射的形式向周围散热，会导致建筑物内部温度升高。热辐射的存在会增加空调负荷，增加能源消耗。

$$Q = \varepsilon\sigma A(T^4 - T_0^4) \tag{5-2}$$

式中，Q 是辐射出的热量；ε 是材料的发射率；T 是辐射体的温度；T_0 是环境的温度；σ 是斯特藩-玻尔兹曼常数，为 $5.67 \times 10^{-8} \mathrm{W/(m^2 \cdot K^4)}$。见图 5-5。

热质量是建筑物的一种属性，使其能够储存热量并提供抵抗温度波动的惯性，有时称为"热飞轮效应"。热质量相当于热容，也就是物体储存热能的能力。通常用符号 C_{th} 表示，单位是 $\mathrm{J/K}$[23]。根据不同环境、气候、季节采取合适的热质量，可以减少能源消耗和改善热舒适性。

$$Q = C_{th}\Delta T \tag{5-3}$$

式中，Q 是传递的热量；C_{th} 是物体的热质量；ΔT 是温度变化。

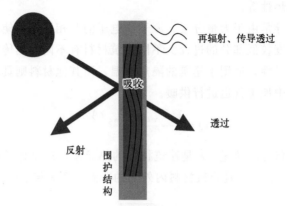

图 5-5 热辐射示意图

　　隔热性是指材料阻止热量通过其表面进入或离开的能力。可以说，建筑的隔热性能决定了建筑在不同气候条件下维持室内温度的能力。通过在建筑物的外墙和屋顶上添加隔热层可以减少室内和室外之间的热传导，提升建筑的隔热性能，可以减少室外与室内热量的交换，维持室内温度的稳定，可以减少建筑能源消耗和保证建筑的热舒适性。见图 5-6。

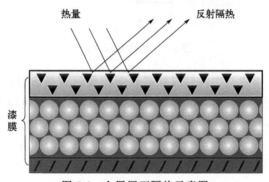

图 5-6 金属屋面隔热示意图

　　② 气象条件　在建筑热调控过程中，有许多影响因素，例如气候、季节、日照、温度等，这些自然因素对建筑物的能源利用和热舒适性的影响巨大，是建筑的热调控和节能设计过程中不可忽略的因素，需要在建筑设计的各个阶段充分考虑，从而降低建筑的能源消耗，改善建筑的热舒适性。

　　就气候因素而言，根据空气温度、湿度、太阳辐射等因素，可将全球气候分为四类，分别为湿热气候区、干热气候区、温和气候区和寒冷气候区，这是研究气候对建筑影响时常用的气候分类[24]。

表 5-4　建筑气候分区[24]

气候类型	气候特征及气候因素	建筑气候策略
湿热气候区	• 温度高(15~35℃),年平均气温在 18℃ 左右,或更高 • 年较差(一年中,气温、降水、气压、湿度等气象要素的年平均最高值与最低值之差)小 • 年降水量≥750mm • 潮湿闷热,相对湿度≥80% • 太阳辐射强烈,眩光	◆ 遮阳 ◆ 自然通风降温 ◆ 低热容的围护结构
干热气候区	• 太阳辐射强烈,眩光 • 温度高(20~40℃) • 年较差、日较差大 • 降水稀少、空气干燥、湿度低 • 多风沙	◆ 最大限度地遮阳 ◆ 厚重的蓄热墙体增强热稳定性 ◆ 利用水体调节微气候 ◆ 内向型院落式格局
温和气候区	• 有明显的季节性温度变化(有较寒冷的冬季和较炎热的夏季) • 月平均气温的波动范围大,最冷月可低至 −15℃,最热月可高达 25℃ • 气温的年变幅可从 −30℃ 到 37℃	◆ 夏季:遮阳、通风 ◆ 冬季:保温
寒冷气候区	• 大部分时间月平均温度低于 15℃ • 日夜温差变化较大 • 多风 • 严寒 • 雪荷载大(作用在建筑物或构筑物顶面上计算用的雪压)	◆ 最大限度地保温

　　从表 5-4 可以看出,不同气候区域的温度、湿度、日照等都不同,建筑的热负荷和热需求也截然不同,比如湿热气候区炎热湿润,要想保持建筑良好的热舒适性,需要遮阳、加强通风来降温;而寒冷气候区寒冷干燥,要想保持建筑良好的热舒适性,需要最大限度保温。

　　季节变化对建筑物的热调控影响也很大[25],随着季节变化,温度、湿度和日照也会发生变化,在夏季,外界气温升高,日照强烈,建筑物更容易从外界吸热,导致室内温度升高。需要采用合适的热调控方法来保证建筑热舒适性。例如,利用遮阳设施、反射性涂料或隔热材料来降低建筑吸收的热辐射,并且采用良好的通风和空调系统来控制室内温度,保证夏季建筑的热舒适性。在冬季,外界温度降低,建筑物更容易向外散热。在这种情况下,可以采用合理的热绝缘和保温设计来减少热量流失,保证建筑的热舒适性。例如使用双层或三层窗户,在墙壁和屋顶添加保温层、隔热层,还可以利用太阳能供暖等热调控手段,都可以降低冬季建筑的能源消耗和保证热舒适性。

气候和季节的变化会带来日照、温度、湿度、风、降水量的变化，这些因素都会影响到建筑的热调控策略，统称为气象条件。

③ 用户行为　用户的空调使用习惯、居住人员结构以及通风习惯等都是影响建筑热调控和能耗的重要因素。不同的个体偏好和生活方式导致了不同的空调使用习惯，影响了建筑系统的热调控效果；居住人员结构的差异，包括工作情况、年龄和性别等，使得人们对舒适温度和对暖通空调系统的使用需求上出现明显不同。通风习惯的差异也会使得建筑在不同条件下产生不同的热调控效果和能耗。

用户的空调使用习惯会影响到建筑热调控，从而影响建筑能耗。例如，部分人在夏季会让空调一直开启；部分人会在感到热的时候将空调打开，在温度降下来后就会关闭。在夏热冬冷地区，近四成的人夏季的空调使用时间为半个月到一个月，三成的人空调使用时间为一个月到两个月，两成的人空调使用时间大于两个月，剩余的人空调使用时间少于半个月[26]。由此可以看出不同用户的空调使用习惯不同，利用空调对室内升温降温本身就是热调控的一种方式，且暖通空调系统的能耗在建筑中占比很大，所以用户的空调使用习惯会影响建筑热调控和建筑能耗。

居住人员结构对建筑热调控和能耗的影响来自用户不同的日常活动和热舒适性敏感度，在夏季和冬季，若居住的只有务工人员时，他们工作日白天都在公司上班，只有晚上和休息日在家中，所以只有这些时间会采取空调降温或升温取暖等热调控措施；而有老人和小孩的家庭，白天也会使用空调降温升温。此外，年龄、性别不同，人的热感觉、热舒适性是不同的，老年人的舒适温度比中青年人高，女性的舒适温度比男性高，因此空调设置温度也会不同。而且老人和小孩对空调吹风感更容易产生不适，夏季只有在天气较热的时候才开空调。所以居住人员结构不同，空调设置温度和开启频率也会随之不同，建筑热调控和能耗也会不同。

不同的通风习惯会影响建筑的热调控方法和建筑能耗，比如夏热冬冷地区的气候特征为夏季炎热潮湿，冬季潮湿寒冷，而且夏季存在梅雨季，环境炎热潮湿，人们经常开窗通风来改善建筑的热舒适性。夏热冬冷地区冬季供暖方式为家庭独立间歇供暖，即每个家庭自己进行独立供暖，而不是像我国北方地区采用集中供暖，由于夏季的气候特点，人们养成了开窗通风的习惯，冬季在停暖期间也会进行开窗通风，导致室外冷空气的侵入，会造成建筑热量损失，将增大下次供暖时的热负荷，造成建筑能耗增加，还会延缓建筑达到热舒适的时间，降低建筑热舒适性。而夏季的早晨和夜晚室外较凉爽，此时采取开窗通风可以降低室温，使室内空气循环流通，减少空调使用时间，提升建筑的热舒适性和减少建筑能耗。

5.2.3　建筑物热管理系统

建筑中的热能储存主要分为两种类型，即被动储存和主动储存。此外，还存在吸热为主动、放热为被动，或者放热为主动、吸热为被动的组合情形。

（1）被动式储热技术

被动式储热技术主要包括采用相变材料的潜热储存和利用高热容量材料的显热储存两种技术方案。该技术旨在优化建筑的热量管理，提高能源效率，以适应不同季节和时间段的能源需求的波动；其核心理念是充分利用建筑结构中的材料特性，以最大限度地减少外部能源的依赖。在应用被动式储热技术时，需要考虑的关键因素是确保室内温度能够灵活地随着时间的推移而变化；这种灵活性是实现热量或冷量储存和释放的关键，使得建筑能够更智能地应对不同的气象条件和用户行为。显热质量和潜热质量是被动式储热技术的两个重要概念，其中显热储存侧重于通过升高或降低材料温度来实现能量的储存和释放；而潜热储存则侧重于通过物质的相变过程来实现相同的目标。因此，在选择和整合被动式储热技术时，需要权衡不同技术的优劣，以便在提高室内舒适性的同时实现更可持续、高效的能源利用。

① 显热质量　显热质量是指物质在温度变化过程中所吸收或释放热量的能力，在此过程中不发生相变，决定了建筑物在外部环境温度变化下的热响应速度。具有较高显热质量的建筑物能够缓慢地吸收或释放热量，从而减缓室内温度的变化速度，提高热舒适性并降低能源消耗。

高热质量的建筑物能够进一步降低供暖需求。图 5-7 是针对瑞典一座多户住宅进行的模拟研究[27]，该住宅包含 6 个公寓，为了探讨建筑热质量对供暖需求的影响，该研究涉及三种不同的建筑类型：一种轻型结构，采用木材和石膏构建；一种重型结构，采用混凝土构建；一种介于轻型与重型之间的结构，采用大木块构建。结果表明，通过在外部和内部墙壁增加热质量，可以显著减少室内的

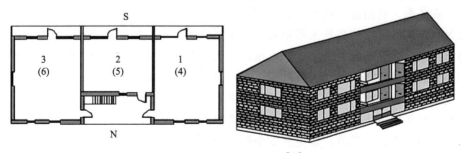

图 5-7　多户住宅示意图[27]

供暖需求，具体的减少量同时受到窗户类型和计算方法的影响。高热质量的建筑除了可以减少供暖需求外，还可以通过减少温度距离波动来提高居住舒适度。图 5-8 展示了一个没有供暖或制冷系统的建筑，通过施加正弦形温度变化来探究热质量对室内温度涨落的影响规律；结果显示高热质量的建筑结构呈现出更为稳定的室内温度涨落。

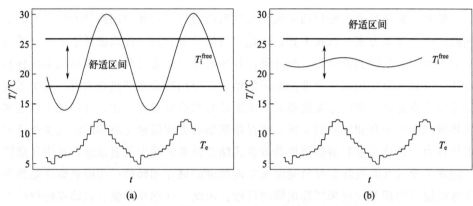

图 5-8 当施加正弦形内部热增益将室内平均温度维持在 22℃，
低热质量（a）、高热质量（b）的自由运行温度[28]

② 潜热质量 潜热质量指的是材料在相变过程中储存和释放大量热能的能力，通常是固体和液体状态之间的转换，而温度变化较小。这个过程涉及潜热，即改变材料状态（例如从固体变为液体）所需的热量，而温度本身并不会显著变化。

相变材料在建筑供暖和制冷应用中的研究可追溯至 20 世纪 90 年代，已有大量研究探讨了相变材料在建筑供暖和制冷方面的应用方式和效果。在被动式储能技术中，相变材料主要通过两种形式实现建筑节能：一是与建筑材料直接混合，二是作为单独的储热单元与原有的围护结构相结合。目前，关于被动式储能技术用于建筑节能的研究主要集中在墙体、屋顶、地板以及窗户等方面。

在冬季，经由窗户从室内到外部环境的热量损失达 10%～25%，而在夏季，通过窗户进入室内的额外太阳辐射导致了制冷系统的冷却负荷增加。将相变材料与窗户结合，能够有效地减少经由窗户进出室内的热量。目前相变材料已经与不同类型的窗户结合，比如：百叶窗、双层结构的玻璃窗、三层结构的玻璃窗等。相变材料与百叶窗的结合主要是通过将相变材料代替百叶窗的泡沫材料[27]，利用相变材料的熔化过程来吸收热量，所选取的相变材料应该保证其最佳熔点接近日间窗户温度的上限值，避免其完全熔化而失去热防护的效果。

把含有相变材料的百叶窗安装在一个实验屋内，并对其室内热环境进行实验和数值研究[29]，会发现在冬季气候下（环境温度 4.5～14℃），安装了相变百叶窗相比于未安装相变百叶窗的室内温度振幅明显缩小，其表现出优异的空间热调节能力；而在夏季气候下（环境温度 13～25℃），安装了相变百叶窗的实验屋相较于对照组最高温度和最低温度分别下降 6％和 11％，其最低温度和最高温度的出现分别滞后了 45min 和 60min。

相变玻璃窗的核心是玻璃内嵌入一层相变材料，该层能够吸收并储存红外线短波辐射、近红外线辐射以及部分可见光，同时允许部分可见光透过，以满足室内采光需求。通过这种热缓冲机制，相变玻璃窗可以调节室内温度的波动，从而提升房间的热舒适性。双层结构的玻璃窗与相变材料结合的一个典型案例如图 5-9 所示，其将乙二醇混合物相变材料填充于具有双层结构的玻璃窗中[30]，结果显示该设计可以大幅度减少红外和紫外辐射，同时也能够保持足够的可见度。如图 5-10 所示，是一种新型三层相变玻璃窗[31]，该设计实现了在炎热气候下玻璃窗内表面温度相较于双层相变玻璃窗和普通的三层玻璃窗分别降低了 2.7℃和 5.5℃。

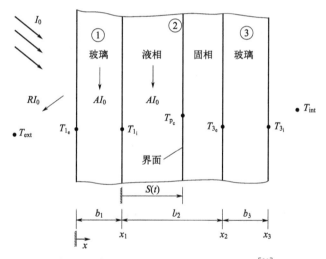

图 5-9　带有相变材料的双玻璃窗的布局[30]

也有研究将水和盐相变材料 $Na_2SO_4 \cdot 10H_2O$ 与玻璃窗进行结合，并与中空玻璃窗进行对比[32]，结果显示在夏季气候条件下，相变玻璃窗与中空玻璃窗相比，其内表面的峰值温度降低了 10.2℃，通过窗户进入建筑物的热量减少了 39.5％，室内的空调系统和加热系统的年度能耗减少了 40.6％。

作为建筑物顶部的围护结构，屋顶接收了大量的太阳辐射，其产生的热量对室内温度波动有着显著影响。为了降低室内温度的波动，目前建筑屋顶广泛使用

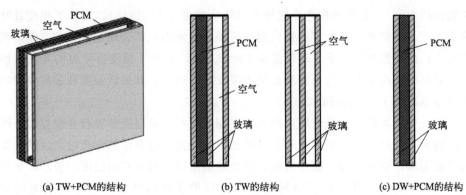

(a) TW+PCM的结构   (b) TW的结构   (c) DW+PCM的结构

图 5-10 三种窗户的结构比较（TW：三层玻璃窗；DW：双层玻璃窗）[31]

了热导率较低的保温隔热材料，如泡沫隔热砖。然而，这些隔热材料缺乏储热能力，因此对室内温度波动的抑制效果相对有限。为了进一步提升建筑的节能性能，可以引入相变材料作为屋顶保温层的一部分，从而显著提高屋顶的储热能力。当屋顶温度超过相变材料的熔点时，相变材料会吸收部分热量，从而减少室内热量的增加；而当屋顶温度低于相变材料的凝固点时，相变材料则会释放先前吸收的热量，减少室内热量的散失。通过这种热调节作用，不仅可以有效减少室内温度的波动，还能显著降低供暖和制冷的能耗，进而提升室内的热舒适性。

例如，相变材料冷却屋顶系统通过结合相变材料和反光材料，可以防止夏季过热，同时降低冬季的供暖需求，系统示意图见图 5-11。其核心原理在于，冷却材料反射大部分入射的太阳辐射，而剩余的辐射热量则被相变材料吸收，从而使得白天向建筑内部传递的太阳辐射热流量得以显著减少。

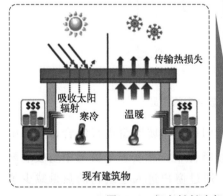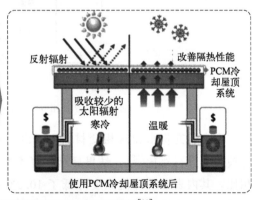

图 5-11 相变材料冷却屋顶系统的作用机理示意图[33]

采用不同种类的屋顶材料的控温效果也有差别，例如对屋顶材料分别是绿色聚氨酯、防水砂浆、冷漆以及普通瓷砖的实验屋进行测试[33]，室内温度曲线如

图 5-12 所示，相变瓷砖在炎热的天气条件下将昼夜温差缩小至 7.2℃；而在寒冷的冬季条件下，相比于冷漆屋顶，安装了相变瓷砖屋顶的实验屋表现出更高的室内温度，这说明相变瓷砖能够有效地控制夏季气候下的城市热岛效应，同时减少冬季气候下的室内加热能耗。

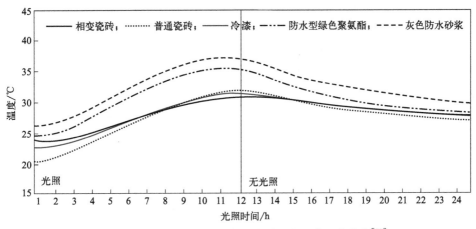

图 5-12　安装了不同屋顶材料的实验屋的室内温度曲线[33]

建筑墙体作为建筑物的重要组成部分，室内外热量交换大都通过其实现，因此将其与相变材料结合，对提高建筑物热质量，改善建筑物的热舒适性起着重要的作用。相变墙体技术起源于 20 世纪 80 年代，相变墙体能够减小空调和供暖系统的峰值负荷，从而降低这些系统的装机容量需求。此外，相变墙体还可以在夏季降低围护结构壁面的峰值温度，同时在冬季提高其峰值温度。这种调节能力有助于减缓室内气温因室外气温变化而产生的波动，提升室内环境的热舒适度。通过增加墙体的热容量，相变墙体还能在减少墙体厚度的同时，减轻其自重，从而优化建筑设计。由于墙体在建筑围护结构中占有较大比例，采用相变墙体对于显著提升保温隔热效果及节能效果具有重要意义。例如可以将石膏板与癸酸和月桂酸的共溶物通过浸渍法相结合[34]，并将复合相变墙板安装于实验房中，结果表明复合相变墙板可以减少寒冷气候下室内向室外的热量流失。相变材料除了和墙体内部材料结合之外，也可以填充在瓷砖内部来提高室内的热容量，解决建筑能耗高的问题。一个典型的案例是通过用月桂醇/膨胀石墨来填充瓷砖[35]，月桂醇作为相变材料可以提高房间储热能力，而膨胀石墨则可以提高热响应速度。为了测试相变材料填充瓷砖的性能，按照与现实建筑 20∶1 的比例搭建了建筑模型进行实验，实验模型如图 5-13 所示。在月桂醇中加入膨胀石墨后，相变材料的蓄热性能下降了 8.39%，但其热导率能够提高 86%～179%，且其过冷度能够降低 71%。

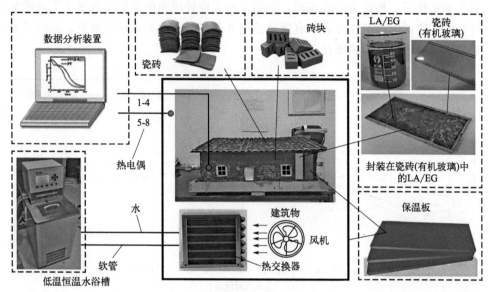

图 5-13　相变建筑实验模型示意图[35]

　　近年来将复合相变材料与建筑围护结构相结合已经引起了国内外学者的高度关注，其中复合相变材料的制备方式以微胶囊法封装和多孔载体的形式为主。经过微胶囊封装后的相变材料能够更好地集成到建筑围护结构的支撑材料中，比如将熔化温度范围为 24～27℃的微胶囊石蜡与石膏板相结合[34]，相变墙体结构如图 5-14 所示。结果表明，15mm 厚的相变石膏板能够将房间的最高温度降低 4℃，同时缩短了室内温度高于 28℃的持续时长。随着相变储热技术相关研究的不断完善，相变材料的商业化应用也逐步发展，目前已有胶囊化相变材料加入石膏板或灰泥的商业化技术。

　　为了优化相变储热技术的节能效果，相变材料在建筑围护结构中的多种形式耦合也逐渐引起了社会的关注。如图 5-15 所示的一种新型的双层相变储热单元[36]，其双层相变材料体系由两层具有不同热物性的相变材料组成，第一层适用于寒冷气候，而第二层相变材料适用于炎热气候；因此第二层的熔化温度高于第一层。通过将其装配于实验房的天花板、墙壁和地板中，并在不同的气候条件下进行对比，结果表明，双层相变储热单元的第一层和第二层相变材料的最佳熔点应接近于平均室内空气温度；冬季气候下第一层相变材料的最佳熔点为 21℃，而夏季气候下第二层相变材料的最佳熔点为 26～27℃。

　　（2）主动式储热

　　主动式储热是指通过泵、风扇等向储热系统中供给能量，以确保其按照预期

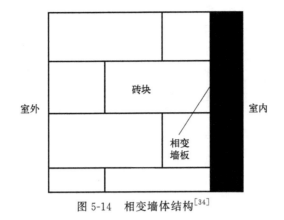

图 5-14　相变墙体结构[34]

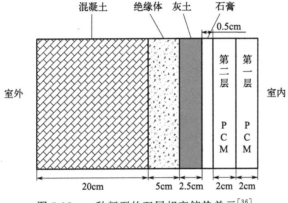

图 5-15　一种新型的双层相变储热单元[36]

方式运行。本书中将主动式储热系统按照储热的位置划分为三组：暖通空调系统、建筑结构以及建筑邻近区域。

　　① 储热在供暖、通风和空调系统中的应用　　建筑中的暖通空调系统旨在维持室内温度在舒适范围内，为更高效地实现这一目标，可采用与储热相结合的形式。本节将介绍一些目前广泛使用的储热技术，包括家用热水储存、与太阳能集热器或锅炉一起使用的较大储热罐的储热方式，以及新兴储热技术，如热化学储热。在建筑中存储热能的一种常见方式是利用储热罐，这种方法适用于多种应用场景。其最常见储热介质是水，这得益于水良好的热性能以及其低廉的成本。目前最常见的场景之一是家用热水储存，可通过储存罐的调节作用，实现削峰填谷和节能降耗，这种形式的储热罐通常与太阳能集热器、燃气锅炉或简单的电加热相结合使用。储热罐多采用分层形式，以避免热水和冷水直接混合；此外，目前已出现基于潜热储存的储热罐，其典型的工质包括水-冰、相变材料和相变材料

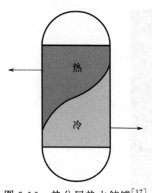

图 5-16 热分层热水储罐[37]

浆料。储热罐的功能还和其尺寸有关，大型储热罐用于季节性储存，小型罐用于昼夜或缓冲储存。季节性储存的储热罐可以被设计成在夏季吸收热量，例如通过太阳能集热器收集热量，在冬天时，再将这些热量释放。见图 5-16。

图 5-17 展示了一个典型的储存罐与太阳能及锅炉相结合的系统[38]，其通过太阳能集热器和第二热源（如生物质锅炉或燃气锅炉）进行热量供给，从而满足生活中两种不同的热需求场景，即生活热水和房间供暖。储存罐在该系统中能够有效整合不同来源的热能，优化能源使用，提升系统的整体效率。

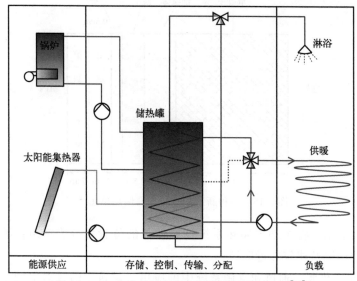

图 5-17 一个典型的太阳能组合系统的原理图[38]

储热装置或器件还可以直接集成到通风或空调系统中，常见的方法是将填充了相变材料的储热装置集成到通风系统中。斯洛文尼亚一户单层低能耗住宅在通风系统中使用了相变材料进行储热[39]，研究结果显示，其 $191m^2$ 的建筑物所需的最佳相变材料用量为 1230kg，该用量使室内温度在白天低于 26℃，晚上低于 25℃。如图 5-18 所示，也有一种将相变材料颗粒与通风空气直接接触的送风系统[40]，当制冷设定值为 26℃时，夏季的通风负荷（MJ/d）可减小约 40%～60%；而当夜间温度不够低时，相变材料的固化作用减弱，导致其对通风系统的调节作用下降。

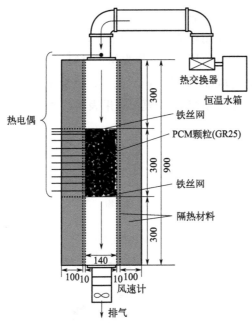

图 5-18 相变材料颗粒与通风空气直接接触的送风系统[40]

图 5-19 呈现了一套基于相变材料的空调系统[41]，该系统在夜间时被注入冷空气，进而在日间吸收室内的热量；为了进一步提高系统传热速率，该系统还在相变材料中布置了导热性能优异的热管。该系统可降低商业或工业建筑中传统空调的耗能，通过将该系统应用于 $28m^2$ 在办公楼里，结果显示当房间和相变材料之间的温差在 $2\sim3.5℃$ 时，传热效率在 $800\sim2000W$ 之间。

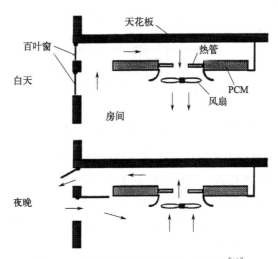

图 5-19 安装热管/相变材料的示意图[41]

除了常规的相变储热，热化学储热也可以应用于建筑热管理中。图 5-20 为热化学储热和建筑供暖应用相结合的一个案例，在该系统中，系统包括一个封闭循环的热化学储能装置（使用 $SrBr_2$ 作为储热材料）和一个与含水层中的热井相连的 $70m^2$ 的太阳能集热器（系统 A）。此外，该系统还配备了一个与同一含水层中的冷井相连的热泵（系统 B）。模拟结果表明，系统 A 和系统 B 都能够有效满足建筑的供暖需求。

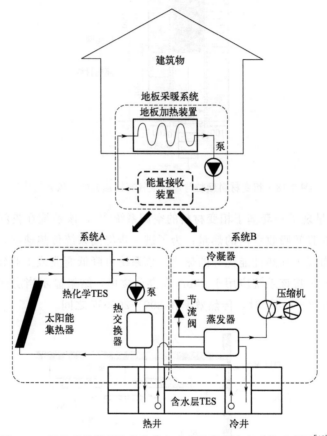

图 5-20 用于建筑供暖的热化学和含水层联合储存系统示意图[42]

② 储热在建筑结构中的应用 建筑结构中的主动储存是指通过嵌入建筑元素，如墙壁、地板或天花板，实现对热量主动充放的储能系统，图 5-21 给出了不同的主动式系统集成方式。这些主动储存系统在建筑领域发挥着关键作用，不仅提供了高效的热能管理，还有助于优化建筑的能源利用效率。

墙内集成技术是将太阳能空气集热器与房屋及通风良好的内墙相结合，通过混凝土墙腔循环来为内墙储热[43]。数值模拟研究了空气循环的集中运行模式，

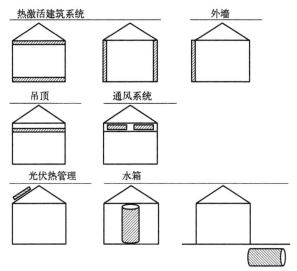

图 5-21　不同的主动式系统集成方式[37]

分为开环和闭环两类。在开环模式中，重型内墙的通风是持续进行的，因为新鲜空气始终在循环；而在闭环模式中，新鲜空气的通风与系统分开。模拟结果表明，由于与通风系统相互独立，闭环集成的重型内墙集热器表现出更高的效率。然而，墙内集成的一个主要缺点是，墙面通常需要用于安装隔板、橱柜或其他家具，导致集成装置暴露在外，这在实际应用中并不理想。因此，在大多数情况下，将集成装置置于天花板或地板中更为合理。见图 5-22。

如图 5-23 所示，也可以基于相变材料和水冷管设计新型的天花板，例如将天花板的石膏与微胶囊相变材料相结合[44]，该系统可吸收办公楼的热负荷，然后通过毛细管系统将其进行冷却；通过对该系统进行仿真研究和实验室测试，采用含有 25％相变材料的 5cm 石膏板足以使办公楼中维持在舒适的室温范围内。

除天花板外，混凝土地板辐射采暖系统也可以通过引入相变材料与水管耦合结构来对室内进行更高效的热管理，如图 5-24 所示，该系统包括两层具有不同熔化温度的相变材料[45]，并在混凝土内部嵌入水管。在供暖模式下，通过管道循环的水温维持在 52℃；而在制冷模式下，通过管道循环的水温维持在 7℃。因此，在供暖模式下，用于制冷的相变材料完全处于液态；而在制冷模式下，用于供暖的相变材料则呈固态。研究发现，这两种相变材料的最佳熔化温度分别为 38℃和 18℃；此外，引入相变材料层后，系统在供暖和制冷时的能量释放相比于普通的混凝土地板分别增加了 41％和 38％。这一设计不仅实现了热量的有效储存和释放，同时充分发挥了相变材料的独特性质。

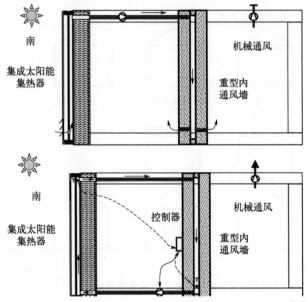

图 5-22　冬季空气循环的开环（上）、闭环（下）示意图[43]

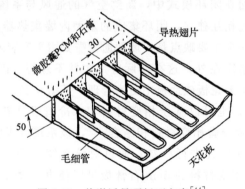

图 5-23　热激活吊顶板面方案[44]

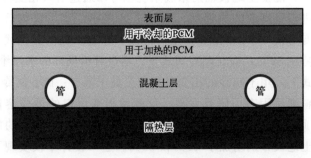

图 5-24　双层地板方案示意图[45]

③ 储热在建筑物邻近区域中的应用　建筑热管理除了将储热材料整合到建筑物本身，还有一部分是在建筑物外部储热。这种类型的储热系统通常是为更大的建筑群而设计的。含水层储热是一种利用地下自然停滞或接近停滞的含水层作为储热介质的技术[46]。通过不同井的交替运作储存和释放热量到储存介质中。含水层的顶部和底部均由防水层密封。在储热过程中，地下水从含水层的"冷"侧抽取，并通过热交换器系统进行加热。加热后的地下水随后被引导至含水层的"暖"侧。在放热过程中，整个流程以相反的顺序进行。含水层储热通常需要经过多年的逐步填充，随着时间的推移，根据地质特征，在含水层内会形成一个热泡，从中释放储存的热量。

为了使含水层正常进行储热，必须满足适当的水文地质条件。主要包括含水层的最小渗透性、含水层的储存容量（孔隙度）以及到地表的距离。如果没有足够的最小渗透性，那么单位时间内无法与足够的水量进行热量交换。图 5-25 显示了位于德国吕讷堡的一处地质结构。

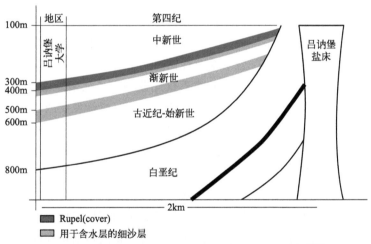

图 5-25　位于德国吕讷堡的一处含水层的地质结构[47]

除了水文地质要求外，微生物和水文化学条件也很重要，根据地下水的化学组分，加热可能会导致沉淀，从而造成在过滤系统和热传递中产生沉积物，甚至在加热时导致腐蚀。最重要的是要密切关注加热对地下水微生物结构的影响，防止对地下水生态造成影响。含水层储存可以在需要大量热量的情况下运行，并使用供暖的级联供应温度以及由此产生的低回流温度。大型太阳能热发电厂、热电联产厂以及生产过程中产生的多余热量适用于向含水层加热从而对热量进行储存。

钻孔储热是通过埋在深度为 30～200m 的钻孔换热器将热量储存在土壤/岩

石中，存储的热量在需要时随时提取。由于土壤与工作流体之间的温差相对较小，钻孔季节性太阳能热储存系统总是配备有热泵。图 5-26 显示了一个简化的钻孔季节性太阳能热储存系统的示意图[48]。从图中可以看出，该系统由太阳能集热器、短期储热装置、热泵、钻孔换热器和最终用户设备组成。在非供暖季节，多余的太阳能被储存在地下，而在供暖季节，提取存储的热量并使用热泵为用户供暖。

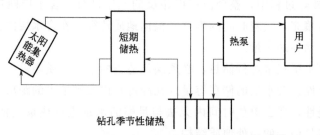

图 5-26　钻孔季节性太阳能储热系统的示意图[48]

钻孔储热技术具有显著的优势，尤其在可再生能源的利用和能源效率的提升方面表现突出。首先，该系统通过利用地下土壤或岩石作为储热介质，能够长期有效地储存大量热量，特别适合于季节性储热，将夏季多余的太阳能热量储存起来，并在冬季用于供暖。这种储热方式不仅充分利用了太阳能这一可再生能源，减少了对化石燃料的依赖，还降低了碳排放，符合可持续发展的目标。此外，钻孔储热系统能够显著降低供暖成本。在能源价格高涨的地区，系统的经济效益尤为明显。与传统供暖系统相比，它通常与热泵结合使用，热泵在低温条件下提升提取的热量温度，从而提高整体系统的能源利用效率。同时，钻孔储热技术对环境的影响较小，因为它利用地下空间储热，不占用地面空间，也不会产生有害排放物。这些优势共同使得钻孔储热技术在能源利用和环境保护方面具有广阔的发展前景。但其发展依然面临一些共同的挑战。这些挑战包括特殊的地质条件，涉及地下水流、土壤结构等因素，以及对地下热传递机制不够清晰、小热容量导致需要大容积储存、对系统运行特性理解不充分，以及对地下环境干扰的担忧。在中国，钻孔储热技术的发展面临一些特殊的问题，其中主要问题包括土地紧缺和建筑集成太阳能收集器发展缓慢。此外，仍然缺乏相关的设计规范，建筑热绝缘水平较低，公众对这类系统的接受度也相对较低，这一系列因素共同制约了该技术的发展。

管道蓄热系统是一种将热能直接储存在地下的创新方案，是一种用于存储和调节热能的技术，利用管道中的蓄热介质（如热水或热油）在热源充足时储存热量，并在需要时释放这些热量以满足热能需求。该系统通过在管道中循环热流体来实现热量的储存与传递，广泛应用于供暖、空调和工业加热等领域，以提高能源利用效率、平衡热能供应和需求，并降低运行成本。适用于这种系统的地质形态包括岩石或饱和水的土壤。系统通过垂直的孔穴热交换器在地下 30～100m 的深度进行储热[48]（图 5-27）。在系统中，一定数量的热交换器被液压连接成一行，并且多行被并联连接。在吸热过程中，流动方向是从储存的中心流向边界，这有助于在中心获得更高的温度，而在边缘处获得较低温度。而在放热过程中，流动方向则是相反的。为了减少热量向地表的损失，在储存系统的顶部覆盖有一层隔热层。

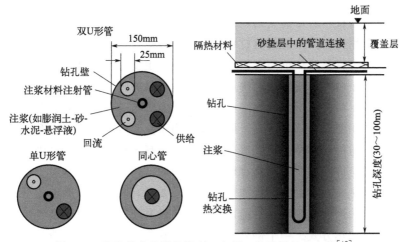

图 5-27　钻孔热交换器的类型（左侧）以及样品的安装[48]

这种储热系统的一个优势是模块化设计，使得其可以轻松地连接其他的孔穴，从而系统可以随着住宅区规模的增长而灵活扩展。然而，需要注意的是，为了实现相同的热容量，储存系统的大小必须是热水储存系统的 3～5 倍。由于在吸热和放热时的较低容量，通常系统中集成了缓冲储热以确保稳定的热能供应。值得一提的是，德国的 Neckarsulm 地区已经成功运行了一个温度高达 85℃ 的管道热储存系统，其容积为 63400m³。这个案例为这一先进的热储存技术的实际应用提供了有力的证据。

使用主动式储热系统可以更好地控制存储系统，比如何时以及如何对储热系统进行吸热或放热。本节中已经介绍了各种各样的主动储能系统，其中一些是如今许多建筑中已经应用的经过验证的技术（例如储热罐热水储热系统），而另外一些新兴技术仍然需要进行大量研究（例如相变材料或者热化学储热）。热化学储热由于具有长期储存且无热损失的潜在优点，使得该系统在未来发展中有着巨大的潜力，但仍需要进行更多材料的研究，包括对材料性质以及热/质传递限制的研究。热化学储热系统在之后的发展过程中还需要变得更加安全可靠且方便实用。

主动式系统在制冷应用中也被用于调峰，主要用于具有较大制冷负荷的较大建筑，如办公室或者其他商业建筑。根据建筑负荷以及电费在一天是否有差异，可以采用不同的运行策略来最大化储能系统的效益。特别重要的是要考虑系统的控制和运行方式，因为最常用的配置通常可以得到最低的成本。

总之，储热在建筑物中有许多用途，可以提高能源效率，包括增加可再生能源比例、减少排放、提高暖通空调设备效率、减少峰值负荷，同时提高室内舒适度，减少温度波动和过高温度。建筑储热目前有很多方式，包括已经商业化的成熟技术以及新型技术。目前受到广泛研究的两种热能储存类型是热化学储热和相变材料储热。热化学储热需要对材料和系统进行研究，以找到可靠和实用的系统解决方案。相变材料储热也需要进一步的研究，主要集中在材料、过冷、阻燃等问题上。特别是过冷，或者更准确地说是相变材料的整个凝固过程。如果温度无法降低到相变材料可以凝固的程度，则储存潜力的主要部分将会丧失。在特定气候条件下，若相变材料选择不当，原本设计用于夏季全周期的储热系统可能仅在春、秋季具备适用性，原因在于盛夏夜间温度仍高于相变材料的凝固温度。另一个需要关注的是许多相变材料储存解决方案中的低传热率。成本对于相变材料和热化学储热都是一个主要问题，如果这些技术要具有吸引力，廉价的材料是必不可少的。所有的这些问题导致目前市场上几乎没有使用相变材料或者热化学储存的商业化建筑储热方式。一个例外是冰储存，它是当今主要的商业相变材料储热材料。原因当然是水是一种具有非常良好热性能的廉价介质（至少在液态时）。然而，由于水/冰的低相变温度，它只适用于设计为低温的冷却应用。

对于住宅建筑，有许多有前途的储热技术。目前最常用的储热技术是采用水作为媒介的显热储热，这是一种经过验证的技术，具有简单、直接、无毒、可广泛使用等优点。采用水箱的显热储热技术通常用于简单的家庭热水应用以及更先进的太阳能组合系统等方面。对于季节性储存而言，由于热化学储存在较小储存容量下仍然能实现无损失储存的特性，显示出其潜在的优势。然而，该技术仍处于初期开发阶段，必须简单易用才能在住宅市场上取得发展。成本对于这类系统来说也是一个需要考虑的重要因素。对于较大的住宅综合体，钻孔储存具有潜力，但系统必须经过良好的规划和设计，以确保进一步降低热损失。

5.3 储热技术在人体热管理中的应用

人体热管理（personal thermal management，PTM）是一种通过调控温度

维持体温或皮肤温度在舒适范围内的技术，主要方式包括人体加热、制冷、保温、隔热等。随着可穿戴电子设备和智能纺织品的应用以及各类极端环境中对人工作业的需求提升，人体热管理技术和人民健康受到广泛重视。习近平总书记指出，健康是幸福生活最重要的指标，必须把保障人民健康放在优先发展的战略地位。国务院办公厅印发的《"十四五"国民健康规划》中提到了加强环境健康管理的相关要求，避免人体在环境中的热冷风险。储热技术能够在环境与人体间形成热量/冷量缓冲，避免人体与高温或低温环境直接接触，从而保护人体免于过热烫伤或过冷冻伤等伤害。现阶段常用于人体热管理的储热技术主要是显热储热和潜热储热技术，热化学储热技术由于储放热过程可调控性差，因此在人体热管理中应用较少。储热技术在人体热管理中的应用主要包括人体加热与热敷、人体制冷与冷敷、制热织物、制冷织物等。本节将基于以上四个领域，详细介绍应用于人体热管理的储热技术。

5.3.1　人体产热机理

人体产热由肝脏和骨骼肌等主要产热器官完成，热量来源于组织器官的基础代谢。而人体与环境之间的热交换主要包括人体向环境的辐射换热、人体与环境的导热传热、人体体表与环境的对流换热和皮肤向环境的蒸发换热[49,50]，如图 5-28 所示。辐射换热表示两个温度不同且互不接触的物体之间通过电磁波进行的换热过程，主要通过电磁波传递能量。人体皮肤对红外线的发射率约为0.97，接近理想的黑体辐射源。导热换热是物体各部分之间不发生相对位移时，依靠分子、原子及自由电子等微观粒子的热运动而产生的热能传递。人体的导热换热受人体与环境之间的温差影响，温差越大，导热换热越快，换热与失温速率越快。对流换热是通过流动介质热微粒由空间的一处向另一处传播热能的现象。人体的对流换热是环境中的空气流动与皮肤进行热量交换的过程，与空气流速、气温等因素有关。蒸发换热是人体排汗后的湿皮肤表面与空气之间存在水蒸气分压力差引起的换热，主要受环境湿度、温度、风速等影响。

人体与环境之间的热平衡关系可由下式表示：

$$\Delta q = q_n \pm q_v \pm q_r - q_e \tag{5-4}$$

式中　q_n——人体产热量，W/m^2；

q_v——人体与环境空气间的对流换热量，W/m^2；

q_r——人体与环境间的辐射换热量，W/m^2；

q_e——人体的蒸发散热量，W/m^2；

Δq——人体的热量变化，W/m^2。

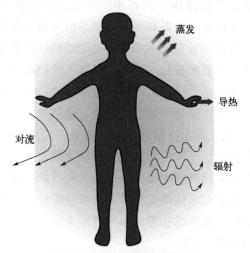

图 5-28 人体与环境换热形式

当人体自身的产热与各种散热形式之间取得动态热平衡时（即 $\Delta q = 0$ 时），人体体温维持在相对恒定的状态。而一旦打破产热与散热的动态平衡，人体将出现持续性的散热或积热，随着时间延长，体温将会超出或低于正常体温，如人体长时间暴露在低温环境时易造成失温，而在高温环境中易造成中暑、脱水等，产生人身伤亡危害。人体的舒适温度区间通常为 $18\sim25℃$，而无论是日常生活中的严寒/高温天气，还是极端环境下的作业需求，环境温度均超出了人体的舒适温度区间，增加了皮肤或人体冻/烫伤的风险。储热技术利用储热材料储存和释放热能的能力，可以在人体与环境之间建立热"缓冲区"，以缓解人体受到的环境高/低温冲击，从而实现人体热舒适的目的。

5.3.2 皮肤热管理

为了调控人体温度，保障体温处于热舒适范围内，最直接的方式是将热能或冷能直接作用于皮肤表面，皮肤再通过热传导、热辐射、热蒸发或热对流等方式调控体温，实现人体热管理的目的。直接作用于皮肤的热管理方法除了要满足调控体温的需求，还需要保障人体的冷/热安全，极大限度避免安全隐患，因此，皮肤热管理对材料安全性、技术成熟性、装置可靠性等方面均提出较高要求。

（1）皮肤加热与热疗

对于极端低温条件或长期低温环境作业情况，人体的散热量将显著高于产热量，$\Delta q < 0$ 的状态维持时间长，此时仅靠保温技术难以保证人体热量的动态平

衡，需要额外提供热源。储热技术可储存大量热量，并在环境温度较低时释放热量。其中，显热储热技术主要依靠升温/降温实现储/放热过程，而热化学储热技术的储热过程速率过快难以控制，因此均不适用于人体热管理。而潜热储热技术由于具有储热密度大和储热温度近乎恒定的优势，可用于人体加热与热疗。

基于固液相变的潜热储热技术通常面临易泄漏和热导率低的问题，为适应人体加热与热疗的应用场景，需满足稳定封装和强化热物性两方面要求。封装固液相变材料是潜热储热应用于人体热管理的重要步骤之一。固液相变材料的封装方法通常分为一步封装和两步封装。其中，一步封装是在合成复合相变材料过程中直接完成封装过程，两步封装则是先合成封装材料，再将相变材料注入其中完成封装过程。两种方法各有利弊，一步封装法操作简单，产物不易发生泄漏。但由于相变材料分子仅由物理或化学键缠绕包裹，因此封装比不高，导致获得的复合相变材料熔值较低。一步封装法制备应用于人体热管理的储热材料通常以聚合物材料作为封装框架，在聚合物有机链交联合成过程中，均匀分布的固液相变材料将被封装在其中，且交联获得的三维框架与相变材料的固液相变过程相适应，不易泄漏。线型三嵌共聚物 SEBS 常用于与有机固液相变材料复合得到形状稳定的复合材料，其成分包含树脂块（硬块）和橡胶块（软块），独特的嵌段结构可以将有机相变材料储存在软嵌段中，使连续相结合，而硬嵌段形成物理交联的三维网络，使复合材料形状稳定不泄漏[51]，如图 5-29 所示。由此获得的复合材料具有优异的热稳定性，适用于人体热管理。

图 5-29　一步封装法制备聚合物基复合相变材料[51]

海藻酸钠（SA）是从海藻中提取的一种天然生物多糖，具有环保、可生物降解的优点，与人体热管理的理念相符[52]。由于其具有丰富的羧基和羟基，在金属离子交联条件下可形成形状稳定的多孔结构，因此，可利用一步封装法将固液相变材料封装在其中，形成具有优异柔性和热稳定性的复合相变储热膜，用于人体热管理。尽管一步封装法合成的复合相变材料呈现出良好的热稳定性，但受限于封装方法，材料的储热密度较低，如何通过优化封装方法提升储热密度成为未来发展的重要方向。

两步封装法是将相变材料注入到预先合成的框架（多孔材料、管状材料等）

中，封装比大，但在承压变形等条件下易发生泄漏。与一步封装法不同，两步封装法的制备过程包括两个主要步骤：合成多孔框架与注入相变材料。其中多孔框架主要包括气凝胶、海绵、泡沫等。多孔框架的合成通常是先将聚合物在水中分散形成溶胶，通过交联等方式合成具有内部互联结构的凝胶，之后通过特殊的干燥工艺获得多孔框架。常用于封装相变材料的多孔框架按材质可分为碳基多孔框架（碳气凝胶、生物质气凝胶、石墨烯气凝胶、碳纳米管海绵等）、金属基多孔框架（银纳米线气凝胶、铜纳米线气凝胶等）、陶瓷基多孔框架（碳化硅气凝胶、氮化硼气凝胶等）、聚合物基多孔框架（海藻酸钠气凝胶、聚酰亚胺气凝胶、聚乙烯醇气凝胶等）。碳基多孔框架热稳定性高，抗腐蚀；金属基多孔框架导电导热性能好，耐久性高；陶瓷基多孔框架热稳定性好，耐腐蚀，且具有电绝缘特性；聚合物基多孔框架具有优异的柔性和变形能力，但热导率较低[53]。多孔框架按结构尺寸可分为大孔（>50nm）、中孔（2~50 nm）、微孔（<2nm）和分级多孔（从纳米到微米），通常合成的多孔框架孔尺寸较小，相变材料注入其中要克服很强的表面张力和毛细力，因此，需要真空条件辅助进行[54]。

　　由于各类材料各具优劣势，现阶段通过将两种以上材料共混合成复合多孔框架，从而实现多种目的。由两步封装法合成石墨烯/银纳米线气凝胶基复合相变材料的流程如图 5-30 所示。第一步合成石墨烯/银纳米线共混气凝胶，该过程主要包括水热反应和真空干燥。由于获得的气凝胶孔直径仅为微米级，因此相变材料月桂酸的注入需要在真空环境辅助条件下进行。该方法获得的复合相变材料能够将熔化后的液态相变材料固定在多孔框架中不至泄漏，由此可应用于人体热管理。

图 5-30　石墨烯/银纳米线气凝胶基复合相变材料合成方法示意图[55]

　　基于以上合成方法获得的复合相变材料已用于实验室级别的人体热舒适调控。图 5-31 是光热方式为相变材料储热并为人体进行热疗的红外图，复合相变材料为 SEBS 与十八醇合成的凝胶。当皮肤表面覆盖有复合相变凝胶时，皮肤温度可由 33℃升高至 43.6℃，并随着放热过程逐渐降温，1500s 后降至 35℃。而不覆盖复合相变凝胶时，皮肤温度始终为 33℃。这是因为复合相变凝胶不仅通过光热转换储存了大量热能（915.3J，5g），并通过与人体皮肤换热实现了对人体的加热和热敷功能。

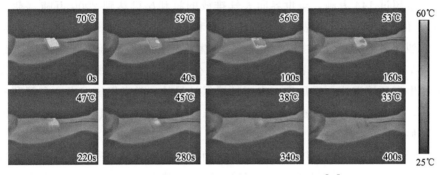

图 5-31　覆盖有复合相变凝胶的手臂红外图[53]

　　人体热管理除了要求复合相变材料稳定不泄漏，还需满足人体运动过程中的应力变化。常用的一步合成法制备的复合相变材料通常呈现出优异的柔性和热稳定性，可满足人体运动过程中对复合相变材料的力学性能需求。图 5-32 所示的 MXene/聚丙烯酰胺基相变水凝胶不仅具有优异的光热转换特性，且由于水凝胶自身良好的力学性能，使复合相变储热材料在光热加热和应变传感方面都具有应用潜力[56]。

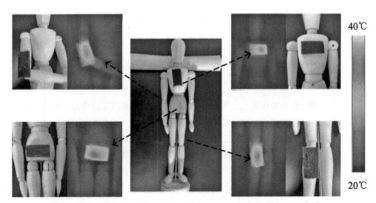

图 5-32　用于人体光热治疗的相变水凝胶示意图[56]

（2）皮肤制冷与冷敷

　　人类与高温环境的斗争由来已久，中世纪时，冷却食物的方法是在水中加入硝酸钠或硝酸钾来吸收热量，该方法为制冷技术的起源。1842 年，美国一位内科医生设计了一台空气冷却装置为病房降温，该装置是如今制冷器的雏形。到了1859 年，法国人开利发明了以氨作为制冷剂的制冷系统，使制冷效率大幅提升。随着制冷技术的逐渐成熟，筛选制冷剂成为核心问题，氟利昂具有无色、透明、无味、不易燃易爆等优势，在短时间内迅速占领制冷剂市场，20 世纪 80 年代后期，产量超过 144 万吨，全世界向大气排放的氟利昂已达到 2000 万吨（截至管控前）。但同时，人们发现排入大气中的氟利昂一部分进入平流层，在受到紫外线的强烈照射下会释放出氯原子与臭氧发生连锁反应，逐渐破坏臭氧层。截至2003 年，臭氧空洞面积已高达 2500 万平方公里，导致紫外线直射地表，对人类健康和生态环境造成严重危害。出于环境保护目的，学者们研发出众多氟利昂的替代品，如 R134a、R410a、R407c、R600a 等，逐步取代氟利昂，成为主要制冷剂材料。

尽管制冷技术蓬勃发展，人类作业所面临的极端环境仍需要更温和、更直接的人体制冷方式。人体制冷可分为风冷、液冷、热电制冷、基于气体膨胀蒸发的冷却、导热制冷、辐射制冷等，如图 5-33 所示[57]。由于人体的特殊环境，不宜携带复杂繁重的装置，因此，开发结构简单、制冷过程温和的制冷方式是当务之急。生活中最常见的用于人体制冷的方式是冰袋制冷，该方法首先通过水结冰储存大量冷能，并在制冷过程中利用冰吸热融化过程带走人体热量实现人体制冷目的。冰袋制冷的方法利用了水结冰和冰融化的固液相变特性，由于相变过程均在0℃左右进行，短时间冷敷不会造成冻伤等问题。而且，水与冰的相变潜热较大，储冷密度高，因此适用于人体制冷。

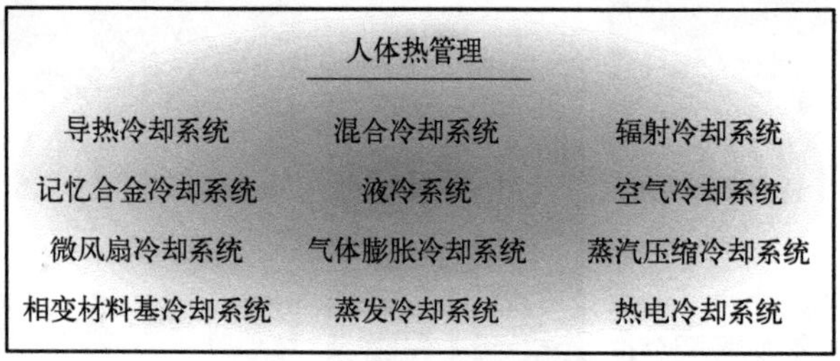

人体热管理		
导热冷却系统	混合冷却系统	辐射冷却系统
记忆合金冷却系统	液冷系统	空气冷却系统
微风扇冷却系统	气体膨胀冷却系统	蒸汽压缩冷却系统
相变材料基冷却系统	蒸发冷却系统	热电冷却系统

图 5-33 人体制冷技术分类

直接应用于皮肤的固液相变材料需要更为稳定的封装策略，封装方法按照封装尺度可以分为微纳封装和宏封装。以水合盐固液相变材料为例，其微纳封装方法是将水合盐与聚合物框架合成为微胶囊或凝胶，从而限制水分蒸发和液体流动，达到稳定封装目的。图 5-34 为一步封装法制备十水合硫酸钠水凝胶的合成路径，该方法将水合盐封装在水凝胶中，避免水分子蒸发导致的材料失效，同时也将水合盐分子牢牢地锁定在水凝胶网络中避免泄漏[58]。该方法获得的相变水凝胶具有自修复性能、优异的力学性能、抗冻性、自黏附性和抗疲劳特性,适用于人体组织的局部降温场景。图 5-35 为两步封装法制备凯夫拉气凝胶基复合相变膜并应用于人体热管理。首先合成凯夫拉纤维基气凝胶,随后在真空辅助下将液体相变材料注入气凝胶孔隙中,得到复合相变膜[59]。该复合材料具有优异的机械柔性,可适应人体运动过程中的不同应力冲击。而固液相变材料的宏封装是将其封装在大尺寸的容器中,保障其熔化和凝固过程均发生在容器内部不泄漏。

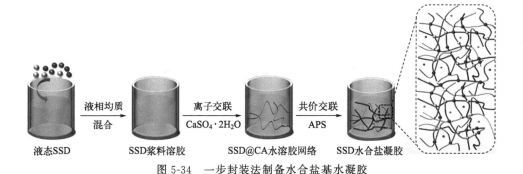

图 5-34　一步封装法制备水合盐基水凝胶

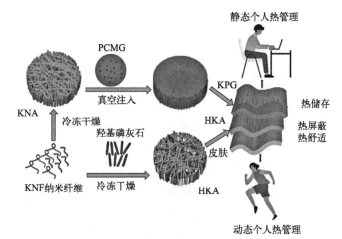

图 5-35　凯夫拉纤维气凝胶基复合相变材料应用于人体热管理[59]

随着制冷技术的不断发展,辐射制冷也已与储热技术广泛结合,并应用于人体制冷和军事红外隐身等场景。Yang 等[60] 设计了一种温度自适应的双层热调控结构,一层为传统的被动式日间辐射制冷,另一层为室温相变材料。相变材料层能够存储和释放辐射制冷器产生的冷能从而调节复合结构的冷却性能,其工作原理如图 5-36 所示,结果表明,在日间太阳峰值辐射强度约达 $880W/m^2$ 时,环境的最大温降约达 $9℃$,比传统的辐射制冷器温度低 $2.2℃$,由此表明,相变材料能够进一步强化辐射制冷的昼夜温控表现。

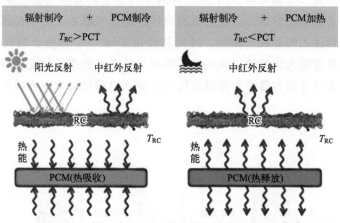

图 5-36 相变材料强化辐射制冷装置的工作原理[60]

5.3.3 热管理织物

在寒冷环境中，为了保持体温，需要保温或加热技术。保温隔热材料能够在一定程度上隔绝外界冷空气的侵袭，从而避免人体散热过快造成体温失衡。古人就有"添尽红炉著尽衣""安得万里裘，盖裹周四垠""西风吹冷透貂裘，行色匆匆不暂留"等诗句描述了穿衣保温的常识。用于人体保温隔热的材料，在人类发展进化过程中，从草叶和动物皮毛到葛麻桑蚕再到丝绸和棉质材料直至现阶段的各类化学纤维，逐渐满足衣物的各项需求，包括透气性、舒适性、吸湿性、耐磨性、抗皱性等。随着可穿戴电子设备的快速发展和人体温度调控需求的不断提升，用于人体热管理的智能织物逐渐受到广泛关注。相较于直接接触的皮肤热管理方式，热管理织物通常是将储热材料集成在织物纤维中，并通过吸收外界环境或人体的热量维持人体温度在热舒适范围内，如图 5-37 所示。人体皮肤也是一种红外发射器，发射率为 0.98，在静止时人体发出的热辐射主要在 $7 \sim 14 \mu m$ 的中红外波长范围内，如图 5-37(a) 所示，其辐射散热量占人体散热较大比重，如图 5-37(b) 所示[61]。但传统织物，如棉、涤纶、化纤等都具有较高的红外吸收峰，极易吸收大量辐射热能从而造成人体体温升高，引起人体热不舒适问题。为了满足人体在不同场景下的热舒适需求，具备热管理功能的新型织物受到广泛关注。

常用热管理织物的控温方式包括主动式与被动式，其中，主动式是在外界动力源的辅助下进行降温或加热，通常采用气体或液体作为能量源，在外加动力的

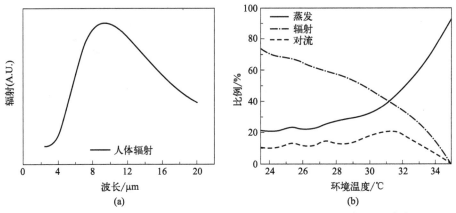

图 5-37　人体热辐射波长（a）及热辐射在人体换热量中的占比（b）[61]

作用下，能量源流动并与人体换热以达到升温或降温目的，其中，主动式冷却织物包括各种嵌入式降温系统，主动式加热织物包括太阳能加热、化学能加热、相变加热等[62]。但是，主动式冷却通常需要外接加热或制冷设备，因此较为烦琐，仅在特种作业领域有部分应用。而被动式热管理织物仅靠材料自身特性进行控温，不需额外能源，因此适用于日常生活[63]。现阶段常用的被动个人热管理方法包括辐射热管理、保温、储热、光热转换等。其中，基于储热技术的个人热管理方法是将相变储热材料封装在织物中，通过相变过程储存和释放热能，从而减慢人体与环境之间的换热过程，保证人体热舒适，如图 5-38 所示。

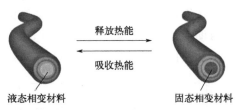

图 5-38　集成固液相变材料的热管理织物储热/放热示意图[63]

　　静电纺丝技术是将相变材料与织物集成在一起避免泄漏的主要方法，通过静电纺丝制备的相变材料复合织物具有可调控的纤维直径、低密度、高孔隙率、高长径比和优异的机械柔韧性，适用于人体温度调控[66]。图 5-39 为采用同轴静电纺丝技术制备以多壁碳纳米管/聚氨酯复合材料为壳、以相变材料为芯的核壳结构纤维织物。相变材料在壳内作为储/放热介质，且熔化过程不发生泄漏，聚合物基壳材料具有高弹性、优异柔韧性和拉伸性，由此制得的织物纤维兼具储热材料的热管理特性和聚合物纤维的可穿戴特性，可作为热管理织物。

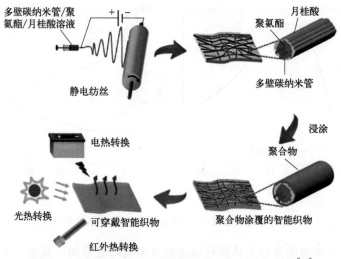

图 5-39　集成相变材料的热管理织物制备流程示意图[64]

（1）制热与保温织物

在寒冷环境中，人体为抵御外界低温环境，通常需要穿戴厚厚的保温织物。然而，传统织物只能降低自身热量向外传递，但是无法向人体提供热量。因此在严寒天气场景下，人体室外作业难度很大。为了提高人体在低温环境下的舒适性，降低低温对人体组织造成伤害的可能性，将储热材料集成到传统或新型织物中制备储热与保温织物是可行的方法之一。储热与保温织物通过电加热、吸光储热等方式将大量热量储存在织物中的储热材料内，人体穿戴后，储热与保温织物缓慢释放储存的热量，帮助人体抵御低温侵袭，如图 5-40 所示。储热与保温织物还可通过光热转换或电加热持续供热，保障放热过程可持续，如图 5-41 所示。

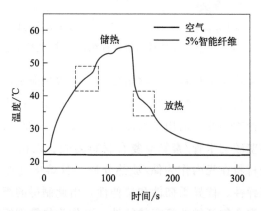

图 5-40　储热织物的储热和放热过程与环境温度对比图[64]

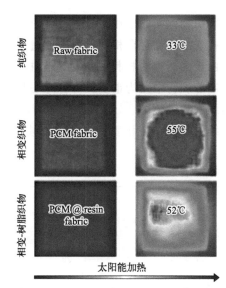

图 5-41   传统织物与储热织物在太阳辐射（80mW/cm^2）2min 后的红外图对比[65]

（2）制冷与红外隐身织物

在炎热天气或高温环境中，热管理织物需要通过制冷的方式保障人体温度在舒适温区内。制冷织物通常通过尽可能地反射太阳光，减少向人体的辐射传热，从而减少人体获得的辐射热，降低人体温度。比如，消防服必须能够保障消防员免受辐射热灼伤，且需要具备良好的透气性、透湿性等，保障消防员身体的热平衡与舒适性（ISO TC94/SC14/WG3）[66]。此外，还可以利用主动冷却技术进一步提高制冷效果，如图 5-42 所示。

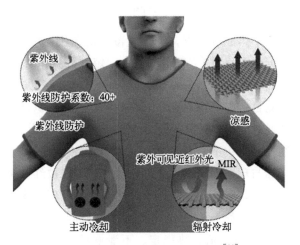

图 5-42   降温织物热管理示意图[66]

　　储热技术在人体制冷织物方面的应用主要利用了相变材料储存热能的特性，将外界辐射热能转换为相变潜热储存在相变材料中，避免直接作用于人体导致的体温升高或晒伤风险。由于固液相变材料在熔化过程中易出现泄漏问题，因此，相变材料的稳定封装在制冷织物中尤为重要。一种方法是将相变材料通过真空注入方法封装在已有的传统衣物纤维中[67]，如图 5-43 所示，另一种是通过静电纺丝等方法在合成衣物纤维的过程中将相变材料一体封装在其中[68,69]，如图 5-44 所示。

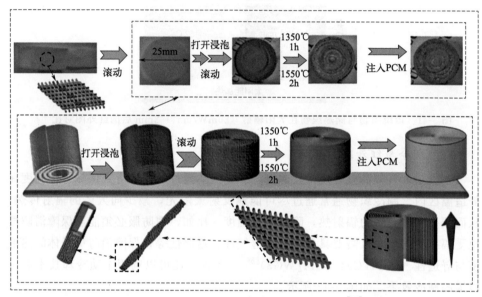

图 5-43　在已有的织物纤维中注入相变材料[67]

　　红外探测主要基于热成像原理，红外线覆盖的范围（0.76～1000μm）可以划分为五个部分：近红外线（0.76～1.5μm），短红外线（1.5～3μm），中红外线（3～8μm），长红外线（8～15μm）、远红外线（15～1000μm）。红外探测是通过不断放大被探测目标与环境背景之间的差异，从而辨识目标。而红外隐身与红外探测相反，是通过缩小这种差异使目标隐身在环境中[70]。

　　储热技术在红外隐身中的应用利用相变材料在相变阶段温度近乎不变的特性，保证被探测目标与环境之间具有很小的温差，不易被红外探测器识别。通过将相变材料与织物复合，制备具有红外隐身性能的热管理织物，成为军事领域的研究热点。Lyu 等[71] 制备 Kelvar 纳米纤维气凝胶膜并用于封装相变材料，获得的复合相变材料具有高熔值、热稳定、不泄漏的优势，红外发射率为 0.94，与大多数背景环境相当。Li 等[72] 设计了三层气凝胶复合相变材料，其具有隔

热、吸热、光热、热电转换特性，可以同时进行可见光与红外伪装，如图 5-45
所示。

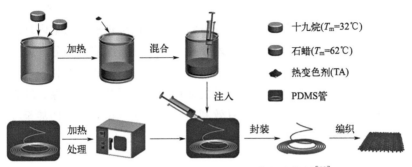

- 十九烷(T_m=32℃)
- 石蜡(T_m=62℃)
- 热变色剂(TA)
- PDMS管

加热　混合　注入

加热处理　封装　编织

图 5-44　在织物纤维合成过程中封装相变材料[68]

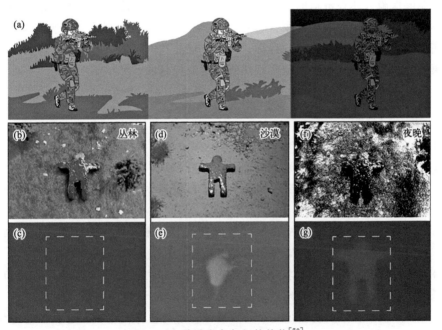

图 5-45　热致变色与红外伪装[72]

5.4　本章小结

储热技术储存/释放热能与多类型能源转换的特点使其在建筑和人体热舒适
性调控领域具有巨大潜力，能够满足人类对热舒适和热健康的美好生活追求。

在建筑热管理方面，通过有效地储存和利用热能，可以显著降低建筑物的能耗，提升能源利用效率，实现节能减排，满足人们对热舒适性的需求。现代建筑热管理系统融入了各种先进的储热技术，包括相变材料、水热储存系统和新型建筑储热材料等的应用。这些技术不仅在冬季可以通过释放储存的热能提高室温，还可以在夏季通过释放储存的冷能来降低室温，提供全年舒适的室内环境。随着科技进步和环保需求的增加，储热技术在建筑领域的应用前景十分广阔。智能控制系统的集成将使建筑热管理变得更加精准和高效。新型储热材料的开发为储热技术带来了更高的热能存储能力和更长的使用寿命，同时更加环保。综合能源系统的应用将促进多种可再生能源的有效利用，实现建筑物的低能耗甚至零能耗运行。此外，政府和行业组织的政策支持和标准制定也将推动储热技术的普及和应用。

储热技术在人体热管理领域的应用主要包括体温调控和健康管理，对体温的调控能够保障人体在舒适的温度范围内，避免过热或过冷带来的不适感，预防对身体健康的危害，对人体健康管理是一种辅助医疗措施，既可以冷敷/热敷缓解病痛，也可以达到杀菌消毒的目标。为此，储热技术仍需要向生物友好型、环保健康型的方向发展，以更好地实现热舒适性调控目的。

思考与讨论

5-1 对于一个家庭来说，使用储能技术有哪些潜在的好处？请列举并解释。

5-2 考虑到城市化进程的加快和能源消耗的增加，储能技术在未来城市建设中的作用将会如何发展和演变？你认为哪些方面是最需要关注和解决的问题？

5-3 储热技术在建筑中的应用如何影响建筑的能源效率？试解释一种储热技术是如何在建筑中存储和利用能量的？

5-4 储热技术在夏季和冬季的表现有何不同？它们在热量储存和释放方面的效率是否受季节变化的影响？

5-5 储热技术在不同类型建筑中的应用方面有何差异？例如，它在住宅建筑、商业建筑和工业建筑中的实施方式有何异同？

5-6 如何评估储热技术在今后几十年内对建筑行业的长期影响？它可能如何塑造未来建筑的形态和功能？

5-7 日常生活中采用冰袋对患处进行冷敷除了利用冰的低温特性，还利用了其哪些热特性？

5-8 "心静自然凉"说的是当一个人内心保持平静平和时，即使外界温度很高，也不会感到闷热。请尝试从热力学角度揭示这种现象的原因。

5-9　湿毛巾敷皮肤散热的方法是生活中常用的降温方法，能够起到降低体温的目的，这种方法主要利用了什么原理？

参考文献

[1]　Wargocki P，Seppänen O，Anderson J，et al. Indoor climate and productivity in offices [J]. Rehva，2006，6.

[2]　CO_2 Emissions in 2023 [EB/OL].

[3]　Global Status Report for Buildings and Construction [EB/OL].

[4]　Policies database [EB/OL].

[5]　中共中央 国务院关于完整准确全面贯彻新发展理念做好碳达峰碳中和工作的意见 [EB/OL].

[6]　住房和城乡建设部关于印发"十四五"建筑节能与绿色建筑发展规划的通知 [EB/OL].

[7]　住房和城乡建设部关于印发"十四五"住房和城乡建设科技发展规划的通知 [EB/OL].

[8]　中华人民共和国住房和城乡建设部. 建筑节能与可再生能源利用通用规范：GB 55015—2021 [S/OL]. 北京：中国建筑工业出版社，2021：2.

[9]　关于扩大政府采购支持绿色建材促进建筑品质提升政策实施范围的通知 [EB/OL].

[10]　教育部关于印发《绿色低碳发展国民教育体系建设实施方案》的通知 [EB/OL].

[11]　住房和城乡建设部办公厅关于国家标准《零碳建筑技术标准（征求意见稿）》公开征求意见的通知 [EB/OL].

[12]　朱颖心. 建筑环境学 [M]. 北京：中国建筑工业出版社，2010.

[13]　中华人民共和国住房和城乡建设部，国家市场监督管理总局. 绿色建筑评价标准：GB/T 50378—2019 [S/OL]. 北京：中国建筑工业出版社，2019：12.

[14]　魏文彪，高海静. 建筑工程管理与实务 [M]. 北京：清华大学出版社，2016.

[15]　Fu W，Jin S. Energy conservation in buildings and insulation for exterior windows [J]. IOP Conference Series：Earth and Environmental Science，2019，233.

[16]　中华人民共和国住房和城乡建设部. 严寒和寒冷地区居住建筑节能设计标准：JGJ 26—2018 [S/OL]. 北京：中国建筑工业出版社，2018：14.

[17]　中华人民共和国住房和城乡建设部. 夏热冬冷地区居住建筑节能设计标准：JGJ 134—2010 [S/OL]. 北京：中国建筑工业出版社，2010：3.

[18]　中华人民共和国住房和城乡建设部. 夏热冬暖地区居住建筑节能设计标准：JGJ 75—2012 [S/OL]. 北京：中国建筑工业出版社，2012：4.

[19]　Chenari B，Dias Carrilho J，Gameiro Da Silva M. Towards sustainable，energy-efficient and healthy ventilation strategies in buildings：A review [J]. Renewable and Sustainable Energy Reviews，2016，59：1426-1447.

[20]　刘念雄，秦佑国. 建筑热环境 [M]. 第二版. 北京：清华大学出版社，2015.

[21]　季杰，于志，孙炜. 多种太阳能技术与建筑一体化的应用研究 [J]. 太阳能学报，2016，37（2）：489-493.

[22]　Wang C，Li X，Li H L. Role of input features in developing data-driven models for building thermal

demand forecast [J]. Energy and Buildings, 2022, 277.

[23] Verbeke S, Audenaert A. Thermal inertia in buildings: A review of impacts across climate and building use [J]. Renewable and sustainable energy reviews, 2018, 82: 2300-2318.

[24] Liu H, Wu Y, Li B, et al. Seasonal variation of thermal sensations in residential buildings in the Hot Summer and Cold Winter zone of China [J]. Energy and Buildings, 2017, 140: 9-18.

[25] 李楠. 夏热冬冷地区人员行为对住宅建筑能耗的影响研究 [D]. 重庆: 重庆大学, 2011.

[26] 于加. 间歇供暖建筑停暖期通风行为对能耗和热环境影响的研究 [D]. 上海: 东华大学, 2021.

[27] Norén A, Akander J, Isfält E, et al. The effect of thermal inertia on energy requirement in a Swedish building-results obtained with three calculation models [J]. International Journal of Low Energy and Sustainable Buildings, 1999, 1: 1-16.

[28] Ståhl F. Influence of thermal mass on the heating and cooling demands of a building unit [M]. Chalmers Tekniska Hogskola (Sweden), 2009.

[29] Silva T, Vicente R, Amaral C, et al. Thermal performance of a window shutter containing PCM: Numerical validation and experimental analysis [J]. Applied Energy, 2016, 179: 64-84.

[30] Ismail K, Henríquez J. Parametric study on composite and PCM glass systems [J]. Energy conversion and management, 2002, 43 (7): 973-993.

[31] Navarro L, De Gracia A, Niall D, et al. Thermal energy storage in building integrated thermal systems: A review. Part 2. Integration as passive system [J]. Renewable energy, 2016, 85: 1334-1356.

[32] Li S, Zhong K, Zhou Y, et al. Comparative study on the dynamic heat transfer characteristics of PCM-filled glass window and hollow glass window [J]. Energy and Buildings, 2014, 85: 483-492.

[33] Chung M H, Park J C. Development of PCM cool roof system to control urban heat island considering temperate climatic conditions [J]. Energy and Buildings, 2016, 116: 341-348.

[34] Shilei L, Neng Z, Guohui F. Impact of phase change wall room on indoor thermal environment in winter [J]. Energy and buildings, 2006, 38 (1): 18-24.

[35] Wu M, Liu C, Rao Z. Experimental study on lauryl alcohol/expanded graphite composite phase change materials for thermal regulation in building [J]. Construction and Building Materials, 2022, 335.

[36] Ahangari M, Maerefat M. An innovative PCM system for thermal comfort improvement and energy demand reduction in building under different climate conditions [J]. Sustainable Cities and Society, 2019, 44: 120-129.

[37] Pavlov G, Olesen B W. Building thermal energy storage-concepts and applications [C]. 12th ROOMVENT conference, 2011: 1-10.

[38] Albaric M, Bales C, Drueck H, et al. Solar combi systems promotion and standardisation (COMBISOL project) [C], 2008.

[39] Arkar C, Medved S. Free cooling of a building using PCM heat storage integrated into the ventilation system [J]. Solar Energy, 2007, 81 (9): 1078-1087.

[40] Takeda S, Nagano K, Mochida T, et al. Development of a ventilation system utilizing thermal energy storage for granules containing phase change material [J]. Solar Energy, 2004, 77 (3): 329-338.

[41] Turnpenny J, Etheridge D, Reay D. Novel ventilation cooling system for reducing air conditioning in buildings. Part I: testing and theoretical modelling [J]. Applied Thermal Engineering, 2000, 20 (11): 1019-1037.

[42]　Caliskan H, Dincer I, Hepbasli A. Energy and exergy analyses of combined thermochemical and sensible thermal energy storage systems for building heating applications [J]. Energy and Buildings, 2012, 48: 103-111.

[43]　Fraisse G, Johannes K, Trillat-Berdal V, et al. The use of a heavy internal wall with a ventilated air gap to store solar energy and improve summer comfort in timber frame houses [J]. Energy and Buildings, 2006, 38 (4): 293-302.

[44]　Koschenz M, Lehmann B. Development of a thermally activated ceiling panel with PCM for application in lightweight and retrofitted buildings [J]. Energy and Buildings, 2004, 36 (6): 567-578.

[45]　Jin X, Zhang X. Thermal analysis of a double layer phase change material floor [J]. Applied Thermal Engineering, 2011, 31 (10): 1576-1581.

[46]　Schmidt T, Mangold D, Müller-Steinhagen H. Central solar heating plants with seasonal storage in Germany [J]. Solar Energy, 2004, 76 (1-3): 165-174.

[47]　Belz K, Kuznik F, Werner K F, et al. Thermal energy storage systems for heating and hot water in residential buildings [J]. Advances in Thermal Energy Storage Systems, 2015: 441-465.

[48]　Gao L, Zhao J, Tang Z. A review on borehole seasonal solar thermal energy storage [J]. Energy Procedia, 2015, 70: 209-218.

[49]　Peng Y, Cui Y. Advanced textiles for personal thermal management and energy [J]. Joule. 2020, 4: 724-742.

[50]　Zhao Y J, Shen S W, Wang X Y, et al. Flexible stretchable SEBS/n-alkane phase change composite films for highly efficient thermal management and infrared stealth applications [J]. Energy & Buildings. 2023, 285: 112933.

[51]　Liu X R, Su H, Huang Z L, et al. Biomass-based phase change material gels demonstrating solar-thermal conversion and thermal energy storage for thermoelectric power generation and personal thermal management [J]. Solar Energy, 2022, 239: 307-318.

[52]　Li H Y, Hu C Z, Jiang Y H, et al. Flexible and leakage-proof sodium alginate-based phase change composite film for thermal-comfortable application of electronic devices [J]. ACS Sustainable Chemistry & Engineering, 2023, 11: 10620-10630.

[53]　Wang C M, Huang Z, Wang T J, et al. Light-thermal-electric energy conversion based on polyethylene glycol infiltrated carboxymethylcellulose sodium-derived carbon aerogel [J]. Energy Conversion and Management, 2022, 267: 115948.

[54]　Ali H M, Rehman T, Arıcı M, et al. Advances in thermal energy storage: Fundamentals and applications [J]. Progress in Energy and Combustion Science, 2024, 100: 101109.

[55]　Lv L D, Wang Y Q, Ai H, et al. 3D graphene/silver nanowire aerogel encapsulated phase change material with significantly enhanced thermal conductivity and excellent solar-thermal energy conversion capacity [J]. Journal of Materials Chemistry A, 2022, 10: 7773-7784.

[56]　Qi X D, Zhu T Y, Hu W W, et al. Multifunctional polyacrylamide/hydrated salt/MXene phase change hydrogels with high thermal energy storage, photothermal conversion capability and strain sensitivity for personal healthcare [J]. Composites Science and Technology, 2023, 234: 109947.

[57]　Sajjad U, Hamid K, Tauseef-ur-Rehman, et al. Personal thermal management-A review on strategies, progress, and prospects [J]. International Communications in Heat and Mass Transfer,

2022，130：105739.

[58] Luo Y Y, Yu W T, Qiao J P, et al. Self-healing inorganic hydrated salt gels for personal thermal management in the static and dynamic modes [J]. Chemical Engineering Journal, 2022, 440：135632.

[59] Su H, Lin P C, Lu H, et al. Janus-type hydroxyapatite-incorporated kevlar aerogel@kevlar aerogel supported phase-change material gel toward wearable personal thermal management [J]. ACS Applied Materials & Interfaces, 2022, 14 (10)：12617-12629.

[60] Yang M, Zhong H M, Li T, et al. Phase change material enhanced radiative cooler for temperature-adaptive thermal regulation [J]. ACS Nano, 2023, 17 (2)：1693-1700.

[61] 杜汐然，王雪旸，朱斌. 个人辐射制冷织物的研究进展 [J]. 激光与光电子学进展，2023，60 (13)：1-7.

[62] 韩梦瑶，任松，葛灿，等. 用于个人热管理的被动调温服装材料研究进展 [J]. 现代纺织技术，2023，31 (1)：92-103.

[63] Wu J J, Wang M X, Dong L, et al. A trimode thermoregulatory flexible fibrous membrane designed with hierarchical core-sheath fiber structure for wearable personal thermal management [J]. ACS Nano, 2022, 16 (8)：12801-12812.

[64] Niu Z X, Yuan W Z. Smart nanocomposite nonwoven wearable fabrics embedding phase change materials for highly efficient energy conversion-storage and use as a stretchable conductor [J]. ACS Applied Materials and Interfaces, 2021, 13 (3)：4508-4518.

[65] Aftab W, Khurram M, Jinming S, et al. Highly efficient solar-thermal storage coating based on phosphorene encapsulated phase change materials [J]. Energy Storage Materials, 2020, 32：199-207.

[66] 曾少宁，胡佳雨，张曼妮，等. 面向个人热管理的降温纺织品 [J]. 科学通报，2022，67 (11)：1167-1179.

[67] Zhao C Z, Guo P, Sheng N, et al. Bionic woven SiC porous scaffold with enhanced thermal transfer, leakage-resistant and insulation properties to support phase change materials [J]. Thermochimica Acta, 2023, 719：179409.

[68] Wang R Q, He Y J, Xiao Y Y, et al. Weavable phase change fibers with wide thermal management temperature range, reversible thermochromic and triple shape memory functions towards human thermal management [J]. European Polymer Journal, 2023, 187：111890.

[69] He Y F, Liu Q J, Tian M W, et al. Highly conductive and elastic multi-responsive phase change smart fiber and textile [J]. Composites Communications, 2023, 44：101772.

[70] 陈海通，王进美，王丞，等. 红外隐身材料的应用及其研究进展 [J]. 印染，2023，11：81-87.

[71] Lyu J, Liu Z W, Wu X H, et al. Nanofibrous kevlar aerogel films and their phase-change composites for highly efficient infrared stealth [J]. ACS Nano, 2019, 13 (2)：2236-2245.

[72] Li B X, Luo Z, Yang W G, et al. Adaptive and adjustable mxene/reduced graphene oxide hybrid aerogel composites integrated with phase-change material and thermochromic coating for synchronous visible/infrared camouflages [J]. ACS Nano, 2023, 17 (7)：6875-6885.

第6章

储冷技术在运输冷藏中的应用

6.1　概述

　　储冷技术是将冷能储存起来，并在需冷环境下释放冷能的技术。储冷本质上也是一种重要的热管理技术，在为食品、药品等提供低温冷能的同时，带走目标或外界环境产生的热能，从而保障食品、药品等处于理想的低温环境。习近平总书记指出，食品安全是重大的民生问题，关系中华民族未来，必须提高从农田到餐桌全过程监管能力，提升食品全链条质量安全保障水平。国务院办公厅印发的《"十四五"冷链物流发展规划》明确指出了我国在运输冷藏领域的巨大市场前景和技术需求，储冷技术由于具有储冷密度大、储冷过程安全稳定等优势，能够提供稳定可靠的低温场景，对需要冷藏的食品或其他医学活性成分的运输保存具有重要意义，因此适用于冷链运输和冷藏。本章将详细介绍基于储冷材料的储冷技术以及其在运输冷藏中的应用。

6.2　储冷技术原理及特点

6.2.1　储冷技术基本原理

　　储冷技术通过将冷能储存在储冷材料中实现储冷目的，并在需要冷能时释放储存的冷能。常用的储冷技术包括基于显热的储冷技术和基于潜热的储冷技术。基于显热的储冷技术是利用储冷材料温度变化储存和释放冷能，如冷水制冷是利用冷水的低温与制冷目标进行换热，释放冷能过程中冷水温度升高带走制冷目标热量，降低制冷目标的温度。显热储冷技术仅利用温度变化实现储冷和供冷目的，如图6-1(a)所示，该技术具有操作简单、价格便宜等优势。但受限于储冷材料的比热容和实际工作场景的最大温差限制，显热储冷技术的储冷量通常较小，难以满足大容量、长时间储冷需求。为解决这一问题，通常需要额外配备制冷装置，导致储冷系统复杂、成本高。潜热储冷技术是利用储冷材料在相转变过程中的焓值变化进行储冷，如图 6-1(b) 所示，由于相变材料的焓值较高，相较于显热储冷技术，其储冷密度更大。如利用冰储冷的潜热储冷技术，是通过冰在融化过程中吸收储冷目标的热量，从而降低储冷目标的温度实现控温目标。但同时，潜热储冷技术同样面临体积变化大、易泄漏等问题。在实际工程应用中，两种储冷技术各具优劣势，也各有其特定的应用场景。

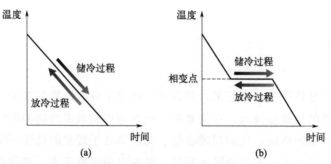

图 6-1　显热储冷技术机理（a）和潜热储冷技术机理（b）

以水等材料为媒介的显热储冷技术是通过提高或降低材料的温度来释放或储存冷能，其储冷密度与材料的比热容直接相关，储存的能量是材料的比热容、温差和材料质量的函数，如式（6-1）所示。

$$Q = \int_{T_i}^{T_f} mC_p \, dT = mC_{ap}(T_f - T_i) \qquad (6\text{-}1)$$

其中，C_p 表示材料比热容 [J/(kg·K)]，T_i 表示初始温度（K），T_f 表示最终温度（K），m 为材料的总质量，C_{ap} 是材料在初始和最终温度之间的平均比热容 [J/(kg·K)]。储冷技术的储冷过程是降温过程，即 $T_f < T_i$，而释放冷能过程是升温过程，即 $T_f > T_i$，与储热过程相反。

潜热储冷技术以冰袋储冷、融化吸热最为常用，无论是医学上的冷敷还是商场的冰块降温，都是利用冰融化过程吸收大量热量实现降温。水的三种相态，即气态、液态和固态既可以相互转换，也可以共存，其三相图如图 6-2 所示。其中，OA、OB、OC 分别代表冰和水、水和水蒸气、冰和水蒸气两相共存时的温度压力曲线，O 表示三相点。通过水的三相图，可以根据压力和温度的变化来判断水的状态。潜热储冷技术利用了冰和水在固液两相线附近温度几乎不变而储存的能量显著变化的特点，有助于稳定地储存和释放大量热能（冷能），从而实现热管理目标。

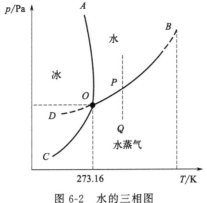

图 6-2　水的三相图

潜热储冷技术的储冷量与材料用量（质量）、相变焓和比热容有关，主要通过材料的固液、气液、固固相变实现冷能的储存与释放，在相变过程中无明显的温度变化，其储冷量可由式(6-2) 计算。

$$Q = \int_{T_i}^{T_m} m C_p \, \mathrm{d}T + m a_m \Delta H_m + \int_{T_m}^{T_f} m C_p \, \mathrm{d}T \tag{6-2}$$

其中，C_p 表示材料比热容 $[\mathrm{J/(kg \cdot K)}]$，$T_i$ 表示初始温度（K），T_m 表示相变温度（K），T_f 表示最终温度（K），m 为材料的总质量，a_m 为发生相变的材料比例。同样地，$T_f < T_i$ 为储冷过程，$T_f > T_i$ 为释放冷能过程。

6.2.2　储冷技术主要类型与特点

储冷技术按材料形态可分为固体储冷、液体储冷、气体储冷和相变储冷，其储冷方式及特点如表 6-1 所示。

表 6-1　储冷技术的主要类型及其特点

储冷技术	特点
固体储冷（如冰）	优势：操作简单、安全性好、成本低 不足：温度波动范围大，难以调控
液体储冷（如盐溶液）	优势：灵活性高、稳定性好、适用范围广 不足：系统复杂、具有腐蚀风险
气体储冷（如液氮、液化天然气）	优势：超低温储冷、释冷速率快 不足：安全系数低、成本高
相变储冷（如水合物、烷烃、醇类等）	优势：储冷密度大、温度波动范围小、材料来源广泛 不足：成本高、技术成熟度不高

6.3　储冷技术在冷链运输中的应用

6.3.1　冷链运输概念

随着人民生活水平的不断提高，食品质量安全越来越受到广大消费者的关注，"从农田到餐桌"这一环节的安全是广大城乡居民绿色消费及发展现代农业的重要保障。冷链物流可以有效防止食品在运输过程中变质腐败，保障食品安全。冷链物流是利用温控、保鲜等技术和冷库、冷藏车、冷藏箱等设施设备，确保冷链产品在初加工、储存、运输、流通加工、销售、配送等全过程始终处于规定环境温度下的专业物流。数据显示，我国冷链物流行业在 2020 年已达到 3687亿元规模。根据国务院办公厅印发的《"十四五"冷链物流发展规划》文件，我国冷链产品市场仍面临不少突出瓶颈和痛点、难点、卡点问题，难以有效满足市场需求。为了实现冷链物流产业的发展，设立了"到 2025 年，初步形成衔接产地销地、覆盖城市乡村、联通国内国际的冷链物流网络，基本建成符合我国国情和产业结构特点、适应经济社会发展需要的冷链物流体系，调节农产品跨季节供需、支撑冷链产品跨区域流通的能力和效率显著提高，对国民经济和社会发展的支撑保障作用显著增强"的目标，以满足农产品运输、医用冷藏与运输等民生需求。冷链运输的重要意义包括保障配送物品安全、延长货物保质期、提高商品附加值。

6.3.2　冷链运输各环节及其技术需求

冷链物流的配送流程主要包括冷库、冷链车、商用冷柜、冷藏配送和用户五大环节，形成完整的冷链物流运输。

冷库：冷链物流的起点，冷藏、冷冻食品储存的场所。冷库在工作过程中的温度控制、卫生环境等都将直接影响食品的质量和安全。因此，冷库的建设和运行都需要严格按照相关规定或标准进行（冷库管理规范 GB/T 30134—2013、冷库设计标准 GB 50072—2021 等）。冷库温区分类标识如图 6-3 所示。冷库的建造应符合以下要求：控温系统精准且响应速度快，具备异常情况报警功能；卫生状况符合食品货物的运输冷藏标准，定期进行清洁消毒；冷库设备定期维护保养，保障其正常运转。

冷链车：冷链物流的核心环节，主要功能是将冷藏、冷冻食品从冷库运输到用户。冷链车的温度控制、车况等将直接影响食品在运输过程中的品质安全。因

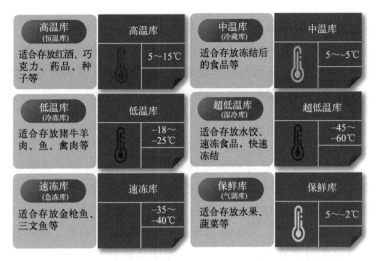

图 6-3　中冷联盟集体倡导性行业标准-冷库温区分类标识

此，冷链车的选择与运营需要严格按照相关标准进行（《保温车、冷藏车技术条件及试验方法》QC/T 449—2010）。冷链车应满足以下要求：温度控制系统精准控制车内温度，并具有超温报警功能；车况符合相关标准，定期维护保养；司机接受冷链运输培训，熟悉相关操作流程。

商用冷柜：冷链物流的终端环节，是货物在销售终端展示与销售的主要设备。商用冷柜的温度控制、卫生状况等将直接影响食品的品质与安全。相关标准包括《商用制冷器具能效限定值及能效等级》（GB 26920—2024）、《商用制冷器具能效限定值和能效等级　第 2 部分：自携冷凝机组商用冷柜》（GB 26920.2—2015）等。商用冷柜应满足以下要求：控温系统精准控制冷柜温度，具有超温报警功能；卫生状况符合相关标准，定期清洁消毒；设备定期维护保养，确保正常运转。

冷藏配送：将冷藏、冷冻货物从冷库运输到用户的过程，冷藏配送需要严格控制运输温度，保障货物在运输过程中始终保持在适宜的温度条件下。相关标准包括《间接温控冷藏运输服务・带中间转运的包裹陆路运输》（ISO 23412：2020）等。冷藏配送要求如下：冷藏配送温度符合相关标准，并配备监控环节；运输时间尽量缩短，避免运输过程中发生变质腐败现象；配送人员接受过相关培训，熟悉操作规程。

用户：冷链物流的最终目的地，用户需要对冷藏、冷冻的货物进行正确的储存和使用，以保证其品质安全。用户应注意以下问题：在适宜温度下对食品进行冷藏或冷冻，定期检查；避免与其他物品接触，防止交叉污染；注意食品保质期。

冷链运输过程为了保障货物的安全性，主要应从制冷和保冷两个方面入手：制冷是通过技术手段向货物提供冷能，从而避免货物升温导致的变质、腐败或失活；而保冷则是通过减少货物与外界热环境之间的换热，从而降低货物的冷能散失速率，以保障货物的低温状态。

6.3.3 应用储冷技术的冷链运输

储冷技术能够在运输过程中补充冷能，减少能量损耗，提升能源利用效率。其中潜热储冷技术具有高效、节能、温度波动范围小、储冷密度大的优势，可为冷链运输过程提供大量冷能。比如，生鲜农产品在"从农田到餐桌、从枝头到舌尖"的过程中，其运输与冷藏需要保持适宜温度，储冷技术可以为该过程提供稳定的温度环境。储冷技术在冷链运输中的应用主要有以下几种形式：储冷技术可以应用于冷链车的制冷系统，为冷链车提供冷源，减少能耗；储冷技术可以应用于冷链配送过程中使用的保温箱、保温袋等包装材料中，为食品提供冷源；储冷技术可以应用于商用冷柜和用户，为货物提供温度近乎恒定的环境。

(1) 用于冷链运输的储冷材料

冷链运输具有长时性、远距离、所处环境复杂等特点，因此，用于冷链运输的储冷材料需要具备大储冷量、适宜的温度、可循环使用[1]。现阶段常用于冷链运输的储冷材料可分为水溶液基相变材料和非水基相变材料两类。其中，水溶液基相变材料包括水合盐材料、盐水溶液、有机物-水溶液等，具有储能密度大、热导率高、不易燃等优势，但同时也存在过冷、相分离、金属腐蚀等问题[2]。在十水合硫酸钠中添加硼砂、羧甲基纤维素、氯化钾和氯化铵可获得熔点为 8.01℃ 的复合相变储冷材料，掺杂膨胀石墨可提升相变材料的形状稳定性和热导率，测试表明，添加 5％ 的膨胀石墨可以使复合相变材料的熔点降低至 5.92℃（相较于纯十水硫酸钠下降 18.93℃），熔化和凝固熔分别为 99.35J/g 和 66.39J/g。羧甲基纤维素作为增稠剂避免水合盐的相分离，硼砂用于降低过冷度，氯化钾和氯化铵的加入能够降低十水硫酸钠的相变点[3]。由此可见，针对特定的水合盐材料，需要添加相应的成核剂、增稠剂等以获得物性稳定的储冷材料。

纳米颗粒可为水合盐结晶提供成核位点，从而降低其过冷度，因此可以作为水合盐的成核剂解决过冷问题。部分纳米颗粒缓解水合盐过冷的研究成果如表 6-2 所示。

表 6-2　用于缓解水合盐过冷问题的纳米颗粒汇总表[4]

水合盐	纳米颗粒	改善过冷度	参考文献
$BaCl_2 \cdot 2H_2O$	多壁碳纳米管	过冷度降低 92%	[5]
$CH_3COONa \cdot 3H_2O$	甲壳素纳米晶	无过冷现象	[6]
$Na_2CO_3 \cdot 10H_2O/Na_2HPO_4 \cdot 12H_2O(40:60)$	水热碳颗粒	过冷度由 16℃ 降至 8℃	[7]
$CH_3COONa \cdot 3H_2O$	银纳米颗粒	过冷度降低 85%	[8]
$Na_2HPO_4 \cdot 12H_2O$	氧化铝纳米颗粒	—	[9]
$BaCl_2 \cdot 2H_2O$	二氧化钛纳米颗粒	过冷度降低 85%	[10]
$CH_3COONa \cdot 3H_2O$	氮化铝纳米颗粒	过冷度低至 0~2.4℃	[11]
$Al_2(SO_4)_3 \cdot 18H_2O$	二氧化钛纳米颗粒	过冷度为 3.1℃	[12]
$Na_2SO_4 \cdot 10H_2O\text{-}Na_2HPO_4 \cdot 12H_2O$	α-氧化铝纳米颗粒	过冷度降低至 1.6℃	[13]

　　针对水合盐相变过程存在的相分离问题，需要添加特定的增稠剂以防止沉淀，保持材料稳定均匀。增稠剂的作用是提升液体的黏度以避免固液相分离，常用于水合盐的增稠剂如表 6-3 所示。

表 6-3　用于缓解水合盐相分离问题的增稠剂汇总表[14]

水合盐	增稠剂	参考文献
$Na_2SO_4 \cdot 10H_2O$	超吸附聚合物	[15]
	凹凸棒土	[16]
	淀粉	[17]
$CH_3COONa \cdot 3H_2O$	膨润土	[17]
	甲基羟乙基纤维素	[8]
	羧甲基纤维素	[15]
	甲基纤维素	[11]
$Na_2S_2O_3 \cdot 12H_2O$	超吸附聚合物	[11]
$Na_2HPO_4 \cdot 12H_2O$	超吸附聚合物	[11]

（2）储冷材料在冷链运输中的应用

　　应用储冷材料的冷藏运输车：在冷藏运输车中应用储冷材料主要是将相变材料封装在车厢墙体中，以限制车内外换热，减少车内的冷量损失。冷藏运输车的设计思路主要包括保温、制冷、安全。在运输车内或车厢布置储冷相变材料，一方面可以吸收由外界环境带来的热量，另一方面也可以作为保温屏障，防止车内运输物品升温导致的腐败或变质。由于相变材料储存的冷能将与外界环境换热并逐渐释放，若进行长距离运输，为了保障车内货物处于适宜温度范围，需要额外的制冷装置对车内环境进行制冷。常用的冷藏运输车制冷方法主要是机械制冷，即通过在车厢安装制冷机组，将低温制冷剂在压缩机、冷凝器、膨胀阀、蒸发器之间循环流动，从而实现车厢内部制冷。这种主动制冷方式能够有效弥补储冷材料储冷量不足的问题，实现长距离稳定的储冷目标，这种通过机械制冷的冷藏运输车也称为机械冷藏车。而冷板冷藏车是在开车前将冷量储存在冷板内，开车后冷板不断释放冷能，直至耗尽[18]。

此外，冷藏运输车的安全也十分重要，主要预防运输过程中的火灾等。因此，冷藏运输车必须设置防火措施。车厢内需安装防火隔板、防火喷淋系统。用于冷链运输的储冷材料也需要具备防火阻燃特性，水合盐材料不易燃，适用于冷藏运输车的储冷过程。目前最常用的 PCM 冷藏运输车主要由储冷板提供冷能，储冷板内相变材料在充冷时由液态凝固成固态，储存冷量，在放冷时，相变材料吸收热量熔化为液态[19]。图 6-4 是带储冷板的冷藏运输车结构图，其储冷板内是蒸发盘管和相变储冷材料。相较于传统机械式冷藏车，PCM 冷藏运输车具有如下优势：不需要专门配备冷冻设备和控制元件，可靠性高；车内外热量达到动态平衡，温度场均匀恒定；储冷板内储冷材料可选择范围广，且可以根据货物的制冷需求灵活选择；制冷过程安静无杂音，节能环保。

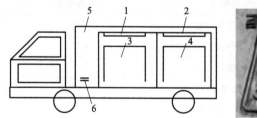

图 6-4　多温区冷藏运输车结构图及其储冷板[19]

1—冷冻储冷板；2—冷藏储冷板；3—冷冻货物；4—冷藏货物；5—制冷机组；6—电源口

目前对相变储冷材料的研究主要集中于储冷剂筛选、热物性分析与强化、储冷剂封装等。储冷剂的关键参数包括相变温度、相变潜热、热稳定性等，是筛选的主要依据。通常可分为水合盐或共熔盐、石蜡、脂肪酸、制冷剂水合物等，其热物性特点如图 6-5 所示。最常用的水合盐是芒硝，即十水硫酸钠（$Na_2SO_4 \cdot 10H_2O$），由 44% 硫酸钠和 56% 水组成。其相变点为 32.4℃，相变潜热为 254kJ/kg，且价格便宜，因此常用作冷藏运输车的储冷材料。为了将十水硫酸钠的相变点调控至适宜的温区，可以将硼砂、聚丙烯酸钠、氯化铵、氯化钾等与十水硫酸钠复合，制得适用于冷链运输车冷藏过程的相变材料，相变点在

4.311~6.986℃范围内[20]。此外，还可通过在氯化钠溶液中分别添加硝酸钠、硫酸钠和氯化钾，调控相变温度和熔化热[21]。除了无机相变材料，将有机相变材料混合共熔亦可获得具有理想相变温度和相变潜热的复合物。如将辛酸与十四醇（74∶26）复合的低共熔复合相变储冷材料，起始熔点为 6.9℃，相变潜热为151J/g，经历 200 次熔化凝固循环热物性仍稳定，可用于储存 10℃以上的高端果蔬[22]。

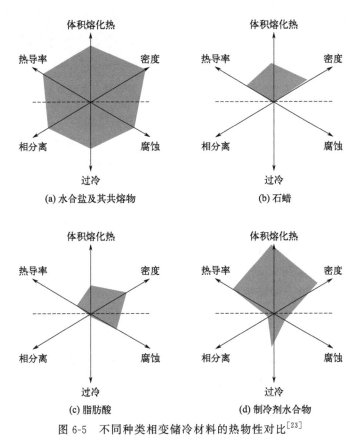

图 6-5 不同种类相变储冷材料的热物性对比[23]

储冷材料在冷藏运输车内的布置位置也将影响车体的冷藏效果，Ahmed等[24] 在冷藏运输车的隔热墙中（隔热泡沫聚氨酯）封装石蜡基固液相变材料，其实验装置如图 6-6 所示。由于相变材料的储冷作用，PCM 储冷车的换热峰和总换热量相较于无 PCM 的储冷车分别下降 29.1％和 16.3％。由此可见，PCM 储冷运输车在冷链运中具有明显优势。张哲等[25] 利用计算流体力学方法对冷板运输车内温度分布和储运能力进行数值研究，结果表明，车厢顶部中间位置温度比冷板处高 18℃左右，建议在车厢顶部中央位置布置适量冷板以降低该区域温度。

对照组单元　　PCM单元　　控制棚

图 6-6　应用 PCM 的冷藏运输车及其对照组实验装置

应用储冷材料的冷链运输箱：指冷链运输的专用箱体，具有良好的保冷性能，能够在限定时间内保障货物在适宜温度范围内。其主要构造包括箱体、保冷材料和制冷装置。其中，储冷相变材料可作为保冷材料封装在箱体内部或箱体内壁中，主要用于防止内部冷量散失和外部热量进入，通常可搭配保温材料（如聚氨酯泡沫、岩棉、玻璃棉等）使用。具有储冷功能的冷链运输箱主要有以下优势：灵活机动，重量轻，可重复利用，无噪声，可靠性高；保温性能好，能耗小，箱体温度稳定；可实现货物保鲜、冷藏、冷冻等多种温度区间的运输目的；经济性好，运输成本低[26]。

储冷材料在冷链运输箱的应用除了要选择合适的相变材料，还需要设计相变层厚度、位置等。图 6-7 所示为利用计算流体力学软件研究储冷剂摆放位置对冷链运输箱内温度场分布的影响，结果表明，箱体顶部承受巨大热负荷，在顶部摆放储冷剂是最有效的冷藏方式[27]。而在将传统的隔热材料与相变材料相结合用于冷链运输箱的研究中，通过优化隔热层和储热层厚度获取最佳结构设计，能够使控温效果达到最佳[28]。

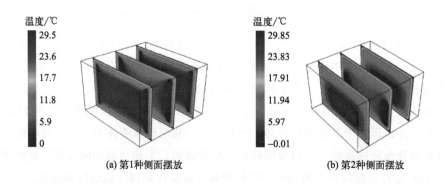

(a) 第1种侧面摆放　　　　　　　　　(b) 第2种侧面摆放

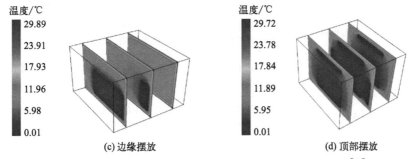

图 6-7　不同储冷剂摆放位置对箱体内部温度场分布的影响[27]

6.4　储冷技术在食品保鲜中的应用

6.4.1　食品保鲜概念

食品保鲜是指通过特定手段防止食品变质腐败，从而延长食品保质期的方法。关于食品保鲜，可以从以下几个方面理解：从时间周期角度理解，食品保鲜指延缓食品变质和腐败的时间；从空间角度理解，食品保鲜是指在一定空间范围内（运输箱、冷藏柜等），保持食品的品质和安全，避免受到环境因素的影响导致品质损害；从物理化学角度理解，食品保鲜是通过改变食品的物理、化学性质，抑制食品变质、腐败的微生物和酶的活性，从而延缓食品变质腐败速度。《冷藏、冷冻食品物流包装、标志、运输和储存》最新国家标准对冷藏、冷冻食品在物流过程中的包装、标志、运输、储存和追溯提出了明确要求。为了实现食品保鲜目的，满足国家标准提出的要求，首先需要明确食品变质腐败的主要原因，可总结为以下几点：首先是微生物作用，微生物在适宜条件下快速繁殖，产生大量有害物质，导致食品变质腐败；其次是酶的作用，酶在适宜的条件下将催化食品中的有机物发生化学反应，导致食品变质；还有其他物理因素，包括温度、湿度、光照、氧气等，容易滋长微生物的繁殖和酶的活性，从而缩短食品的保鲜周期。针对以上原因，通过调控保存温度抑制食品腐败问题是食品保鲜发展的主要目的。

6.4.2　食品保鲜方法

针对以上食品腐败变质原因，可有针对性地采用食品保鲜方法，如表 6-4 所示。

表 6-4 食品保鲜的方法分类

物理方法	低温保鲜	通过低温手段抑制微生物的生长繁殖,降低酶的活性,从而延长食品保质期。常见的低温保鲜方法包括冷藏、冷冻、冷却等
	高温保鲜	通过高温杀死微生物,破坏酶的活性,从而抑制食品腐败。常用的高温保鲜手段主要是高温灭菌
	真空保鲜	真空条件可以降低食品周围环境中的氧气浓度,从而抑制微生物繁殖。常用的真空保鲜方法包括真空包装、真空冷冻等
	辐射保鲜	辐射可以使微生物失活,从而缓解食品腐败。常用的方法包括 γ 射线辐射、β 射线辐射等
化学方法	添加剂保鲜	添加剂保鲜利用添加剂的杀菌、防氧化作用,抑制食品变质和腐败。常用的食品添加剂包括防腐剂、抗氧化剂、漂白剂等
	腌制保鲜	腌制保鲜是利用盐、糖、醋等渗透作用,抽出食品中的水分,抑制微生物生长和繁殖
生物方法	发酵保鲜	发酵保鲜是利用微生物发酵作用产生杀菌防腐的物质,抑制食品变质和腐败。常用的发酵保鲜方法包括乳酸发酵、酒精发酵等
	生物防腐	生物防腐是利用生物制剂,如乳酸菌、酵母菌等抑制食品变质腐败的微生物活性

此外,食品保鲜方法的选择还应根据食品种类、保质期、成本等因素进行筛选。图 6-8 列出了部分食品或产品适宜的冷藏温区,可根据需求进行选择。

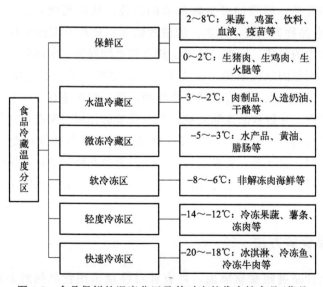

图 6-8 食品保鲜的温度分区及其对应的代表性食品/货品

6.4.3　应用储冷技术的食品保鲜

随着人们生活水平的提高，对食品安全和品质的要求越来越高。储冷技术，尤其是相变储冷技术能够有效延长食品保质期，保持食品长期处于最佳温区范围内，从而实现长久保鲜的目的。相变储冷技术具有储冷密度大、储冷过程近乎恒温的优势，近年来已广泛应用于食品保鲜场景。

（1）用于食品保鲜的储冷材料

用于食品保鲜的储冷材料既要能够储存冷能，又要具备高安全性，防止污染食品，这就要求相变储冷材料本身是无毒无害的。适用于食品保鲜温度范围的相变储冷材料如表 6-5 所示。其中，有机类 PCM 大部分具有低毒性，不适宜与食品直接接触；而无机类 PCM 又具有腐蚀性，影响运输和储存过程的耐久性。因此，为了解决这些问题，通常考虑将相变材料通过容器或材料封装起来，避免其与食品直接接触造成食品安全问题。

表 6-5　常用于满足果蔬保鲜的固液相变材料物性表[29]

材料种类	相变材料	相变温度/℃	相变潜热/(J/g)	参考文献
有机相变材料	$C_8H_{16}O$	−21.55	190.4	[30]
	$C_4H_{10}O_3$	−10.4	247	[31]
	$CH_3(CH_2)_{10}CH_3$	−9.6	135	[32]
	$CH_3(CH_2)_{12}CH_3$	5.8	227	[33]
无机相变材料	$KF \cdot 4H_2O$	−21.2	236.1	[32]
	$11.9\%CuSO_4$	−1.6	290.91	[30]
	$6.49\%K_2SO_4$	−1.55	268.8	[34]
	$LiClO_3 \cdot 3H_2O$	8	253	[35]
复合相变材料	$C_{12}H_{26}$-$C_{13}H_{28}$	−16～−12	165～185	[36]
	$C_3H_8O_3$-CH_3COONa-H_2O	−14	172	[35]
	十二烷/膨胀石墨	−9.67	151.7	[37]
	OA-LA/EG	3.6	132.8	[38]
	十二烷-十四烷/膨胀石墨	3.63	197.95	[39]
	十四烷-月桂醇	4.3	247.1	[40]
	石蜡/煅制二氧化硅/石墨烯	6.49	131.86	[41]
	$Na_2SO_4 \cdot 10H_2O$/CMC-硼砂/氯化铵-氯化钾	6.8	97.05	[42]
	辛酸-肉豆蔻酸	7.13	164.1	[43]

（2）储冷技术在食品保鲜中的应用

储冷技术在食品保鲜领域的应用形式通常是先将相变材料封装在密闭容器或多孔材料中，保证其在固液相变过程中不发生泄漏，随后将稳定的相变材料应用于食品冷藏箱中。常用的封装方法是将 PCM 与聚合物材料通过一步合成法制得稳定的复合相变水凝胶，PCM 由氢键交联方法稳定封装在聚合物框架内部，复合 PCM 具有持久的冷藏能力，能够长时间冷藏水果蔬菜。常用的微封装方法主要是将 PCM 封装在微米级多孔介质或微球内，形成稳定的复合相变材料或相变微胶囊。相变材料微封装方法如表 6-6 所示。

表 6-6　相变材料微封装方法

方法	相变材料	壳材料	封装尺寸/μm	参考文献
悬浮聚合	Rubitherm RT31	聚（苯乙烯）	4.0～53.2	[44]
	十八烷	聚甲基丙烯酸丁酯，聚（丙烯酸丁酯）	2～75	[45]
	十八烷	甲基丙烯酸正十八烷基共聚物	1.60～1.68	[46]
	石蜡	苯乙烯和甲基丙烯酸甲酯	5～100	[47]
	十八烷	聚甲基丙烯酸甲酯-甲基丙烯酸	2～10	[48]
乳液聚合	石蜡共熔物	聚甲基丙烯酸甲酯	0.01～100	[49]
	二十四烷/十八烷共熔物	聚（苯乙烯）	0.01～115	[50]
	癸酸-硬脂酸共熔物	聚甲基丙烯酸甲酯	1.3	[51]
	十八烷	二氧化硅	—	[52]
	石蜡	聚甲基丙烯酸甲酯-丙烯酸甲酯	—	[53]
	十六烷	三聚氰胺脲醛	9.85	[54]
原位聚合	十八烷	三聚氰胺甲醛	0.9～9.2	[55]
	十八烷	三聚氰胺甲醛	2.2	[56]
	十六烷、十八烷、二十烷	尿素甲醛	1～500	[57]
	十六烷醇	三聚氰胺甲醛树脂/二氧化硅	37.33	[58]

续表

方法	相变材料	壳材料	封装尺寸/μm	参考文献
原位聚合	棕榈酸	吡咯	—	[59]
	十八胺接枝氧化石墨烯，十八烷	三聚氰胺甲醛	—	[60]
界面聚合	十八烷	聚氨酯	5～10	[61]
	硬脂酸丁酯	聚氨酯	10～35	[62]
	石蜡	聚脲	2.42	[63]

　　将相变材料封装在形状稳定的骨架内（如气凝胶、水凝胶等）也可实现稳定封装的目的。如图 6-9 所示，将水作为储冷剂封装在由聚合物形成的三维网络中，利用毛细力和三维网络与水之间的氢键作用封装水避免泄漏，获得的复合相变材料与冰具有相似的热特性（相变熔为 285.9J/g，相变点为 1.9℃），在用于荔枝保鲜的实验中展现出良好的保鲜效果，如图 6-10 所示[64]。

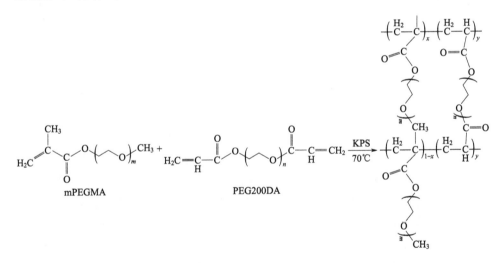

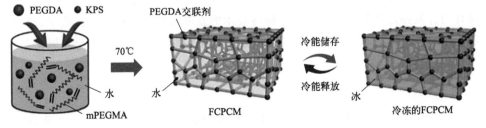

图 6-9　聚合物交联三维网络封装 PCM 方法[64]

图 6-10   经冷藏的荔枝剥皮 24h 后对比图[64]

6.5   本章小结

　　储冷技术因其具有储存与释放冷能的能力，在冷链运输和食品冷藏保鲜领域极具应用潜力。储冷技术在冷链运输过程中的应用能够扩展运输距离并提升运输安全性，在食品保鲜过程中的应用能够提升保鲜周期与新鲜度，并且由于储冷材料存储大量冷能，还能够节约制冷成本、避免运输冷藏过程中的繁复制冷部件。随着冷链运输与食品保鲜市场规模的不断扩大，储冷技术发展面临性能瓶颈与技术转型需求，必须着力提升材料性能与安全性、储冷系统储/释冷功率与密度，助力长时、远距离、精准控温的运输冷藏目标。储冷技术的发展一方面受到储冷材料的性能制约，在面临实现长距离、长周期的储冷需求时性能捉襟见肘。为此，储冷材料的技术创新尤为关键，既要突破现有储冷材料的性能瓶颈，又要寻找或开发新型高性能储冷材料。另一方面，储冷系统的设计需要进一步优化，以同时满足冷量和释冷速率两方面需求。为此，现有系统的优化与升级和新系统的设计与开发亦是当务之急。因此，储冷技术的发展需要以材料科学、数学、物理学等多学科交叉为基础的科学进步，在此基础上引领工业领域改革与发展。

思考与讨论

6-1　《诗经·七月》中提到"二之日凿冰冲冲，三之日纳于凌阴"，主要讲述　　了古人在储冷方面的智慧，请阅读原文，了解古人对储冷技术的应用。

6-2 储冷技术与储热相反，是将低温冷能储存在特定介质中的技术手段，请分析并简述二者之间联系与区别。

6-3 "一骑红尘妃子笑，无人知是荔枝来"是讲述古代冷链运输的名句，你是否了解其中的典故？运往长安的荔枝最有可能源于岭南或蜀地，如此长途跋涉怎样保障荔枝的品质和新鲜度？

6-4 在 0~4℃的冷藏条件下，细胞新陈代谢速度下降至平时的 5%，可有效防止器官坏死。但同样条件下，不同器官的保存效果有所差异，心脏在此条件下丧失活力最快，仅能够保存 4~6h，肝脏可保活 12h，而肾脏甚至可以在冷藏条件下保活 24~36h。因此，不同器官的冷藏方式是否应有所不同？不同冷藏方式涉及哪些储冷技术？

6-5 农产品的冷链运输与冷藏必须严格控制成本，否则将影响农民收入，如何在现有的储冷技术和冷链运输技术的基础上降低成本，请提出一些可行性方案。

参考文献

[1] Zhang L X, Xia X R, Lv Y, et al. Fundamental studies and emerging applications of phase change materials for cold storage in China [J]. Journal of Energy Storage, 2023, 72: 108279.

[2] 朱傲常, 李传常. 相变储冷技术在冷链运输低碳转型中的应用 [J]. 能源环境保护, 2023, 37 (3): 185-194.

[3] Lin N Z, Li C C, Zhang D Y, et al. Enhanced cold storage performance of Na$_2$SO$_4$ · 10H$_2$O/ expanded graphite composite phase change materials [J]. Sustainable Energy Technologies and Assessments, 2021, 48: 101596.

[4] Wong-Pinto L S, Milian Y, Ushak S. Progress on use of nanoparticles in salt hydrates as phase change materials [J]. Renewable and Sustainable Energy Reviews, 2020, 122: 109727.

[5] Munyalo J M, Zhang X L, Xu X F. Experimental investigation on supercooling, thermal conductivity and stability of nanofluid based composite phase change material [J]. Journal of Energy Storage, 2018, 17: 47-55.

[6] Fashandi M, Leung S N. Sodium acetate trihydrate-chitin nanowhisker nanocomposites with enhanced phase change performance for thermal energy storage [J]. Solar Energy Materials and Solar Cells, 2018, 178: 259-265.

[7] Wang J, Han W F, Guan H Y, et al. Hydrothermal carbon doped form-stable inorganic hydrate salts phase change materials with excellent reutilization [J]. Energy Technology, 2018, 6: 1220-1227.

[8] Garay Ramirez B M L, Glorieux C, Martin Martinez E S, et al. Tuning of thermal properties of sodium acetate trihydrate by blending with polymer and silver nanoparticles [J]. Applied Thermal Engineering, 2014, 62 (2): 838-844.

[9] Fan N, Chen L, Xie G Y, et al. Preparation and phase change performance of $Na_2HPO_4 \cdot 12H_2O$@ poly (lactic acid) capsules for thermal energy storage [J]. Chinese Journal of Chemical Engineering, 2019 (27): 695-700.

[10] He Q B, Wang S F, Tong M W, et al. Experimental study on thermophysical properties of nanofluids as phase-change material (PCM) in low temperature cool storage [J]. Energy Conversion and Management. 2012, 64: 199-205.

[11] Hu P, Lu D J, Fan X Y, et al. Phase change performance of sodium acetate trihydrate with AlN nanoparticles and CMC [J]. Solar Energy Materials and Solar Cells. 2011, 95 (9): 2645-2649.

[12] Ma Y, Lei B Y, Liu Y C, et al. Effects of additives on the subcooling behavior of $Al_2(SO_4)_3 \cdot 18H_2O$ phase transition [J]. Applied Thermal Engineering, 2016, 99: 189-194.

[13] Liu Y S, Yang Y Z. Use of nano-α-Al_2O_3 to improve binary eutectic hydrated salt as phase change material [J]. Solar Energy Materials and Solar Cells, 2017, 160: 18-25.

[14] Kumar N, Hirschey J, LaClair T J, et al. Review of stability and thermal conductivity enhancements for salt hydrates [J]. Journal of Energy Storage, 2019, 24: 100794.

[15] Ryu H W, Woo S W, Shin B C, et al. Prevention of supercooling and stabilization of inorganic salt hydrates as latent heat storage materials [J]. Solar Energy Materials and Solar Cells, 1992, 27 (2): 161-172.

[16] Marks S. An investigation of the thermal energy storage capacity of Glauber's salt with respect to thermal cycling [J]. Solar Energy, 1980, 25 (3): 255-258.

[17] Cabeza L F, Svensson G, Hiebler S, et al. Thermal performance of sodium acetate trihydrate thickened with different materials as phase change energy storage material [J]. Applied Thermal Engineering, 2003, 23 (13): 1697-1704.

[18] 阚杰, 郝亮, 李涛, 等. 机械冷板冷藏车的发展与改进方向 [J]. 制冷与空调, 2005, 5 (5).

[19] 刘昌通, 董庆鑫, 盖若男. 多温区冷藏车的研究进展 [J]. 制冷, 2022, 41 (159): 54-60.

[20] 徐笑锋, 章学来, 李玉洋, 等. 十水硫酸钠低温相变材料的制备及稳定性 [J]. 化学工程, 2018, 46 (10).

[21] Cong L, She X H, Leng G H, et al. Formulation and characterisation of ternary salt based solutions as phase change materials for cold chain applications [J]. Energy Procedia, 2019, 158: 5103-5108.

[22] 杨颖, 张伟, 董昭, 等. 冷藏车用新型复合相变蓄冷材料的制备及热性能研究 [J]. 化工新型材料, 2013, 41 (11).

[23] Li G, Hwang Y H, Radermacher R. Review of cold storage materials for air conditioning application [J]. International Journal of Refrigeration, 2012, 35 (8): 2053-2077.

[24] Ahmed M, Meade O, Medina M A. Reducing heat transfer across the insulated walls of refrigerated truck trailers by the application of phase change materials [J]. Energy Conversion and Management, 2010, 51 (3): 383-392.

[25] 张哲, 郭永刚, 田津津, 等. 冷板冷藏汽车箱体内温度场的数值模拟及试验 [J]. 农业工程学报, 2013, 9 (2): 181-190.

[26] 宁初明, 李燕军, 沈灿铎, 等. 相变蓄冷技术在食品冷藏保鲜运输中的应用 [J]. 科学技术与工程, 2020, 20 (6): 2115-2120.

[27] 潘欣艺, 王家俊, 王冬梅. 蓄冷剂摆放位置对保温箱中温度场的影响 [J]. 包装工程, 2018:

77-82.

[28]　Kozak Y，Farid M，Ziskind G. Experimental and comprehensive theoretical study of cold storage packages containing PC [J]. Applied Thermal Engineering，2017，115：899-912.

[29]　Qi T T，Ji J，Zhang X L，et al. Research progress of cold chain transport technology for storage fruits and vegetables [J]. Journal of Energy Storage，2022，56：105958.

[30]　Li G，Hwang Y，Radermacher R，et al. Review of cold storage materials for subzero applications [J]. Energy，2013，51：1-17.

[31]　Oró E，de Gracia A，Castell A，et al. Review on phase change materials (PCMs) for cold thermal energy storage applications [J]. Applied Energy，2012，99：513-533.

[32]　Su W G. Darkwa J，Kokogiannakis G. Review of solid-liquid phase change materials and their encapsulation technologies [J]. Renewable and Sustainable Energy Reviews，2015，48：373-391.

[33]　Sharma A，Tyagi V V，Chen C R，et al. Review on thermal energy storage with phase change materials and applications [J]. Renewable and Sustainable Energy Reviews，2009，13 (2)：318-345.

[34]　Xie N，Huang Z W，Luo Z G，et al. Inorganic salt hydrate for thermal energy storage [J]. Applied Sciences (Switzerland)，2017，7 (12)：1317.

[35]　Zhao Y，Zhang X L，Xu X F，et al. Research progress of phase change cold storage materials used in cold chain transportation and their different cold storage packaging structures [J]. Journal of Molecular Liquids，2020，319：114360.

[36]　Gunasekara S N，Kumova S，Chiu J N W，et al. Experimental phase diagram of the dodecane-tridecane system as phase change material in cold storage [J]. International Journal of Refrigeration，2017，82：130-140.

[37]　Song Y L，Zhang N，Jing Y G，et al. Experimental and numerical investigation on dodecane/expanded graphite shape-stabilized phase change material for cold energy storage. Energy，2019，189：116175.

[38]　Li Y Y，Zhang X L，Munyalo J M，et al. Preparation and thermophysical properties of low temperature composite phase change material octanoic-lauric acid/expanded graphite [J]. Journal of Molecular Liquids，2019，277：577-583.

[39]　Zhao L，Li M，Yu Q，et al. Improving the thermal performance of novel low-temperature phase change materials through the configuration of 1-dodecanol-tetradecane nanofluids/expanded graphite composites [J]. Journal of Molecular Liquids，2021，322：114948.

[40]　Zhao Y，Zhang X L，Xu X F，et al. Development of composite phase change cold storage material and its application in vaccine cold storage equipment [J]. Journal of Energy Storage，2020，30：101455.

[41]　Nie B J，Chen J，Du Z，et al. Thermal performance enhancement of a phase change material (PCM) based portable box for cold chain applications [J]. Journal of Energy Storage，2021，41：102707.

[42]　Lin N Z，Li C C，Zhang D Y，et al. Emerging phase change cold storage materials derived from sodium sulfate decahydrate [J]. Energy，2022，245：123294.

[43]　Wang Y H，Zhang X L，Ji J，et al. Thermal conductivity modification of n-octanoic acid-myristic acid composite phase change material [J]. Journal of Molecular Liquids，2019，288：111092.

[44]　Sánchez-Silva L，Rodríguez J F，Sánchez P. Influence of different suspension stabilizers on the

preparation of Rubitherm RT31 microcapsules [J]. Colloids and Surfaces A: Physicochemical and Engineering Aspects, 2011, 390: 62-66.

[45] Qiu X L, Song G L, Chu X D, et al. Preparation, thermal properties and thermal reliabilities of microencapsulated n-octadecane with acrylic-based polymer shells for thermal energy storage [J]. Thermochimica Acta, 2013, 551: 136-144.

[46] Tang X F, Li W, Zhang X X, et al. Fabrication and characterization of microencapsulated phase change material with low supercooling for thermal energy storage [J]. Energy, 2014, 68: 160-166.

[47] Sánchez-Silva L, Rodríguez J F, Romero A, et al. Microencapsulation of PCMs with a styrene-methyl methacrylate copolymer shell by suspension-like polymerization [J]. Chemical Engineering Journal, 2010, 157: 216-222.

[48] Su W G, Darkwa J, Kokogiannakis G, et al. Preparation of microencapsulated phase change materials (MEPCM) for thermal energy storage [J]. Energy Procedia, 2017, 121: 95-101.

[49] Sari A, Alkan C, Biçer A, et al. Micro/nanoencapsulated n-nonadecane with poly (methyl methacrylate) shell for thermal energy storage [J]. Energy Conversion and Management, 2014, 86: 614-621.

[50] Sari A, Alkan C, Döğüşcü D K, et al. Micro/nano encapsulated n-tetracosane and n-octadecane eutectic mixture with polystyrene shell for low-temperature latent heat thermal energy storage applications [J]. Solar Energy, 2015, 115: 195-203.

[51] Sari A, Alkan C, Özcan A N. Synthesis and characterization of micro/nano capsules of PMMA/capric-stearic acid eutectic mixture for low temperature-thermal energy storage in buildings [J]. Energy and Buildings, 2015, 90: 106-113.

[52] Wang H, Zhao L, Song G L, et al. Organic-inorganic hybrid shell microencapsulated phase change materials prepared from SiO_2/TiC-stabilized pickering emulsion polymerization [J]. Solar Energy Materials and Solar Cells, 2018, 175: 102-110.

[53] Jiang X, Luo R L, Peng F F, et al. Synthesis, characterization and thermal properties of paraffin microcapsules modified with nano-Al_2O_3 [J]. Applied Energy, 2015, 137: 731-737.

[54] Wu B Y, Zheng G, Chen X. Effect of graphene on the thermophysical properties of melamine-urea-formaldehyde/N-hexadecane microcapsules [J]. RSC Advances, 2015, 5: 74024-74031.

[55] Zhang X X, Fan Y F, Tao X M, et al. Fabrication and properties of microcapsules and nanocapsules containing n-octadecane [J]. Materials Chemistry and Physics, 2004, 88: 300-307.

[56] Li W, Zhang X X, Wang X C, et al. Preparation and characterization of microencapsulated phase change material with low remnant formaldehyde content [J]. Materials Chemistry and Physics, 2007, 106: 437-442.

[57] Sarier N, Onder E. The manufacture of microencapsulated phase change materials suitable for the design of thermally enhanced fabrics [J]. Thermochimica Acta, 2007, 452: 149-160.

[58] Yin D Z, Liu H, Ma L, et al. Fabrication and performance of microencapsulated phase change materials with hybrid shell by in situ polymerization in Pickering emulsion [J]. Polymers for Advanced Technologies, 2015, 26: 613-619.

[59] Silakhori M, Metselaar H S C, Mahlia T M I, et al. Palmitic acid/polypyrrole composites as form-stable phase change materials for thermal energy storage [J]. Energy Conversion and Management, 2014, 80: 491-497.

［60］ Chen D Z，Qin S Y，Tsui G C P，et al. Fabrication，morphology and thermal properties of octadecylamine-grafted graphene oxide-modified phase-change microcapsules for thermal energy storage ［J］. Composites Part B，Engineering，2019，157：239-247.

［61］ Su J F，Wang L X，Ren L. Synthesis of polyurethane microPCMs containing n-octadecane by interfacial polycondensation：Influence of styrene-maleic anhydride as a surfactant ［J］. Colloids and Surfaces A：Physicochemical and Engineering Aspects，2007，299：268-275.

［62］ Lu S F，Shen T W，Xing J W，et al. Preparation and characterization of cross-linked polyurethane shell microencapsulated phase change materials by interfacial polymerization ［J］. Materials Letters，2018，211：36-39.

［63］ Zhan S P，Chen S H，Chen L，et al. Preparation and characterization of polyurea microencapsulated phase change material by interfacial polycondensation method ［J］. Powder Technology，2016，292：217-222.

［64］ Zhang Y，Xu Y Q，Lu R W，et al. Form-stable cold storage phase change materials with durable cold insulation for cold chain logistics of food ［J］. Postharvest Biology and Technology，2023，203：112409.

第7章

基于人工智能辅助的热管理系统设计

7.1 概述

人工智能（artificial intelligence，AI）是计算机科学的一个分支，是研究、开发用于模拟、延伸和扩展人的智能的理论、方法、技术及应用的一门新的技术科学，早期主要应用于语言识别、图像识别、自然语言处理和专家系统等。随着人工智能技术的快速发展，目前它已经慢慢普及应用到各个行业。将人工智能应用于储热和热管理领域可有效提高系统综合性能、自动化程度、可靠性和稳定性，推动储能行业技术革新。《国家能源局关于加快推进能源数字化智能化发展的若干意见》中提出"加快人工智能、数字孪生、物联网、区块链等数字技术在能源领域的创新应用，推动跨学科、跨领域融合，促进创新成果的工程化、产业化，培育数字技术与能源产业融合发展新优势"，为人工智能技术在热管理领域的应用提供了政策支持[1]。作为世界科技前沿技术，人工智能在热管理系统设计中的应用主要体现在两个方面，第一个方面是用于储热材料和热管理系统性能参数预测，第二个方面是用于热管理系统的多目标优化。加强人工智能在热管理系统设计这两个方面的应用，有利于国家储热和热管理领域的创新和发展。下面将从这两个方面对人工智能在储热和热管理系统的应用进行详细介绍。

7.2 人工智能预测方法及其在热管理系统中的应用

人工智能技术的发展历史可以追溯到 20 世纪 40～50 年代，从最初的概念和理论到现在的深度学习和自动化决策，AI 已经经历了几个重要的发展阶段。

（1）起步发展期（1943 年至 20 世纪 60 年代初）

1943 年，美国心理学家 Warren McCulloch 和逻辑学家 Walter Pitts 提出了

首个神经元的数学模型，这是现代人工智能的奠基石之一。1950 年，数学家 Alan Turing 提出了著名的图灵测试，为机器的智能程度判断制定了标准。1956 年，达特茅斯学院人工智能夏季研讨会正式使用了人工智能这一术语，这是人类历史上首次人工智能研讨，标志着人工智能学科的诞生。在之后的十余年内，大量学者开展了关于人工智能的研究，取得了一系列令人瞩目的成果，如单层感知机、逻辑回归、K 最近邻算法、专家系统、多层感知机等。

（2）反思发展期（20 世纪 60 年代初至 70 年代初）

人工智能发展初期的突破性进展大大提高了人们对人工智能的期望，大量学者开始尝试更具挑战性的任务，然而由于计算能力的严重不足，多数任务均以失败告终，人工智能迎来寒冬。在该时期，学者们提出了反向传播算法、专家系统、启发式搜索等成果，但并未引起重视。

（3）应用发展期（20 世纪 70 年代初至 80 年代）

随着计算机技术的发展，专家系统的发展实现了人工智能走向实际应用的重大突破，专家系统在医疗、化学、地质等方面的成果，推动了其走入应用发展的新高潮。1980 年，在美国卡内基梅隆大学召开了首届机器学习国际研讨会，这标志着机器学习在全世界兴起。1982 年，计算机视觉的概念首次被提出，对认识科学产生了深远的影响。随后，学者们陆续提出了玻尔兹曼机、贝叶斯网络、决策树算法、卷积神经网络等。

（4）平稳发展期（20 世纪 90 年代至 2010 年）

互联网技术的迅速发展加速了人工智能的创新研究，使人工智能技术进一步走向实用化。由于专家系统需要大量的显式规则编码，降低了效率并增加了成本，人工智能的研究重心从基于知识系统转向了机器学习。在此期间，诸如支持向量机、AdaBoost、长短期记忆、随机森林等成果被相继提出。2006 年，Geoffrey E. Hinton 和他的学生 Ruslan Salakhutdinov 正式提出了深度学习的概念，开启了深度学习在学术界和工业界的浪潮。2006 年也被称为深度学习元年，而 Geoffrey E. Hinton 被称为深度学习之父。2010 年，Sinno Jialin Pan 和 Qiang Yang 提出了迁移学习，旨在已有知识的基础上，通过学习新的知识以适应新的任务，此方法大大降低了数据需求和计算成本，并提高了模型的计算能力和准确性。

（5）蓬勃发展期（2011 年至今）

大数据、云计算、互联网、物联网等技术的发展大大推动了以深度神经网络为代表的人工智能技术的发展，跨越了科学与应用之间的鸿沟，诸如图像分类、语音识别、人机对弈、无人驾驶等技术得到了重大突破。2012 年，Geoffrey E.

Hinton 和他的学生 Alex Krizhevsky 使用设计的 AlexNet 神经网络在 ImageNet 竞赛中一举夺冠，引爆了学者们对神经网络的研究热情。2014 年，聊天程序 Eugene Goostman 在英国皇家学会举办的"2014 图灵测试"大会上，首次通过了图灵测试。2016 年，谷歌公司开发的 AlphaGo 以 4：1 的比分战胜了国际顶尖围棋高手李世石，深度学习的热度骤增。2022 年，ChatGPT 问世，对技术、经济及社会等多个领域产生了深远的影响，其问世标志着人工智能技术在理解和生成自然语言方面的一个重要进步，它的广泛应用和所引起的讨论体现了技术进步的多维度影响。此外，变分自编码器、Word2Vec 模型、生成对抗网络、残差网络、TensorFlow 框架、Bert 模型等技术的发展同样标志着人工智能技术的发展。

目前，人工智能技术日趋成熟，已广泛应用于图像检测、语音识别、语言处理、数值预测等任务中。常用的人工智能预测方法有线性回归、逻辑回归、随机森林、决策树、支持向量机、神经网络等。从预测精度来看，最适用于在储热和热管理系统领域应用的为神经网络方法，其他方法在储热和热管理系统领域也有涉及，但是应用较少。本节将对储热和热管理系统中最常用的人工智能预测方法、人工智能预测方法在储热材料特性预测中的应用及人工智能预测方法在热管理系统中的应用进行介绍。

7.2.1 人工智能预测方法简介

系统中的外部特征值与预测值间具有某种非线性关系，基于人工智能的预测方法是基于这种非线性关系进行预测的。基于人工智能预测方法的关键是人工智能模型的构建，人工智能模型通常为多层结构，其内部具有大量权重及偏置，模型则是通过这些参数来对数据深层特征进行学习和记忆，从而实现建模和预测的。一个成功的人工智能模型的建立需要经过训练及验证两个过程，在训练过程中，人工智能模型通过逐层训练从上而下地学习数据内部的深层特征，从而建立外部特征与预测值间的联系；在验证过程中，人工智能模型需要基于各种工况下的外部特征值对预测值进行预测，并与实际值进行对比，以验证模型的准确性及泛化性。

目前，常用于储热和热管理领域的人工智能模型主要有多层感知机（multi-layer perception，MLP）[2]、自适应模糊神经网络（adaptive network based fuzzy inference system，ANFIS）[3]、卷积神经网络（convolutional neural network，CNN）[4]、非线性自回归外生网络（nonlinear auto-regressive model with exogenous inputs，NARX）[5]、循环神经网络（recurrent neural networks，RNN）[6-8]。

（1）多层感知机（MLP）

人工神经网络（artificial neural network，ANN）起源于人类对于生物神经系统的研究，是对生物神经元的模拟与简化。如图 7-1 所示，生物神经元由树突、细胞体、轴突等部分组成，其中，树突是细胞体的输入端，负责感知四周的神经冲动；轴突是细胞体的输出端，负责将神经冲动传递给其他神经元，生物神经元具有兴奋和抑制两种状态，当其受到的刺激高于一定阈值时，则会进入兴奋状态并将神经冲动由轴突传出，反之则没有神经冲动。

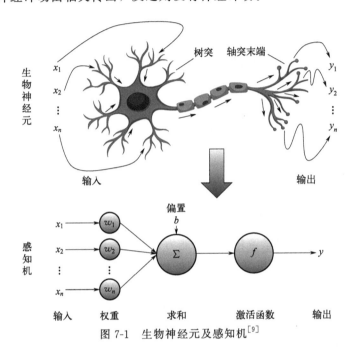

图 7-1　生物神经元及感知机[9]

感知机是最简单的 ANN 架构之一，由生物神经元简化而来。如图 7-1 所示，感知机的三个基本元素为：权重、偏置及激活函数。其中权重表示该输入信号的重要程度；偏置表示神经元受到激励的难易程度；激活函数起非线性映射作用，可将输出限制在一定范围内。感知机模型的计算过程如下：

$$y = f(xw + b) \tag{7-1}$$

式中，y 为感知机输出；x 代表输入特征的矩阵；w 为权重矩阵；b 为偏置；f 为激活函数，当人工神经元为感知机时，其为阶跃函数。

MLP 也经常称为前馈神经网络（feedforward neural network，FNN），由感知机发展而来，克服了感知机无法对线性不可分数据进行识别的弱点，其由一层输入层、一层或多层感知机（隐藏层）及一层输出层构成，各层间完全连接（上一层中的每一个神经元与下一层中的每一个神经元均有连接）（图 7-2），其中隐藏层至少一层，靠近输入层端为上层，靠近输出层端为下层，隐藏层中的每一个神经元都存在一个激活函数。在数据的传递过程中，上层的输出为下层的输入，依次进行传递，其本质是一个感知机的嵌套过程。目前 MLP 在回归任务和分类任务中应用广泛，其具有结构简单、容错性良好、自适应、自学习能力强的优点，同时具有学习速度慢、训练时间长的缺点。

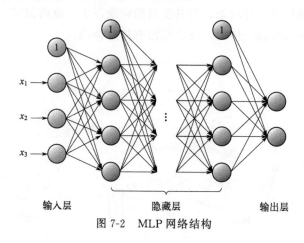

图 7-2　MLP 网络结构

（2）自适应模糊神经网络（ANFIS）

ANN 具有出色的自学习和自适应能力，但其本质是一个黑箱，无法很好地表达人脑的推理功能；模糊系统能够较好地解决非线性控制问题，但其不具有自适应能力，这限制了其应用。ANFIS 融合了神经网络的学习机制和基于 if-then 规则模糊推理系统的推理能力，同其他神经模糊系统相比，具有便捷高效的特点。

① 模糊推理系统　如图 7-3 所示，模糊推理系统（fuzzy inference system，FIS）由五个模块组成：包含若干模糊 if-then 规则的规则库；定义关于使用模糊 if-then 规则模糊集隶属函数的数据库；在规则上执行推理操作的决策单元；转换明确输入为模糊集的模糊界面；转换模糊结果为明确输出的去模糊界面。

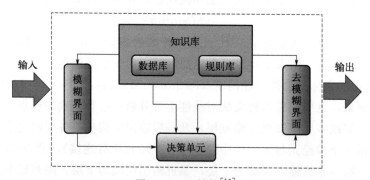

图 7-3　FIS 结构[10]

② 自适应网络　如图 7-4 所示，自适应网络是一个由节点和连接节点的定向链路组成的多层前馈神经网络，其中每个节点对传入的信号以及此节点相关的一组参数执行一种特定的功能（节点函数）。自适应网络的结构中包含有参数的方形节点和无参数的圆形节点，其参数集是每个自适应节点参数集的集合。自适应网络的特点是其节点本身会随着局部的网络结构变化，从而改变自己与其他节点的交互模式，而不只是改变节点的连接。

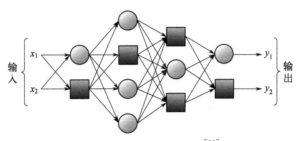

图 7-4　自适应网络结构[10]

③ ANFIS 模型结构　ANFIS 模型结构由自适应网络和 FIS 合并而成，功能上继承了 FIS 可解释性的特点以及自适应网络的自学习能力，可根据先验知识改变系统参数，使系统的输出更贴近真实的输出。

图 7-5 所示为一种 ANFIS 的结构图，各层功能如下：

a. 第一层：利用隶属函数对输入特征 x 和 y 进行模糊化，得到一个 $[0,1]$ 区间的隶属度。节点 i 具有输出函数：

$$O_i^1 = \mu_{A_i}(x) \quad i=1,2 \tag{7-2}$$

或

$$O_i^1 = \mu_{B_i}(y) \quad i=1,2 \tag{7-3}$$

其中 x、y 为节点 i 的输入；A_i 和 B_i 为模糊集；O_i^1 为 A_i、B_i 的隶属函数值，表示 x、y 属于 A_i、B_i 的程度，隶属函数 μ_{A_i} 和 μ_{B_i} 的形状由前件参数确定。

b. 第二层：该层节点负责将输入信号的隶属度相乘，得到每个规则的触发强度。

$$O_i^2 = w_i = \mu_{A_i}(x) \times \mu_{B_i}(y) \quad i=1,2 \tag{7-4}$$

c. 第三层：该层负责对上一层得到的每条规则的触发强度进行归一化，表征该规则在整个规则库中的触发比重，即在整个推理过程中使用这条规则的概率。

$$O_i^3 = \overline{w}_i = w_i / (w_1 + w_2) \quad i=1,2 \tag{7-5}$$

d. 第四层：该层负责计算模糊规则的结果，一般由输入特征的线性组合给出。

$$O_i^4 = \overline{w}_i f_i = \overline{w}_i(p_i x + q_i y + r_i) \qquad i=1,2 \tag{7-6}$$

其中 $\overline{w}_i$ 为第三层的输出；p_i、q_i 及 r_i 为该节点的参数集，称为后件参数。

e. 第五层：该层负责对模糊规则的结果进行去模糊化，最终系统的输出结果为每条规则的加权平均。

$$O_i^5 = \sum \overline{w}_i f_i \qquad i=1,2 \tag{7-7}$$

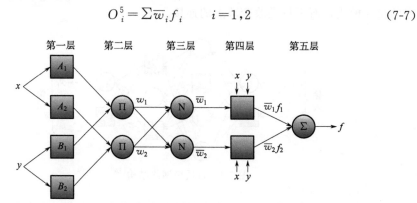

图 7-5　ANFIS 结构[10]

（3）卷积神经网络（CNN）

CNN 是一种特殊的前馈神经网络，受生物学上感受野机制的启发而提出。感受野机制主要是指听觉、视觉等神经系统中一些神经元的特性，即神经元只接受其所支配的刺激区域内的信号，如在视觉系统中，视觉皮层中的神经元输出依赖于视网膜上的光感受器对神经冲动的传递，但并非所有视觉皮层的神经元都会接受这些信号，只有特定区域的刺激才能够激活对应的神经元。如图 7-6 所示，CNN 主要由卷积层、池化层和全连接层交叉堆叠构成，其具有局部连接、权值共享等特性，这些特性使其具有一定程度上的平移、缩放和旋转不变性，且相比于前馈神经网络，其具有更少的参数。

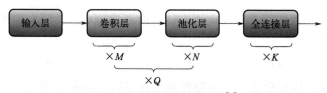

图 7-6　卷积神经网络结构[9]

① 卷积层　卷积是分析数学中的一种重要运算，常用于信号处理或图像处理当中。卷积层的作用是对局部特征进行提取，不同的卷积核（也称为滤波器）相当于不同的特征提取器。如图 7-7 所示，以二维卷积为例，卷积结果的值为输

入特征中对应位置矩阵（与卷积核具有相同大小）与卷积核的点积，卷积核沿着输入特征的宽度和高度以一定的步幅进行滑动得到全部卷积结果，卷积运算过程定义如式(7-8) 所示。卷积运算的目的是提取输入特征中的不同特征，不同的卷积层可能提取不同的特征，高层卷积层能够从低级特征中迭代提取更复杂的特征。

$$y = w \times x \tag{7-8}$$

式中，y 是卷积结果；w 是位置矩阵；x 是卷积核。

输入特征　　　　　　　卷积核　　　　　　　卷积结果

图 7-7　二维卷积过程[9]

② 池化层　池化层也称为汇聚层或子采样层，其负责对卷积层提取的特征进行选择，降低特征数量从而减少参数数量。经过卷积层处理，虽然网络中的连接数量大幅减少，但神经元个数并未显著减小，容易出现过拟合。在卷积层之后加入池化层可以有效降低特征维数，避免过拟合。常用的池化函数有两种：

a. 最大池化：对于给定区域 $A_{j,k}^d$，以该区域内的最大值作为该区域的代表，即：

$$y_{j,k}^d = \max(x_i) \qquad (i \in A_{j,k}^d) \tag{7-9}$$

b. 平均池化：对于给定区域 $A_{j,k}^d$，以该区域内的所有值的平均值作为该区域的代表，即：

$$y_{j,k}^d = \frac{1}{N} \sum_{i \in A_{j,k}^d} x_i \tag{7-10}$$

其中，N 为给定区域值的总数。

池化层具有特征不变性，经过池化操作，大量无关特征被舍弃，而保留下来的特征则是具有尺度不变性的特征，最能够表达数据本质的特征。

③ 全连接层　通过卷积层和池化层，数据中的特征被提取为众多局部特征，全连接层的作用则是对提取的特征进行整合分类，将局部特征转变为全局特征。全连接层的操作可以表示为简单矩阵乘法：

$$y = f(w^T x + b) \tag{7-11}$$

其中，x 和 y 分别为输入和输出，w 表示权重矩阵，b 为偏差。

(4) 非线性自回归外生网络 (NARX)

NARX 神经网络是由相互连接的节点组成的一种动态网络。相较于传统的静态多层感知机，NARX 加入了延时和反馈机制，其能对输入因子的历史数据进行储存，并将网络的输出向量延迟保持之后，通过外部反馈，一起引入到输入向量中，极大地增强了对历史数据的记忆能力，是一种动态的神经网络。NARX 多用于描述非线性离散系统，表示为：

$$y(t) = f\{u(t-D_u), \cdots, u(t-1), u(t)y(t-D_y), \cdots, y(t-1)\} \tag{7-12}$$

其中，$u(t)$、$y(t)$ 分别是该网络在 t 时刻的输入和输出；D_u 为输入时延的最大阶数；D_y 为输出时延的最大阶数；$u(t-D_u), \cdots, u(t-1)$ 为相对于 t 时刻的历史输入；$y(t-D_y), \cdots y(t-1)$ 为相对于 t 时刻的历史输出；f 为网络拟合得到的非线性函数。

图 7-8 为 NARX 网络的结构，NARX 网络包含输入层、隐藏层及输出层。输入层节点数根据输入值个数确定；输出层节点数则由预测值个数设定。NARX 网络具有延时和反馈的机制，因此具有出色的历史数据记忆能力，常用于时间序列预测任务。

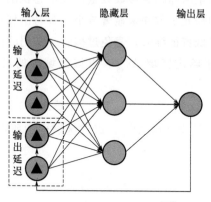

图 7-8 NARX 网络结构[11]

(5) 循环神经网络 (RNN)

在前馈神经网络中，信息的传递是单向的，虽然这样的网络更容易学习，但也在一定程度上削弱了网络的性能。在很多实际任务中，网络的输出不仅与当前时刻的信息有关，还取决于过去一段时间的信息，前馈神经网络无法胜任这些任务。

RNN 是一类具有短期记忆能力的神经网络。见图 7-9(a)，在具有单神经元的 RNN 中，神经元不仅可以接受其他神经元的输入，还可以接受自身的信息，形成具有环路的网络结构。如图 7-9(b) 所示，在每个时间步 t，该神经元接受输入 x_t 和前一个时间步的 h_{t-1}。

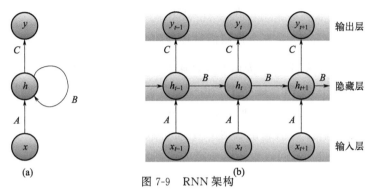

图 7-9　RNN 架构

(a) 单神经元 RNN；(b) 随时间展开的 RNN

RNN 的主要特点如下：

a. 可变长度输入：RNN 支持可变长度的输入（如基于多步历史预测的任务），展开的 RNN 结构长度取决于输入序列的长度。

b. 隐藏状态：RNN 可以利用隐藏状态 h_t 对先前的计算结果进行保存。在首次对输入数据进行处理时，用 0 或随机向量对其进行初始化；在之后的每个时间步，通过先前值和当前输入来对隐藏状态进行更新：

$$h_t = f(Ax_t + Bh_{t-1}) \tag{7-13}$$

其中，f 为非线性激活函数，权重矩阵 B 称为转移矩阵。

c. 共享参数：在 RNN 结构中，连接输入、隐藏状态、输出的参数（A、B 和 C）在所有层之间共享，这使得其可调参数远少于 MLP。

① 长短期记忆（long-short term memory，LSTM）　虽然 RNN 的隐藏层结构为其提供了存储机制，但其并不能记住序列数据中的长时关系。由于数据在遍历 RNN 时会经过转换，因此在每个时间步，均有部分信息丢失，一段时间后，RNN 将丢失几乎所有包含最初输入的信息。除此之外，在长序列上训练 RNN 时，需要运行多个时间步，这使得 RNN 成为一个非常深的网络，从而导致其出现梯度爆炸或梯度消失的问题。为了解决以上问题，在 RNN 的基础上引入了门控机制来控制信息的累积速度，这类网络称为基于门控的循环神经网络，其中以 LSTM 最为流行。

LSTM 是 RNN 的一个变体，可以有效地解决 RNN 的梯度爆炸或消失问题，其主要改进体现在内部和外部状态的改变。LSTM 引入了一个新的内部状态

$C_t \in R^D$ 专门进行线性的循环信息传递，同时将非线性信息输出至隐藏状态 $h_t \in R^D$，内部状态及隐藏状态可由以下公式进行计算：

$$C_t = f_t \odot C_{t-1} + i_t \odot \check{C}_t \tag{7-14}$$

$$h_t = o_t \odot \tanh(C_t) \tag{7-15}$$

其中，f_t、i_t、o_t 为三个控制信息传递的"门"，$\odot$ 为向量元素乘积，C_{t-1} 为上一时刻的内部状态，$\check{C}_t$ 为由非线性函数得到的候选状态。

在数字电路中，"门"是一个二值变量，0 代表关闭状态，不允许任何信息通过；1 代表开放状态，允许所有信息通过。LSTM 引入了输入门 i_t、遗忘门 f_t 及输出门 o_t 来控制信息的传递，不同于数字电路中的"门"，LSTM 中的"门"取值在（0,1）之间，表示以一定的比例允许信息通过。遗忘门 f_t 负责对上一时刻内部状态 C_{t-1} 中的信息进行筛选并对无用信息进行舍弃；输入门 i_t 负责对候选状态 $\check{C}_t$ 中的信息进行筛选并保存；输出门 o_t 负责对当前时刻内部状态 C_t 中的信息进行筛选并输出给隐藏状态 h_t。

当 $f_t = 0$，$i_t = 1$ 时，内部状态将历史信息清空，并将候选状态 $\check{C}_t$ 写入。当 $f_t = 1$，$i_t = 0$ 时，内部状态将复制上一时刻的状态，不写入新的信息。三个门和候选状态的计算方式如下：

$$i_t = \sigma(w_i x_t + u_i h_{t-1} + b_i) \tag{7-16}$$

$$f_t = \sigma(w_f x_t + u_f h_{t-1} + b_f) \tag{7-17}$$

$$o_t = \sigma(w_o x_t + u_o h_{t-1} + b_o) \tag{7-18}$$

$$\check{C}_t = \tanh(w_c x_t + u_c h_{t-1} + b_c) \tag{7-19}$$

其中，σ 是激活函数，x_t 为当前时刻输入向量，h_{t-1} 为上一时刻隐藏状态，w_* 为与输入向量连接的权重矩阵，u_* 为与上一时刻隐藏状态连接的权重矩阵，b_* 为偏置。

如图 7-10 所示为 LSTM 单元的结构，其计算过程为：

a. 通过上一时刻的隐藏状态 h_{t-1} 及当前时刻输入 x_t 计算输入门 i_t、遗忘门 f_t、输出门 o_t 及候选状态 $\check{C}_t$。

b. 结合遗忘门 f_t 和输入门 i_t 更新内部状态 C_t。

c. 结合输出门 o_t，将内部信息传递至隐藏状态 h_t。

② 门控递归单元（gated recurrent unit，GRU）　LSTM 具有更长的记忆能

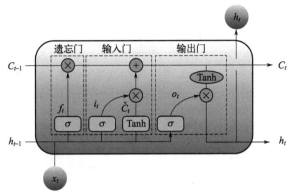

图 7-10　LSTM 单元结构[12]

力，不易出现梯度弥散的现象，但其结构较为复杂、计算代价较高、模型参数较多。GRU 在 LSTM 的基础上进行了简化，与 LSTM 相比，其结构更加简单，计算速度更快。GRU 结构如图 7-11 所示，其简化如下：

a. 复位门：复位门负责对上一时间步隐藏状态 h_{t-1} 的信息进行筛选并传入 GRU 单元，门控向量与当前时间步输入 x_t 及上一时间步隐藏状态 h_{t-1} 关系如下：

$$r_t = \sigma(w_r[h_{t-1}, x_t] + b_r) \tag{7-20}$$

其中，w_r 和 b_r 分别为权重和偏置矩阵，σ 为激活函数。门控向量通过控制上一时间步隐藏状态 h_{t-1} 产生候选状态 $\tilde{h}_t$：

$$\tilde{h}_t = \tanh\{w_h[r_t h_{t-1}, x_t] + b_h\} \tag{7-21}$$

当 $r_t = 0$ 时，候选状态 $\tilde{h}_t$ 取决于输入 x_t，与 h_{t-1} 无关，相当于复位 h_{t-1}；当 $r_t = 1$ 时，h_{t-1} 与输入 x_t 共同产生候选状态 $\tilde{h}_t$。

b. 更新门：更新门负责控制上一时间步状态 h_{t-1} 及候选状态 $\tilde{h}_t$ 对新隐藏状态 h_t 的影响程度，更新门控向量 z_t：

$$z_t = \sigma(w_z[h_{t-1}, x_t] + b_z) \tag{7-22}$$

其中，w_z 和 b_z 分别为权重和偏置矩阵，z_t 通过控制候选状态 $\tilde{h}_t$ 对新隐藏状态 h_t 进行更新：

$$h_t = (1 - z_t)h_{t-1} + z_t \tilde{h}_t \tag{7-23}$$

当更新门 $z_t = 0$ 时，h_t 取决于上一时间步隐藏状态 h_{t-1}；而当 $z_t = 1$ 时，h_t 取决于候选状态 $\tilde{h}_t$。

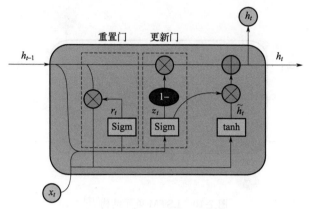

图 7-11　GRU 单元结构[13]

7.2.2　人工智能预测方法在储热材料特性预测中的应用

人工智能方法可应用于储热材料的相变温度、热导率及相变过程预测，常用的人工智能模型主要包括 MLP 模型、CNN 模型及 RNN 中的 GRU 模型。应用 MLP 模型进行预测时，模型框架通常包含一层输入层、一或多层隐藏层和一层输出层。应用 CNN 模型进行预测时，模型框架一般由输入层、多层 CNN 层、单层或多层全连接层以及一层输出层构成。应用 GRU 模型进行预测时，模型的框架结构由超参数优化的结果决定。

目前在储热材料的相变温度预测方面主要应用的为 MLP 模型，模型输入通常包括相变材料成分、加热速率、光热转化效率等，模型预测值与试验值间的决定系数（R^2）可达 0.98 以上，均方根误差（root mean square error，RMSE）可达 0.015 以下[14]。在储热材料的热导率预测方面，CNN 模型和 MLP 模型均有应用。应用 CNN 模型进行储热材料热导率预测时，模型输入一般为相变材料的单张或者多张相变材料二维截面微观结构图像，通过对图像信息的特征提取得到热导率的数值。与三维仿真预测结果对比，CNN 深度学习模型所预测的总体热导率及横向/纵向热导率平均绝对百分比误差（mean absolute percentage erro，MAPE）可达 5% 以内，决定系数可达 0.99 以上（图 7-12）[15,16]。应用 MLP 模型进行储热材料热导率预测时，输入可包含储热材料中不同组分的热导率、温度、相态、添加剂的比例等，与试验值对比，MLP 模型预测决定系数可达 0.96，RMSE 可达到 0.03 以下，精度高于多元自适应回归样条法和分类与回归树法等机器学习方法[17]。

在储热材料的相变过程预测方面，现有研究主要应用 MLP 模型、GRU 模

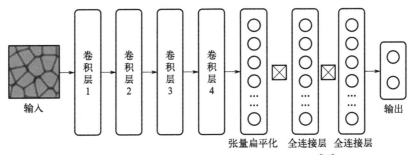

图 7-12　CNN 模型预测相变材料热导率框架图[16]

型、ANFIS 模型以及 NARX 模型。应用 MLP 模型预测储热材料相变过程时，模型的输入为工作时间、孔隙率等，模型的输出为努塞尔数、温度和液相比例（液相分数）等参数（图 7-13）。优化神经元数和激活函数后，预测结果与实测值之间的决定系数可达 0.99 以上，努塞尔数、温度及液相比例的均方根误差分别为 2.209、0.036、0.005[18]。在应用 GRU 模型进行相变过程预测的研究中，模型的输入为配置有相变材料的散热装置内表面温度，模型输出为液相分数。模型隐藏层通常设置为 1~3 层，隐藏层单元数一般为 1~128 个，在隐藏层为 2 层、首层单元数为 48、第二层单元数为 1 时，RMSE 相对较小。优化后的 GRU 模型可准确预测恒流加热、脉冲加热、随机加热、维纳过程加热、冷却等运行工况下相变材料的相变过程，与三维仿真结果对比，不同工况预测的决定系数可达 0.98 以上（图 7-14）[19]。在应用 ANFIS 进行相变过程预测的研究中，模型的输入为相变材料的种类、加热速率以及温度，模型的输出为热流量，模型除了输入、输出层外，还包含 1 层模糊化层、1 层模糊规则层、1 层模糊推理层和 1 层去模糊化层；对隶属度函数进行优化后，与实验值对比模型预测结果的决定系数可达 0.97 以上[20]。在应用 NARX 进行相变过程预测的研究中，模型的输入为相

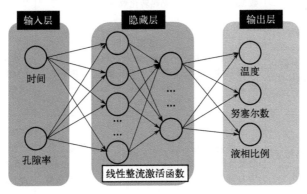

图 7-13　MLP 模型预测储热材料相变过程框架图[17]

变材料上下两个表面在当前和多个过去时刻的温度以及过去多个时刻预测得到的热流量，模型输出为当前时刻热流量；对过去时间步步数、隐藏层神经元数等参数进行优化后，与实验值对比模型预测结果的 RMSE 为 $0.0584\mathrm{W/m^2}$[21]。人工智能方法在储热材料特性预测中的应用情况见表 7-1。

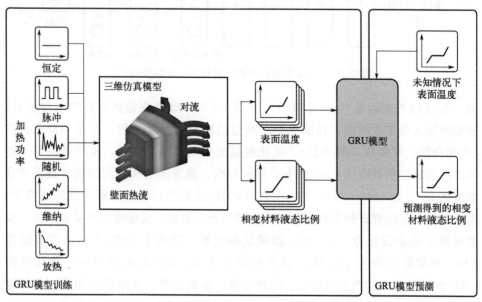

图 7-14　GRU 模型预测储热材料相变过程框架图[19]

表 7-1　人工智能方法在储热材料特性预测中的应用情况

预测方法	应用场景	模型参数	输入参数	预测参数	预测精度
MLP	储热材料相变温度预测[14]	1 层隐藏层，隐藏层神经元数 18	相变材料成分、加热速率、光热转化效率	相变温度、热流量	$R^2 = 0.9977/\mathrm{RMSE} = 0.0134$（相变温度），$R^2 = 0.989/\mathrm{RMSE} = 0.0555$（热流量）
	储热材料热导率预测[17]	1 层隐藏层，隐藏层神经元数 10	相变材料热导率、纳米颗粒热导率、温度、纳米颗粒添加比例、相态	热导率	$R^2 = 0.96$（测试集），$\mathrm{RMSE} = 0.02003$（测试集）
	储热材料相变过程预测[18]	2 层隐藏层，隐藏层神经元数均为 256	工作时间、孔隙率	努塞尔数、温度和液相分数	$R^2 = 0.9942/\mathrm{MSE} = 2.209$（努塞尔数），$R^2 = 0.9998/\mathrm{MSE} = 0.036$（温度），$R^2 = 0.9986/\mathrm{MSE} = 0.005$（液相分数）

续表

预测方法	应用场景	模型参数	输入参数	预测参数	预测精度
CNN	储热材料热导率预测[15]	5 层 CNN 层＋输入归一化，第 2 层和第 4 层附加池化层，5 层 CNN 层后为 1 层全连接层（神经元数 512）	多张相变材料二维截面微观结构图像	热导率	$R^2=0.996$（整个数据集），$MAPE=0.8\%$（整个数据集），$RMSE=0.010$（整个数据集）
GRU	储热材料相变过程预测[19]	2 层 GRU 层，GRU 层神经元数分别为 1 和 48	散热器内表面温度	相变材料液相分数	$R^2=0.986\sim0.999$（测试集不同工况），$RMSE=0.0079\sim0.0138$（测试集不同工况）
ANFIS	储热材料相变过程预测[20]	1 层模糊化层、1 层模糊规则层、1 层模糊推理层和 1 层去模糊化层	相变材料种类、加热速率、温度	热流量	$R^2=0.974$（训练集），$R^2=0.971$（测试集），$RMSE=0.0264$（训练集），$RMSE=0.0276$（测试集）
NARX	储热材料相变过程预测[21]	输入 35 个时间步数据，隐藏层神经元个数为 40	相变材料上下表面温度	热流量	$RMSE=0.0584W/m^2$（训练集）

综上所述，应用 MLP、CNN 或者 RNN 模型进行储热材料特性预测时，均可达到较高的精度。对比而言，MLP 模型的输入参数形式更加灵活、应用范围更为广泛，CNN 模型更适用于输入为二维图片的预测场景，RNN 模型更适用于时间序列的预测。模型构建过程中，训练数据对模型精度的影响较大，对于储热材料特性预测来说，训练数据量一般要大于 20 组，训练数据量越大、精度越高、覆盖范围越广，模型的精度和普适性就越高。

7.2.3　人工智能预测方法在热管理系统中的应用

对于基于储热的热管理系统预测，常用的人工智能模型主要包括 MLP 模型、CNN 模型和 LSTM 模型等。在应用 MLP 模型进行基于相变材料的散热器性能预测时，模型输入为傅里叶数、瑞利数、史蒂芬数等，模型的输出为努塞尔数，努塞尔数预测结果与实测值之间的决定系数可达 0.99 以上，MAPE 可达 0.2%以下[22]。

针对基于相变材料的电池热管理系统，大多数研究采用 MLP 模型进行电池温度变化曲线预测，依据的数据集可以来自于三维仿真也可以来自于实验。模型的输入一般包括系统的运行时间、电池放电倍率、相变材料的厚度、相变材料的类型等。模型的构建过程中需要对模型的隐藏层神经元数和激活函数进行优化，具体优化步骤如图 7-15 所示。与实测值对比，优化后模型预测结果的决定系数可达 0.99 以上，MAPE 可达 0.5％以下[23]。也有部分研究采用梯度提升决策树法预测电池热管理系统中相变材料的相变过程、系统摩擦熵和系统热熵，模型的输入包括系统的运行时间和热管理系统几何参数，与三维仿真相比，模型预测的液相分数、摩擦熵和热熵的决定系数均可达 0.99 以上（图 7-16）[24]。

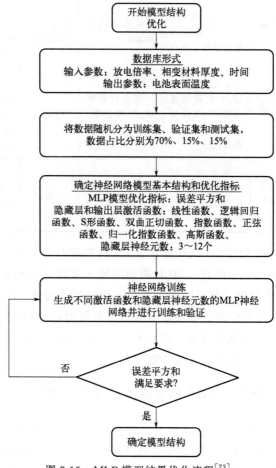

图 7-15　MLP 模型结果优化流程[23]

　　针对基于相变材料的建筑热管理系统，现有研究主要应用 MLP 模型、CNN 模型或 LSTM 模型进行热性能和温度变化规律预测。在应用 MLP 模型预测耦合相变材料的建筑屋顶热性能时，模型的输入为相变材料熔化温度、密度、热导

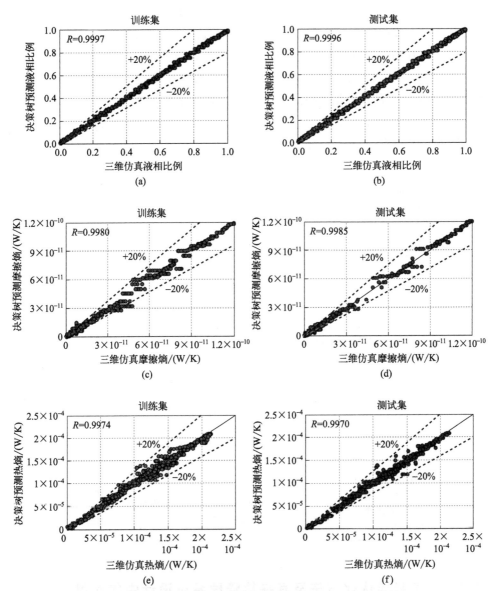

图 7-16　梯度提升决策树法对电池热管理系统中相变材料的相变过程、
系统摩擦熵和系统热熵的预测结果[24]

率、比热容以及潜热，模型的输出为建筑的热响应性评价指数（与有无相变材料时温度分布及对流换热系数有关），模型搭建过程中对隐藏层层数、隐藏层神经元数、激活函数等进行了优化，确定了 4 层隐藏层数的网络结构；与数值计算结果对比，MLP 模型预测的热性能评价指数的决定系数可达 0.98 以上，均方根误差为 0.31，平均绝对百分比误差为 0.18[24]。在应用 CNN 和 LSTM 模型预测室内温度变化曲线的研究中，模型的输入为外界温度、相对湿度、太阳辐射、加热功率等；在有相变材料和无相变材料两种工况下，两种模型在室内温度预测方面都可以达到 0.96 以上的决定系数和 0.1 以下的均方根误差，在有相变材料的情况下，CNN 模型的预测精度略高于 LSTM 模型。见表 7-2。

表 7-2　人工智能预测方法在基于储热技术的热管理中的应用情况

预测方法	应用场景	模型参数	输入参数	预测参数	预测精度
MLP	基于相变材料的散热器性能预测[22]	隐藏层数 1，隐藏层神经元数 15	傅里叶数、瑞利数、史蒂芬数	努塞尔数	MAPE＝0.1737%（整个数据集），R^2＝0.9995（整个数据集）
	基于相变材料的电池热管理系统性能预测[23]	隐藏层数 1，隐藏层神经元数 8	系统的运行时间、电池放电倍率、相变材料的厚度、相变材料的类型	电池温度变化曲线	R^2＝0.9997（训练集、验证集、测试集），MSE＝0.0174（测试集），MAPE＝0.0331%（测试集）
	基于相变材料的建筑热管理系统性能预测[25]	隐藏层数 4，隐藏层神经元数分别为 11、12、12、11	相变材料熔化温度、密度、热导率、比热容以及潜热	热响应性评价指数	R^2＝0.9853（测试集），RMSE＝0.31（测试集）
CNN	基于相变材料的建筑热管理系统性能预测[26]	—	外界温度、相对湿度、太阳辐射、加热功率	室内温度	R^2＝0.993（测试集），MSE＝0.032（测试集）
LSTM	基于相变材料的建筑热管理系统性能预测[26]	—	外界温度、相对湿度、太阳辐射、加热功率	室内温度	R^2＝0.972（测试集），MSE＝0.080（测试集）

7.3　人工智能优化方法及其在热管理系统设计中的应用

在信号处理、图像处理、生产调度、任务分配、模式识别、自动控制和机械设计等众多领域，都存在优化问题。实践证明，通过优化方法，能够提高系统效率、降低能耗、合理地利用资源，最早的智能优化算法可以追溯到 20 世纪 50 年代。

早期，传统算法阶段，主要包括梯度下降法、牛顿法等，这些方法都是从一个初始解开始，每次迭代只对一个点进行计算，该类方法面对组合优化这类大型的优化问题，效率低，容易产生搜索的"组合爆炸"；进化算法阶段，包括遗传算法、粒子群算法、蚁群算法等，通过模拟自然界进化、群体行为等现象，解决复杂优化问题；智能优化算法阶段，人工免疫算法、鲸鱼优化算法等，在进化算法基础上引入更多智能机制，如免疫机制、学习机制等，提高算法收敛速度和全局搜索能力；深度学习优化算法阶段，包括梯度下降方法、Adam、Adagrad 等，将智能优化算法与深度学习等方法结合，来提高模型训练效果。在热管理系统设计中最常用的人工智能优化算法包括传统遗传算法、快速非支配排序遗传算法、粒子群优化算法等，本节将对这几种常用人工智能优化方法以及人工智能优化方法在热管理系统设计中的应用进行介绍。

7.3.1　人工智能优化方法简介

优化问题是指在满足一定条件下，在众多方案或参数值中寻找最优方案或参数值，以使得某个或多个功能指标达到最优，或使系统的某些性能指标达到最大值或最小值。单目标优化的情况下，只有一个目标，任何两解都可以依据单一目标比较其好坏，可以得出没有争议的最优解。与单目标优化问题不同，多目标优化的概念是在某个情景中在需要达到多个目标时，由于容易存在目标间的内在冲突，一个目标的优化是以其他目标劣化为代价，因此很难出现唯一最优解，取而代之的是在它们中间做出协调和折中处理，使总体的目标尽可能达到最优，而且问题的最优解由数量众多，甚至无穷大的 Pareto 最优解组成[27,28]（图 7-17）。大多数工程和科学问题都涉及单目标或多目标优化问题，而其中最为常见的为多目标优化问题，即存在多个彼此冲突的目标，如何获取这些问题的最优解[29]。

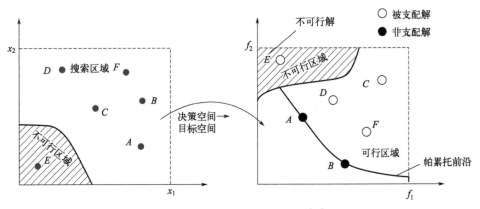

图 7-17　多目标优化解的原理[28]

　　基于储能的热管理系统优化一般是通过智能优化算法来实现的，智能优化算法是一类通过模拟某一自然现象或过程而建立起来的一种处理最优化问题的元启发算法，具有适于高度并行、自组织、自学习与自适应等特征，为解决复杂问题提供了一种新途径[30]。从形成原理上来说，智能优化算法可以分为基于进化机制、基于物理原理和基于群体智能三类，表 7-3 给出了有代表性的部分智能优化算法及其基本分类。

表 7-3　基于形成原理的智能优化算法分类

类型	算法
进化机制	遗传算法
	差分进化算法
	免疫算法
	进化策略
	地理优化算法
物理原理	模拟退火算法
	引力搜索算法
	大爆炸收敛算法
	银河群优化算法
	曲面空间优化
群体智能	粒子群算法
	蚁群算法
	人工蜂群算法
	萤火虫算法
	灰狼优化器

　　作为同一大类算法，不同的智能优化算法之间，往往具有以下三个相同点：

　　① 都具有跳出局部最优解的能力。这是此类算法的基本要求，采用的手段以增加随机函数为主要方式。

　　② 都有超参数需要人为设置。不同类型的算法，超参数的数量有一定的区别。大部分情况下，基于进化机制和基于物理原理的智能优化算法，超参数数量会更少一些。

　　③ 都需要在全局探索和局部开发上做折中。无限制的全局探索会导致算法不收敛，仅专注局部开发又会使得算法陷入局部最优解，因此在两者之间做折中是必要的步骤。

　　目前，将热管理系统设计与多目标智能优化方法相结合的思想变得越来越适用和有效，在智能优化算法的帮助下，储热及热管理系统设计可以变得越来越高效和智能[31]，下面选取几种经典和常用的智能优化算法做详细介绍。

（1）遗传算法

遗传算法（genetic algorithms，GA）是一种随机全局搜索优化方法，其基本思想来源于达尔文的进化论和孟德尔的遗传学说，最早由美国的 John holland 于 20 世纪 70 年代提出[32]。达尔文的进化论认为每一物种在生存过程中会向着适应环境的方向发展。物种的每个个体的基本特征被后代所继承，但后代又不完全同于父代，这些新的变化若适应环境，则被保留下来。在某一环境中那些更能适应环境的个体特征被保留下来，这就是适者生存的原理。

遗传算法模拟了自然选择和遗传中发生的再生、交叉和变异等现象，将问题的求解表示为染色体，从而构成一群染色体，即初始种群。从任一初始种群出发，通过随机选择、交叉和变异操作，选出一群更适合环境的染色体群，使群体进化到搜索空间中越来越好的区域，这样一代代不断繁衍进化，最后收敛到一群最适应环境的个体，从而求得问题的优质解。见表 7-4。

表 7-4　生物遗传进化的基本生物要素和遗传算法基本定义对照表[33]

生物遗传进化	遗传算法
群体	搜索空间的一组有效解（表现为群体规模 N）
种群	经过选择产生的新群体（规模同样为 N）
染色体	问题有效解的编码串
基因	染色体的一个编码串
适应能力	染色体的适应值
交叉	两个染色体交换部分基因得到两个新的子代染色体
变异	染色体某些基因的数值发生改变
进化结束	算法满足终止条件时结束，输出全局最优解

遗传算法试图找到给定问题的最佳解。达尔文进化论保留了种群的个体性状，而遗传算法则保留了针对给定问题的候选解集合（也称为 individuals）。这些候选解经过迭代评估，用于创建下一代解。更优的解有更大的机会被选择，并将其特征传递给下一代候选解集合[34]。这样，随着代际更新，候选解集合可以更好地解决当前的问题。

遗传算法中选择、交叉和变异构成了遗传算法的遗传操作；参数编码、初始群体的设定、适应度函数的设计、遗传操作设计、控制参数设定五个要素组成了遗传算法的核心内容。以下是遗传算法的基本过程：

① 染色体编码　从问题的解到基因型的映射称为编码，即把一个问题的可

行解从其解空间转换到遗传算法的搜索空间的转换方法。编码方法影响到交叉算子、变异算子等遗传算子的运算方法，很大程度上决定了遗传进化的效率。迄今为止人们已经提出了很多编码策略，主要分为三类：二进制编码法、浮点编码法、符号编码法。

二进制编码法是最早使用也是最简单的编码方法，它将问题的解空间映射到二进制位串空间 $\{0,1\}^l$，只用 0 和 1 两种符号将它们串成一条链形成染色体。表 7-5 为二进制编码的方法。例如有 $[U_{min}，U_{max}]$ 为 $[1,64]$ 用 6 位二进制符号串编码，则某一符号串 010101 代表数值 21。

表 7-5　二进制编码方法

二进制符号串	对应的实际取值
0000…0000	U_{min}
1111…1111	U_{max}
$X_l X_{l-1} \cdots X_2 X_1$	$U_{min} + \dfrac{(U_{max} - U_{min}) \sum\limits_{j=1}^{l} X_j 2^{j-1}}{2^l - 1}$

二进制编码虽然简单直观，但个体编码长度较长时计算难度增加，并且难以解决精度要求高的问题。为解决上述问题，提出实数编码，实数编码就是指个体的每个基因值用某一范围的一个实数来表示，个体的编码长度等于其决策变量的个数。符号编码方法指染色体中每个基因值取自一个具有一定代码意义的符号集。

② 群体初始化　一般采用随机数初始化方法，生成随机数，对染色体的每一维变量进行初始化赋值。

③ 适应度评价　适应度函数是用来对比个体与个体相对优劣的标准，适应度函数主要是通过个体特征从而判断个体的适应度。评价个体适应度的一般过程首先对个体编码串进行解码处理后，可得到个体的表现型；然后由个体的表现型可计算出对应个体的目标函数值；最后根据最优化问题的类型，由目标函数值按一定的转换规则求出个体的适应度。

④ 选择　使用选择来对个体寻优，适应度越高的个体遗传到下一代的概率越大，选择对算法性能的影响很大，不同的选择策略将导致不同的选择压力。常用的选择方法有：适应度值比例法、精英个体保留策略、锦标赛选择法等。

适应度值比例法也叫轮盘赌法（图 7-18），按适应值大小切分区域大小，适应值计算方法为：

$$P_i = \frac{f_i}{\sum\limits_{i=1}^{N} f_i} \tag{7-24}$$

式中，f_i 为种群第 i 个个体适应度值，N 为种群规模。适应值越大的染色体占比越大，越有可能被选中，同时保证了适应值小的染色体也有被选中的可能。

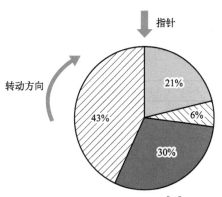

图 7-18　轮盘赌法原理图[35]

⑤ 交叉　两个相互配对的染色体按某种方式交换部分基因，从而形成 M 对新的个体，也就是把两个父代个体的部分基因加以替换重组而生成新个体的操作。在应用中要求它既不能太多地破坏个体编码串中表示优良性状的优良模式，又能有效地产生一些较好的新个体模式。图 7-19 为单点交叉原理图。

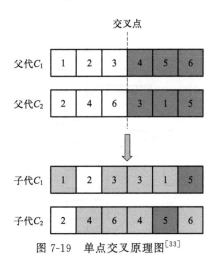

图 7-19　单点交叉原理图[33]

常见的交叉方式如下。单点交叉：在个体编码中随机设置一个交叉点，然后在这个点上进行基因交互；两（多）点交叉：在个体编码中随机设置两（多）个交叉点，然后在这些点上进行基因交互；均匀交互：两个个体上每个基因都以相同的概率进行交换。

⑥ 变异　遗传算法中的变异运算，是指将个体染色体编码串中的某些位置的基因值用该基因上的其他等位基因来替换，从而形成新的个体。遗传算法中引入变异是为了改善遗传算法的局部搜索能力以及维持群体的多样性，防止出现早熟现象。常见的变异方法如下。基本位变异：随机指定一位或几位进行变异操作；均匀变异：每一位都有相同的概率进行变异操作；非均匀变异：每一位进行变异操作的概率不同。图 7-20 为基本位变异原理图。

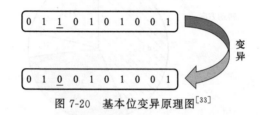

图 7-20　基本位变异原理图[33]

⑦ 精英合并　将当前种群和变异后的所有个体进行合并，作为新的种群。

⑧ 判断终止条件　当达到指定迭代步数或指定精度，结束计算，否则返回步骤③。

图 7-21 为遗传算法的基本流程图。

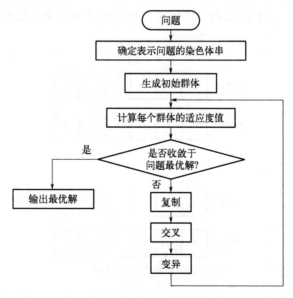

图 7-21　遗传算法基本流程图[33]

（2）快速非支配排序遗传算法（NSGA-Ⅱ/NSGA-Ⅲ）

非支配排序遗传算法（non-dominated sorting genetic algorithms，NSGA）是由 Srinivas 和 Deb 于 1994 年提出的[36]。该算法就是在基本遗传算法的基础上，对选择再生方法进行改进：将每个个体按照它们的支配与非支配关系进行分层，再做选择操作，从而使得该算法在多目标优化方面得到满意的结果。

2000 年，在此基础上 Srinivas 和 Deb 提出了更优算法 NSGA-Ⅱ算法[37]。它采用了快速非支配排序算法，计算复杂度比 NSGA 大大降低；采用了拥挤度和拥挤度比较算子，代替了需要指定的共享半径，并在快速排序后的同级比较中作为胜出标准，使准 Pareto 域中的个体能扩展到整个 Pareto 域，并均匀分布，保持了种群的多样性；引入了精英策略，扩大了采样空间，防止最佳个体丢失，提高了算法的运算速度和鲁棒性，精英策略的执行步骤如图 7-22 所示。

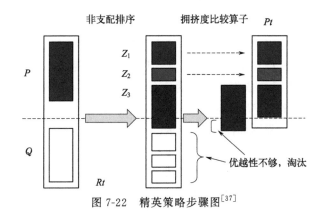

图 7-22　精英策略步骤图[37]

NSGA-Ⅱ在常规遗传算法方面的改进体现在以下三个方面[38]：

① 快速非支配排序算子设计　多目标优化问题的设计关键在于求取 Pareto 最优解集。NSGA-Ⅱ算法中的快速非支配排序是根据个体的非劣解水平对种群分层，其作用是指引搜索向 Pareto 最优解集方向进行。它是一个循环的适应值分级过程：首先找出群体中非支配解集，记为第一非支配层 F，将其所有个体赋予非支配序值 $i_{rank}=1$（其中 i_{rank} 是个体 i 的非支配序值），并从整个种群中除去；然后继续找出余下群体中非支配解集，记为第二非支配排序层 F_2，个体被赋予非支配序值 $i_{rank}=2$；照此进行下去，直到整个种群被分层，同一分层内的个体具有相同的非支配序值 i_{rank}。

② 个体拥挤距离算子设计　为了能够在具有相同 i_{rank} 的个体内进行选择性排序，NSGA-Ⅱ提出了个体拥挤距离的概念。个体 i 的拥挤距离是目标空间上与 i 相邻的 2 个个体 $i+1$ 和 $i-1$ 之间的距离，其计算步骤为：

a. 对同层的个体初始化距离，令 $L[i]_d = 0$（其中 $L[i]_d$ 表示任意个体 i 的拥挤距离）；

b. 对同层的个体按第 m 个目标函数值升序排列；

c. 得排序边缘上的个体具有选择优势，给定一个大数 M，令 $L[1]_d = L[\text{end}]_d = M$；

d. 对排序中间的个体，求拥挤距离，即某一特定点两边沿每个目标的平均距离；

e. 对不同的目标函数，重复步骤 a.～步骤 d. 操作，得到个体 i 的拥挤距离 $L[i]_d$，通过优先选择拥挤距离较大的个体，可使计算结果在目标空间比较均匀分布，以维持种群的多样性。

③ 精英策略选择算子设计　精英策略即保留父代中的优良个体直接进入子代，以防止获得的 Pareto 最优解丢失。精英策略选择算子按 3 个指标对由父代 C_i 和子代 D_i 合成的种群 R_i 进行优选，以组成新的父代种群 C_{i+1}。首先淘汰父代中方案校验标志为不可行的方案；其次按照非支配序值 i_{rank} 从低到高排序，将整层种群依次放入 C_{i+1}，直到放入某一层 F_j 时出现 C_{i+1} 大小超过种群规模限制 N 的情况；最后，依据 F_j 中的个体拥挤距离由大到小的顺序继续填充 C_{i+1} 直到种群数量达到 N 时终止。

NSGA-Ⅱ算法流程图如图 7-23 所示。

NSGA-Ⅲ算法 2013 年由 Deb 提出[39]，由于 NSGA-Ⅱ只能处理目标维数 $\leqslant 3$ 的低维优化问题；维数增加，种群非支配个体呈指数增加，Pareto 支配关系很难区分个体好坏，所以其主要思路是在 NSGA-Ⅱ的基础上，引入参考点机制，对于那些非支配并且接近参考点的种群个体进行保留。图 7-24 为 NSGA-Ⅲ算法流程图，二者具有类似的框架，区别主要在于选择机制的改变，NSGA-Ⅱ主要靠拥挤度进行排序，其在高维目标空间显然作用不太明显，而 NSGA-Ⅲ通过引入广泛分布参考点来维持种群的多样性。

（3）粒子群优化算法

1995 年，受到鸟群觅食行为的规律性启发，James Kennedy 和 Russell Eberhart 建立了一个简化算法模型，经过多年改进最终形成了粒子群优化算法（particle swarm optimization，PSO）[40]。粒子群算法的思想源于对鸟群觅食行为的研究，鸟群通过集体的信息共享使群体找到最优的目的地。见图 7-25，试想有这样一个场景：鸟群在森林中随机搜索食物，它们的目标是找到食物最多的位置。但是所有的鸟都不知道食物具体在哪个位置，每只鸟沿着自己判定的方向进行搜索，并在搜索的过程中记录自己曾经找到过食物且量最多的位置，同时所有的鸟都共享自己每一次发现食物的位置以及食物的量，这样鸟群整体就知道当

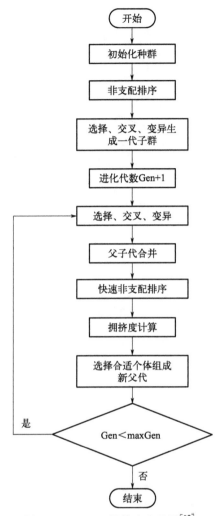

图 7-23　NSGA-Ⅱ算法流程图[37]

前在哪个位置食物的量最多。在搜索的过程中每只鸟都会根据自己记忆中食物量最多的位置和当前鸟群记录的食物量最多的位置调整自己接下来搜索的方向。鸟群经过一段时间的搜索后就可以找到森林中食物量最多的那个位置（全局最优解）。

在群体活动中，群体中的每一个个体都会受益于所有成员在这个过程中所发现和累积的经验。粒子有两个重要属性：速度和位置，速度表示粒子下一步迭代时移动的方向和距离，位置是所求解问题的一个解。鸟群觅食行为和算法原理对应见表 7-6。

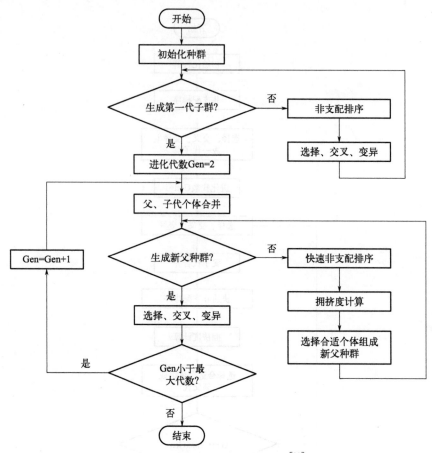

图 7-24   NSGA-Ⅲ算法流程图[39]

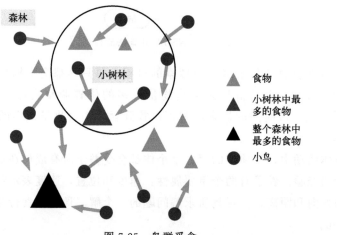

图 7-25   鸟群觅食

表 7-6　鸟群觅食和粒子群优化算法基本定义对照表[32]

鸟群觅食	粒子群优化算法
鸟群	搜索空间的一组有效解（表现为种群规模 N）
觅食空间（森林）	问题的搜索空间（表现为维数 D）
每只鸟的飞行速度	解的速度向量 $v_i = [v_i^1, v_i^2, \cdots, v_i^D]$
每只鸟所处的位置	解的位置向量 $x_i = [x_i^1, x_i^2, \cdots, x_i^D]$
个体认知与种群协作	每个粒子 i 根据自身历史最优位置和群体全局最优位置更新速度和位置
找到食物量最多的位置	输出全局最优解

粒子群优化算法中，每个优化问题的潜在解都是搜索空间中的一只鸟，称之为粒子。所有的粒子都有一个由被优化的函数决定的适值，每个粒子还有一个速度决定它们飞翔的方向和距离。然后粒子们就追随当前的最优粒子在解空间中搜索[41]。

标准 PSO 中，粒子在搜索空间的速度和位置根据如下公式确定：

$$v_i^{k+1} = \omega v_i^k + c_1 \mathrm{rand}_1 (p_{i,p\mathrm{best}}^k - x_i^k) + c_2 \mathrm{rand}_2 (p_{g\mathrm{best}}^k - x_i^k) \tag{7-25}$$

$$x_i^{k+1} = x_i^k + v_i^{k+1} \tag{7-26}$$

式中，$v_i^k = [v_i^1, v_i^2, \cdots, v_i^D]$ 为第 i 个粒子 k 时刻的位置；$x_i^k = [x_i^1, x_i^2, \cdots, x_i^D]$ 为第 i 个粒子 k 时刻的速度；ω 为惯性权重；c_1、c_2 为学习因子，也称加速常数；rand_1、rand_2 为两个 $[0,1]$ 区间上的随机数；$p_{i,p\mathrm{best}}^k$ 和 $p_{g\mathrm{best}}^k$ 分别为第 i 个粒子在 k 时刻的自身最好位置和全局最好位置。

对于速度更新公式，第一部分为惯性部分，由惯性权重和粒子自身速度构成，表示粒子对先前自身运动状态的信任；第二部分为认知部分，表示粒子本身的思考，即粒子自己经验的部分，可理解为粒子当前位置与自身历史最优位置之间的距离和方向；第三部分为社会部分，表示粒子之间的信息共享与合作，即来源于群体中其他优秀粒子的经验，可理解为粒子当前位置与群体历史最优位置之间的距离和方向。位置更新公式表示粒子在求解空间中，由于相互影响导致的运动位置调整，整个求解过程中，惯性权重 ω、加速常数 c_1 和 c_2 以及最大速度限值共同维护粒子对全局和局部搜索能力的平衡，直接影响 PSO 的搜索性能[42]。

粒子群优化算法基本流程如下：

① 初始化所有粒子，即给它们的速度和位置随机赋值，并将个体的历史最优位置 $p_{i,p\mathrm{best}}^k$ 设为当前位置，群体中的最优个体作为当前全局最优位置 $p_{g\mathrm{best}}^k$。

② 在每一代的进化中，计算各个粒子的适应度函数值，用来评价粒子位置的好坏程度，决定是否更新粒子个体的历史最优位置和群体的历史最优位置，保证粒子朝着最优解的方向搜索。

③ 如果当前适应度函数值优于历史最优值，则更新 $p_{i,p\text{best}}^{k}$。

④ 如果当前适应度函数值优于全局历史最优值，则更新 $p_{g\text{best}}^{k}$。

⑤ 更新粒子的速度和位置。

⑥ 判断是否达到结束条件（一般为预设的迭代次数或计算精度），若否，转到步骤②开始下一轮迭代计算，若是，结束迭代，取 $p_{g\text{best}}^{k}$ 为最优解。

图 7-26 为粒子群优化算法流程图。

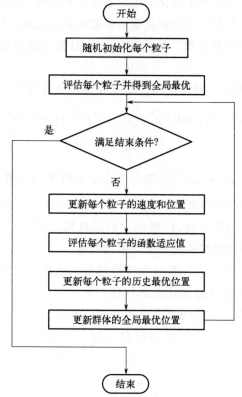

图 7-26 粒子群优化算法流程图[40]

7.3.2 人工智能优化方法在热管理系统中的应用

人工智能优化方法在基于储热技术的热管理系统中的应用主要集中于对几何参数、材料特性等参数的优化。

（1）耦合相变材料的多管换热器结构优化[43]

图 7-27 为耦合相变材料的多管换热器结构示意图。本案例针对多管换热器的工作条件和实际几何结构建立了二维数值模型，基于二维数值模型和正交矩阵法优化后，确定液体换热管道数为 5，因此在 5 个流体管道的基础上采用二维数值模型耦合遗传算法进行优化。遗传算法优化的主要几何参数为每个流体管道的横坐标和纵坐标位置（x_i 和 y_i），优化的目标为相变材料的储热量，优化过程中对横坐标和纵坐标的限制条件如下：

① 为了避免流体管道相互重叠，任意两管道中心处的坐标与管道半径间应满足以下关系式：

$$\sqrt{(x_i-x_j)^2+(y_i-y_j)^2}>2R_{inn}, i,j=1,2,\cdots,5 \text{ 并且 } i\neq j \qquad (7-27)$$

式中，x_i、y_i、x_j、y_j 分别是任意两个不同流体管道的中心位置；R_{inn} 是流体管道半径。

② 为避免流体管道与外壳相互重叠，管道中心处坐标与外壳半径（R）应该满足以下关系式：

$$\sqrt{x_i^2+y_i^2}<R-R_{inn}, i=1,2,\cdots,5 \qquad (7-28)$$

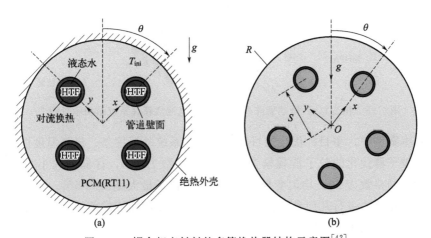

图 7-27　耦合相变材料的多管换热器结构示意图[42]

采用遗传算法进行优化时，本案例主要参数取值为：种群大小 50、迭代次数 50、交叉概率 0.8、变异概率 0.2。对比基准的管道位置，采用遗传算法优化后的管道位置，相变材料在 2h 内的平均储热速率增长了 5.21%。

（2）相变材料/微热管阵列/液冷耦合电池热管理系统结构优化[44]

相变材料/微热管阵列/液冷耦合电池热管理系统结构如图 7-28 所示。本案例基于多目标粒子群算法和热管理系统响应面代理模型对该系统的微热管阵列的高度和厚度及电池在 x 和 y 方向的间距进行了优化，具体的优化步骤为：

① 对粒子群进行初始化；

② 根据每个粒子的数据，采用响应面代理模型进行计算；

③ 定位初始化粒子的历史最优解；

④ 对目标空间进行分割，创建网格并确定拥挤度；

⑤ 基于轮盘赌选择法确定粒子群全局最优解；

⑥ 更新粒子的位置和速度，根据每个粒子的适应度确定每个粒子的最优解，同时确定粒子群全局最优解；

⑦ 持续迭代直到满足终止条件。

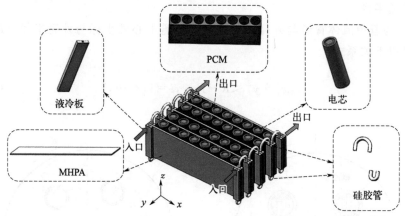

图 7-28　相变材料/微热管阵列/液冷耦合电池热管理系统结构示意图[44]

在本案例中，多目标优化的目标包括电池系统的温度差、最高温度以及能量密度，粒子群优化的粒子群规模为 50，迭代次数为 100，存储库大小为 30，每个维度的网格数为 20，均匀变异比例为 0.5，粒子最大速度为 5%。基于粒子群多目标优化算法进行几何参数优化后，在不损失冷却性能的前提下整个电池系统的能量密度增加了 11.23%。

（3）耦合相变材料的电池热管理系统结构和材料优化[45]

图 7-29 为耦合相变材料电池热管理系统的结构示意图。本案例基于 NSGA-Ⅱ多目标优化算法对电池间隔、相变材料密度、相变材料中膨胀石墨的质量分数等参数进行优化，优化的目标为电池模组最高温度、最大温差以及相变材料的质

量。优化过程中电池间隔的限制范围为 6～8mm，相变材料密度的限制范围为 500～900kg/m³，相变材料的质量分数限制范围为 14％～30％。具体优化步骤如下：

① 基于正交试验设计法设计仿真案例参数矩阵，根据参数矩阵进行耦合相变材料的电池热管理系统三维仿真，仿真关键参数和仿真结果集成为数据库。

② 将数据库中数据进行标准化，标准化范围为 [0,1]。

③ 建立预测热管理系统参数的支持向量机模型，采用粒子群优化算法优化径向核函数宽度和惩罚因子，优化的目标为交叉验证的误差结果。

④ 对超参优化后的支持向量机模型进行评估，评估参数主要为 RMSE 和决定系数。

⑤ 采用 NSGA-Ⅱ多目标优化算法对电池间隔、相变材料密度、相变材料中膨胀石墨的质量分数进行优化。

⑥ 采用基于线性规划技术的多维偏好分析和理想解法从 Pareto 解集中选择最优解。

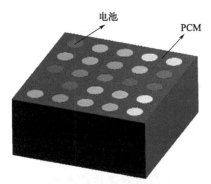

图 7-29　耦合相变材料电池热管理系统结构示意图[45]

在本案例中，NSGA-Ⅱ多目标优化算法的种群大小为 200，最大迭代次数为 200，适应度函数偏差为 $1×e^{-100}$。采用 NSGA-Ⅱ多目标优化算法优化后，耦合相变材料的电池热管理系统可以在满足热管理性能要求的前提下，实现最多 55.3％的 PCM 材料减重。

（4）耦合相变材料的储氢罐结构及材料特性优化[46]

耦合相变材料储氢罐的结构如图 7-30 所示，其中储氢罐外表面的半径 r_0 为 0.03m，高度 H 为 0.06m。本案例基于 NSGA-Ⅱ多目标优化算法对储氢材料初始温度、孔隙率、储氢罐内径、相变材料液化温度等参数进行优化，优化的目标为氢气吸附比例和氢吸附时间。优化过程中对优化变量的范围进行了限制（表 7-7）。

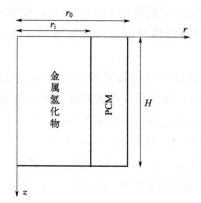

图 7-30　耦合相变材料的储氢罐结构示意图[46]

表 7-7　优化变量范围

优化变量	上限	下限
初始温度/K	287	297
金属氢化物孔隙率	0.45	0.65
储氢罐内壁半径 r_i/m	0.0075	0.025
PCM 液化温度/K	298	330

本案例首先建立了储氢罐数值模型，然后基于 NSGA-Ⅱ多目标算法和储氢罐数值模型进行多目标优化后得到 Pareto 解集，最后应用基于线性规划技术的多维偏好分析得到可以同时达到较高的氢气吸收率和较低氢吸附时间的最优方案。

（5）基于相变微胶囊潜热型功能流体的电池热管理系统流体特性优化[47]

相变微胶囊潜热型功能流体的热管理流道几何构型如图 7-31 所示。本案例基于 NSGA-Ⅱ多目标算法对热管理系统雷诺数和相变微胶囊添加比例进行优化，优化的目标为努塞尔数和压降。优化过程中努塞尔数的变化范围为 100～300，相变微胶囊添加的体积分数为 0～20%。

本案例首先建立了基于相变微胶囊潜热型功能流体的电池热管理系统的 MLP 模型，实现了对努塞尔数和压降的准确预测。然后基于 NSGA-Ⅱ多目标算法进行多目标优化后得到帕累托前沿，最后应用优劣解距离法、基于线性规划技术的多维偏好分析、信息熵等决策方法得到最优解。对于本优化过程，NSGA-Ⅱ多目标优化算法的种群大小为 100，交叉概率为 0.7，变异概率为 0.01，且采用信息熵决策方法时可以得到更优化的方案。

图 7-31　相变微胶囊潜热型功能流体的热管理流道几何构型[47]

7.4　本章小结

① 目前在热管理系统中应用的人工智能预测方法为较传统的 MLP、CNN、RNN 模型，一些较为先进的人工智能预测方法，例如基于注意力机制的人工神经网络、强化学习算法、迁移学习算法等，还没有在热管理系统预测中得到应用。因此，这些先进算法在热管理系统预测领域中的尝试是未来的一个研究方向。

② 人工智能预测方法的精度大幅依赖于输入数据的精确性，目前应用人工智能预测方法进行热管理系统预测时依据的大多是较为有限的仿真和实验数据，数据量的缺乏会造成模型的普适性和精度低。因此，亟需在热管理系统领域建立丰富的数据库，为人工智能预测方法的有效应用奠定基础。

③ 热管理系统的优化变量和优化目标较多，对人工智能优化方法要求较高。目前可用于热管理系统的人工智能优化方法种类繁多，但是缺乏对不同方法优化效果的对比研究。因此，可采用多种人工智能优化方法针对同一和几个不同热管理系统进行优化，对比优化效率和优化效果，以确定不同人工智能优化方法在热管理系统设计领域的适用性。

④ 人工智能预测方法和人工智能优化方法还可以应用于热管理系统的自动控制系统，提高热管理系统的智能化水平、热管理效果和节能效果，然而目前相关的研究还较少，研发基于人工智能的热管理控制系统是以后的重要发展方向。

思考与讨论

7-1　在智能预测算法中，激活函数的作用是什么？请列举 4～5 种常用的激活函数，并指出其优缺点。

7-2　若要进行热管理用储热材料的相变过程预测，可采用哪些方法？请给出详细的预测步骤。

7-3 在基于相变材料的电池热管理系统中，可以采用哪些模型进行电池温度变化曲线预测？这些模型各有什么优缺点？

7-4 请简述智能优化算法的起源及发展。

7-5 请简述遗传算法的原理，并分析 NSGA-Ⅱ算法与传统遗传算法的区别。

7-6 请简述粒子群算法是受到自然界哪种现象的启发？对于该类算法，是否有改进的地方？谈谈你的想法。

7-7 结合本章节内容并查阅相关资料，尝试分析人工智能应用于热管理系统设计的发展趋势。

参考文献

[1] 中华人民共和国中央人民政府. 国家能源局关于加快推进能源数字化智能化发展的若干意见.

[2] 尼克. 人工智能简史 [M]. 北京：人民邮电出版社，2017.

[3] Zhang Z W, Al-Bahrani M, Ruhani B, et al. Optimized ANFIS models based on grid partitioning, subtractive clustering, and fuzzy C-means to precise prediction of thermophysical properties of hybrid nanofluids [J]. Chemical Engineering Journal, 2023, 471: 144362.

[4] Lecun Y, Bottou L, Bengio Y, et al. Gradient-based learning applied to document recognition [J]. Proceedings of the IEEE, 1998, 86 (11): 2278-2324.

[5] Huo F, Poo A N. Nonlinear autoregressive network with exogenous inputs based contour error reduction in CNC machines [J]. International Journal of Machine Tools & Manufacture, 2013, 67: 45-52.

[6] Elman J L. Finding structure in time [J]. Cognitive science, 1990, 14 (2): 179-211.

[7] Hochreiter S, Schmidhuber J. Long short-term memory [J]. Neural computation, 1997, 9 (8): 1735-1780.

[8] Cho K, Van Merriënboer B V, Gulcehre C, et al. Learning phrase representations using RNN encoder-decoder for statistical machine translation [J]. arXiv preprint arXiv, 2014: 1406.1078.

[9] 奥雷利安·杰龙. 机器学习实战：基于 Scikit-Learn, Keras 和 TensorFlow [M]. 北京：机械工业出版社，2020.

[10] Jang J S R. ANFIS: adaptive-network-based fuzzy inference system [J]. IEEE Transactions on Systems, Man, and Cybernetics, 1993, 23 (3): 665-685.

[11] Lin T N, Giles C L, Horne B G, et al. A delay damage model selection algorithm for NARX neural [J]. IEEE Transactions on Signal Processing, 1997, 45 (11): 2719-2730.

[12] Li C R, Han X J, Zhang Q, et al. State-of-health and remaining-useful-life estimations of lithium-ion battery based on temporal convolutional network-long short-term memory [J]. Journal of Energy Storage, 2023, 74: 109498.

[13] Li M H, Li C R, Zhang Q, et al. State of charge estimation of Li-ion batteries based on deep learning methods and particle-swarm-optimized Kalman filter [J]. Journal of Energy Storage, 2023, 64: 107191.

[14] Muthya Goud V, Ruben Sudhakar D. A comprehensive investigation and artificial neural network

modeling of shape stabilized composite phase change material for solar thermal energy storage [J]. Journal of Energy Storage，2022，48：103992.

[15] Rong Q Y，Wei H，Huang X Y，et al. Predicting the effective thermal conductivity of composites from cross sections images using deep learning methods [J]. Composites Science and Technology，2019，184：107861.

[16] Kolodziejczyk F，Mortazavi B，Rabczuk T，et al. Machine learning assisted multiscale modeling of composite phase change materials for Li-ion batteries' thermal management [J]. International Journal of Heat and Mass Transfer，2021，172：121199.

[17] Jaliliantabar F. Thermal conductivity prediction of nano enhanced phase change materials：A comparative machine learning approach [J]. Journal of Energy Storage，2022，46：103633.

[18] Duan J，Li F. Transient heat transfer analysis of phase change material melting in metal foam by experimental study and artificial neural network [J]. Journal of Energy Storage，2021，33：102160.

[19] Anooj G V S，Marri G K，Balaji C. A machine learning methodology for the diagnosis of phase change material-based thermal management systems [J]. Applied Thermal Engineering，2023，222：11986.

[20] Muthya Goud V，Raval F，Ruben Sudhakar D. A sustainable biochar-based shape stable composite phase change material for thermal management of a lithium-ion battery system and hybrid neural network modeling for heat flow prediction [J]. Journal of Energy Storage，2022，56：106163.

[21] Urresti A，Campos-Celador A，Sala J M. Dynamic neural networks to analyze the behavior of phase change materials embedded in building envelopes [J]. Applied Thermal Engineering，2019，158：113783.

[22] Motahar S，Jahangiri M. Transient heat transfer analysis of a phase change material heat sink using experimental data and artificial neural network [J]. Applied Thermal Engineering，2020，167：114817.

[23] Jaliliantabar F，Mamat R，Kumarasamy S. Prediction of lithium-ion battery temperature in different operating conditions equipped with passive battery thermal management system by artificial neural networks [J]. Materials Today：Proceedings，2022，48：1796-1804.

[24] Shahsavar A，Goodarzi A，Askari I B，et al. The entropy generation analysis of the influence of using fins with tip clearance on the thermal management of the batteries with phase change material：Application a new gradient-based ensemble machine learning approach [J]. Engineering Analysis with Boundary Elements，2022，140：432-446.

[25] Bhamare D K，Saikia P，Rathod M K，et al. A machine learning anddeep learning based approach to predict the thermal performance of phase change material integrated building envelope [J]. Building and Environment，2021，199：107927.

[26] Mohammed-Hichem Benzaama M H，Alassaad F，Rajaoarisoa L，et al. Artificial intelligence approaches to predict thermal behavior of light earth cell incorporating PCMs：Experimental CNN and LSTM validation [J]. Journal of Energy Storage，2023，68：107780.

[27] 雷德明，严新平. 多目标智能优化算法及其应用 [M]. 北京：科学出版社，2009.

[28] Cui Y F，Geng Z Q，Zhu Q X，et al. Review：Multi-objective optimization methods and application in energy saving [J]. Energy，2017，125：681-704.

[29] Russel S，Norvig P. Artificial intelligence：A modern approach [M]. London：Pearson Education Limited，2013.

［30］ Stewart R H，Palmer T S，DuPont B. A survey of multi-objective optimization methods and their applications for nuclear scientists and engineers［J］. Progress in Nuclear Energy，2021，138：103830.

［31］ He Z Y，Guo W M，Zhang P. Performance prediction，optimal design and operational control of thermal energy storage using artificial intelligence methods［J］. Renewable and Sustainable Energy Reviews，2022，156：111977.

［32］ Holland J H. Adaptation in natural and artificial systems［M］. Michigan：The University of Michigan Press，1975.

［33］ 张军，詹志辉. 计算智能［M］. 北京：清华大学出版社，2009.

［34］ Katoch S，Chauhan S S，Kumar V. A review on genetic algorithm：Past，present，and future［J］. Multimedia Tools and Applications，2021，80：8091-8126.

［35］ Zitzler E，Thiele L. Multi-objective evolutionary algorithms：a comparative case study and the strength Pareto approach［J］. IEEE Transactions on Evolutionary Computation，1999，3（4）：257-271.

［36］ Srinivas N，Deb K. Multiobjective optimization using nondominated sorting in genetic algorithms［J］. Evolutionary Computation，1994，2（3）：221-248.

［37］ Deb K，Pratap A，Agarwal S，et al. A fast and elitist multi-objective genetic algorithm：NSGA-Ⅱ［J］. IEEE Transactions on Evolutionary Computation，2002，6（2）：182-197.

［38］ Wang H T，Liu Y T. Multi-objective Optimization of Power System Reconstruction Based on NSGA-Ⅱ［J］. Automation of Electric Power Systems，2009，33（23）：14-18.

［39］ Deb K，Jain H. An evolutionary many-objective optimization algorithm using reference-point-based nondominated sorting approach，part Ⅰ：Solving problems with box constraints［J］. IEEE Transactions on Evolutionary Computation，2013，18（4）：577-601.

［40］ Kennedy J，Eberhart R. Particle swarm optimization［J］. International Conference on Neural Networks，1995，4（8）：1942-1948.

［41］ Feng Q，Li Qing，Quan W，et al. Overview of multi-objective particle swarm optimization algorithm［J］. Chinese Journal of Engineering，2021，43（6）：745-753.

［42］ Eberhart，Shi Y. Particle swarm optimization：Developments，applications and resources［C］. Proceedings of the 2001 Congress on Evolutionary Computation，Seoul：2002.

［43］ Ma X W，Zhang Q，Wang J Q，et al. Sensitivity analysis and optimization of structural parameters of a phase change material based multi-tube heat exchanger under charging condition［J］. Journal of Energy Storage，2022，56：105940.

［44］ Xie N，Zhang Y，Liu X J，et al. Thermal performance and structural optimization of a hybrid thermal management system based on MHPA/PCM/liquid cooling for lithium-ion battery［J］. Applied Thermal Engineering，2023，235：121341.

［45］ Wang J Y，Wang Z R，Guo P，et al. Multi-objective optimization of phase change cooling battery module based on optimal support vector machine optimal support vector machine［J］. Applied Thermal Engineering，2024，236：121386.

［46］ Mostafavi S A，Hajabdollah Z，Ilinca A. Multi-objective optimization of metal hydride hydrogen storage tank with phase change material［J］. Thermal Science and Engineering Progress，2022，36：101514.

［47］ Fini A T，Fattahi A，Musavi S. Machine learning prediction and multi-objective optimization for cooling enhancement of a plate battery using the chaotic water-microencapsulated PCM fluid flows［J］. Journal of the Taiwan Institute of Chemical Engineers，2023，148：104680.